剪映专业版
短视频剪辑技术与实战

卢埠忺 编著

人民邮电出版社
北京

图书在版编目（CIP）数据

剪映专业版：短视频剪辑技术与实战 / 卢埠忾编著.
北京：人民邮电出版社，2025. -- ISBN 978-7-115
-65637-7

Ⅰ. TP317.53

中国国家版本馆 CIP 数据核字第 20248UA714 号

内 容 提 要

本书基于剪映专业版 6.1.0，讲解短视频创作理论和技术，并将理论融入各种实战案例来讲解短视频制作方法。

全书共 9 章。第 1~3 章讲解基础知识，介绍视频拍摄与剪辑基础知识、剪映专业版的工作界面、基础剪辑技巧。第 4~6 章讲解剪映专业版的基础操作，介绍剪映专业版中音频、字幕、调色等功能的使用技巧。第 7~8 章讲解剪映专业版的进阶剪辑技巧和智能创作工具。第 9 章是短视频综合实战，讲解目前互联网热门短视频类型的创作要点。

本书适合广大短视频制作爱好者、自媒体运营人员，以及想要寻求突破的新媒体行业工作人员阅读。

◆ 编　著　卢埠忾
　责任编辑　张丹丹
　责任印制　陈　犇

◆ 人民邮电出版社出版发行　北京市丰台区成寿寺路 11 号
　邮编　100164　电子邮件　315@ptpress.com.cn
　网址　https://www.ptpress.com.cn
　雅迪云印（天津）科技有限公司印刷

◆ 开本：700×1000　1/16
　印张：16　2025 年 4 月第 1 版
　字数：309 千字　2025 年 4 月天津第 1 次印刷

定价：79.80 元

读者服务热线：(010)81055410　印装质量热线：(010)81055316
反盗版热线：(010)81055315

PREFACE 前言

过去,拍电影是少数人的专利。但随着互联网的发展、智能手机的普及与自媒体的兴起,普通人也能够拍摄视频记录自己的生活了。

目前,新媒体内容丰富,短视频市场体量极大,"视频剪辑"也早已不是高门槛的专业技能。许多企业都会通过自媒体进行营销。掌握通用的视频制作技术是商业社会必备的技能之一。

我第一次接触剪映专业版是在 2020 年的秋天,当时受邀作为导师参加字节跳动旗下西瓜视频的创作者活动。活动当天恰逢剪映 Mac 版内部测试上线,我们当晚要来了安装包,临场感受了一番。当时只是感觉它与 Final Cut Pro(另一款剪辑软件)有点像。那时的我并没有意识到,一个新的时代正悄悄开启。

随后几个月,Mac 版公测,Windows 版公测;随后几年,各种版本迭代;再看当下,AI 功能、云协作、素材库等愈发完善。

手机版剪映与 PC 版剪映的操作逻辑相似,只是操作习惯有所不同。手机版剪映灵活机动,但不适用于更长的工作时间,且精准操作有难度。PC 版剪映则给我们日常创作提供了更多的方便。

本书立足数字媒体知识体系,讲解 PC 版剪映的剪辑操作方法与技巧。同时,本书还融入了视听语言思维,解析了镜头搭配的思路。读者学完本书后,会更有自信地去创作口播视频、电商短视频、探店视频、日常 Vlog 等。

"通过做视频,让更多的人知道你。"自媒体时代的到来,让普通人再一次打破信息壁垒,有了更多表达的机会——我们从未如此近地触碰过梦想。

卢埠忟(炮长)于杭州

2024 年 12 月

目录 CONTENTS

第 1 章 视频拍摄与剪辑基础

- 1.1 视听语言 002
  - 1.1.1 视听语言简介 002
  - 1.1.2 景别 002
  - 1.1.3 运镜 005
  - 1.1.4 分镜脚本的基本类目 007
- 1.2 动静匹配剪辑的 3 种方法 008
  - 1.2.1 动接动 008
  - 1.2.2 静接静 009
  - 1.2.3 动静结合 009
- 1.3 景别搭配的 3 个原则 010
  - 1.3.1 循序渐进 010
  - 1.3.2 有松有紧 011
  - 1.3.3 尝试使用特殊视角 013
- 1.4 从分镜脚本设计到剪辑出片 013
  - 1.4.1 分镜脚本设计 013
  - 1.4.2 实战：剪辑出片 016

第 2 章 初识剪映专业版

- 2.1 剪映专业版的诞生 023
- 2.2 认识剪映专业版的启动界面 023
  - 2.2.1 账户模块 024
  - 2.2.2 功能模块及"设置"功能 026
  - 2.2.3 工程管理窗口 030

2.3　认识剪映专业版的剪辑界面	030
2.3.1　素材管理窗口	031
2.3.2　预览窗口	032
2.3.3　检查器窗口	032
2.3.4　时间轴区域	032
2.4　素材管理窗口详解	035
2.4.1　"媒体"模块	035
2.4.2　"音频"模块	036
2.4.3　"文本"模块	037
2.4.4　"贴纸"模块	039
2.4.5　"特效"模块	039
2.4.6　"转场"模块	039
2.4.7　"滤镜"模块	040
2.4.8　"调节"模块	041
2.4.9　"模板"模块	041
2.5　剪映专业版的媒体管理逻辑	042
2.5.1　链接媒体	042
2.5.2　素材分类	043
2.5.3　代理模式	044

第 3 章　剪映专业版的基础剪辑技巧

3.1　剪辑项目的基础操作	046
3.1.1　草稿设置	046
3.1.2　画幅比例调整	049
3.1.3　视频导出设置	049
3.1.4　实战：将横版视频转换为竖版视频	050

3.2 时间轴区域操作 — 052
- 3.2.1 缩放时间轴区域 — 052
- 3.2.2 修剪素材 — 053
- 3.2.3 复制、粘贴素材 — 056
- 3.2.4 复合片段的应用 — 057
- 3.2.5 实战：制作日常 Vlog 片段 — 058

3.3 剪映专业版的必会功能 — 061
- 3.3.1 "倒放"功能 — 061
- 3.3.2 "定格"功能 — 061
- 3.3.3 "视频防抖"功能 — 064
- 3.3.4 "镜像"功能 — 065
- 3.3.5 添加转场 — 066
- 3.3.6 添加特效 — 067
- 3.3.7 混合模式 — 067
- 3.3.8 实战：制作盗梦空间效果 — 071

第 4 章 音乐、音效与炫酷卡点

4.1 4 种快速找到合适背景音乐的方法 — 076
- 4.1.1 音乐素材 — 076
- 4.1.2 音频提取 — 076
- 4.1.3 抖音收藏 — 077
- 4.1.4 链接下载 — 078
- 4.1.5 实战：为古风短片添加背景音乐 — 079

4.2 3 种音频选择技巧 — 083
- 4.2.1 把握整体节奏 — 083
- 4.2.2 符合视频内容基调 — 083
- 4.2.3 配合情节反转 — 084

4.3 音频素材的基本编辑技巧 — 085
- 4.3.1 音量调节 — 085
- 4.3.2 音频变速 — 086
- 4.3.3 音频变声 — 086
- 4.3.4 淡入淡出 — 087
- 4.3.5 实战：制作音频渐变效果 — 087

4.4 巧用音效增加视频的趣味性　　　　　　　　　090
4.4.1　音效的作用　　　　　　　　　　　　　090
4.4.2　音效的添加方法　　　　　　　　　　　092
4.4.3　实战：为露营 Vlog 添加音效　　　　　092

4.5 制作卡点音乐视频　　　　　　　　　　　　097
4.5.1　自动踩点　　　　　　　　　　　　　097
4.5.2　手动踩点　　　　　　　　　　　　　098
4.5.3　实战：制作音乐卡点相册视频　　　　　098

第 5 章　打造专业的字幕效果

5.1 添加字幕　　　　　　　　　　　　　　　　103
5.1.1　新建文本　　　　　　　　　　　　　103
5.1.2　花字　　　　　　　　　　　　　　　103
5.1.3　文字模板　　　　　　　　　　　　　104
5.1.4　实战：制作花字　　　　　　　　　　　105

5.2 批量添加字幕　　　　　　　　　　　　　　108
5.2.1　识别字幕　　　　　　　　　　　　　108
5.2.2　识别歌词　　　　　　　　　　　　　109
5.2.3　实战：制作音乐 MV　　　　　　　　110

5.3 字幕效果与预设　　　　　　　　　　　　　113
5.3.1　设置字幕样式　　　　　　　　　　　113
5.3.2　添加气泡效果　　　　　　　　　　　113
5.3.3　添加动画效果　　　　　　　　　　　114
5.3.4　预设字幕样式　　　　　　　　　　　114
5.3.5　实战：制作视频播放进度条　　　　　　115
5.3.6　实战：制作带有字幕的卡拉 OK 视频　　120

第 6 章　滤镜、调色与美颜美体

6.1 示波器　　　　　　　　　　　　　　　　　124
6.1.1　RGB 列示图　　　　　　　　　　　　124
6.1.2　RGB 混合图　　　　　　　　　　　　125
6.1.3　矢量示波器　　　　　　　　　　　　125

6.2 滤镜与 LUT 的使用　　　　　　　　　　　　126
　　6.2.1　认识滤镜和 LUT　　　　　　　　126
　　6.2.2　滤镜的应用　　　　　　　　　　127
　　6.2.3　LUT 的应用　　　　　　　　　　128
　　6.2.4　实战：为天空调色　　　　　　　130

6.3 视频色调的选择　　　　　　　　　　　　133
　　6.3.1　明确调色目的　　　　　　　　　133
　　6.3.2　确定画面基调　　　　　　　　　134
　　6.3.3　选择画面风格　　　　　　　　　135

6.4 调节功能详解　　　　　　　　　　　　　136
　　6.4.1　基础　　　　　　　　　　　　　136
　　6.4.2　HSL　　　　　　　　　　　　　137
　　6.4.3　曲线　　　　　　　　　　　　　138
　　6.4.4　色轮　　　　　　　　　　　　　139
　　6.4.5　实战：制作花朵单独显色效果视频　141

6.5 6 种调色风格　　　　　　　　　　　　　143
　　6.5.1　青橙色调　　　　　　　　　　　143
　　6.5.2　暗黑色调　　　　　　　　　　　144
　　6.5.3　赛博朋克色调　　　　　　　　　144
　　6.5.4　日系动漫色调　　　　　　　　　144
　　6.5.5　森系色调　　　　　　　　　　　145
　　6.5.6　港风色调　　　　　　　　　　　145

6.6 强大的美颜美体功能　　　　　　　　　　145
　　6.6.1　美颜　　　　　　　　　　　　　145
　　6.6.2　美型　　　　　　　　　　　　　146
　　6.6.3　瘦脸　　　　　　　　　　　　　147
　　6.6.4　美妆　　　　　　　　　　　　　147
　　6.6.5　美体　　　　　　　　　　　　　148
　　6.6.6　实战：小清新人像调色　　　　　148

第 7 章　剪映专业版的进阶剪辑技巧

7.1 画中画和蒙版　　　　　　　　　　　　　153
　　7.1.1　自由层级的概念　　　　　　　　153

- 7.1.2 蒙版的基础操作 　　　　　　　　　　　155
- 7.1.3 实战：制作漂亮的分屏效果 　　　　　　157
- 7.1.4 实战：使用线性蒙版替换天空 　　　　　162
- 7.1.5 实战：制作同人同框效果 　　　　　　　165
- 7.1.6 实战：制作移轴摄影效果 　　　　　　　168

7.2 抠像　　　　　　　　　　　　　　　　　　174
- 7.2.1 智能抠像 　　　　　　　　　　　　　　174
- 7.2.2 自定义抠像 　　　　　　　　　　　　　174
- 7.2.3 色度抠图 　　　　　　　　　　　　　　175
- 7.2.4 实战：制作人物遮挡文字效果 　　　　　176

7.3 关键帧　　　　　　　　　　　　　　　　　181
- 7.3.1 认识关键帧 　　　　　　　　　　　　　181
- 7.3.2 实战：制作缩放关键帧视频 　　　　　　183
- 7.3.3 实战：制作旋转关键帧视频 　　　　　　185
- 7.3.4 实战：制作移动关键帧视频 　　　　　　188
- 7.3.5 实战：制作不透明度关键帧视频 　　　　191
- 7.3.6 实战：制作音量渐变关键帧视频 　　　　194
- 7.3.7 实战：制作色彩渐变关键帧视频 　　　　197

7.4 丝滑的变速效果　　　　　　　　　　　　　201
- 7.4.1 常规变速 　　　　　　　　　　　　　　201
- 7.4.2 曲线变速 　　　　　　　　　　　　　　202
- 7.4.3 6 种曲线变速预设 　　　　　　　　　　203
- 7.4.4 实战：制作丝滑慢动作效果视频 　　　　204

第 8 章　剪映专业版的智能创作工具

8.1 智能成片　　　　　　　　　　　　　　　　208
- 8.1.1 智能剪口播 　　　　　　　　　　　　　208
- 8.1.2 实战：应用模板 　　　　　　　　　　　210
- 8.1.3 实战：图文成片 　　　　　　　　　　　211
- 8.1.4 实战：智能镜头分割 　　　　　　　　　215

8.2 AI 生成与编辑素材　　　　　　　　　　　218
- 8.2.1 AI 生成贴纸 　　　　　　　　　　　　　218
- 8.2.2 智能打光 　　　　　　　　　　　　　　219

8.2.3　超清画质　　　　　　　　　　　　　　220
　　　8.2.4　智能搜索　　　　　　　　　　　　　　220
　　　8.2.5　智能声音美化　　　　　　　　　　　　221
　　　8.2.6　克隆音色　　　　　　　　　　　　　　221
8.3　AI 字幕　　　　　　　　　　　　　　　　　　222
　　　8.3.1　AI 生成　　　　　　　　　　　　　　 223
　　　8.3.2　文稿匹配　　　　　　　　　　　　　　223
　　　8.3.3　智能文案　　　　　　　　　　　　　　224
　　　8.3.4　实战：制作数字人口播视频　　　　　　225
8.4　AI 特效　　　　　　　　　　　　　　　　　　229
　　　8.4.1　镜头追踪　　　　　　　　　　　　　　229
　　　8.4.2　智能运镜　　　　　　　　　　　　　　230
　　　8.4.3　智能图片拓展　　　　　　　　　　　　231
　　　8.4.4　实战：制作 AI 写真效果视频　　　　　 231
　　　8.4.5　实战：制作 AI 绘画效果视频　　　　　 233
　　　8.4.6　实战：制作 AI 特效视频　　　　　　　 236
　　　8.4.7　实战：制作 AI 古风穿越视频　　　　　 237

第 9 章　短视频综合实战

9.1　口播视频制作　　　　　　　　　　　　　　　240
　　　9.1.1　口播视频的制作流程　　　　　　　　　240
　　　9.1.2　口播视频案例解析　　　　　　　　　　240
9.2　电商短视频制作　　　　　　　　　　　　　　 241
　　　9.2.1　电商短视频制作要点　　　　　　　　　241
　　　9.2.2　电商短视频拍摄注意事项　　　　　　　242
　　　9.2.3　电商短视频案例解析　　　　　　　　　242
9.3　探店视频制作　　　　　　　　　　　　　　　243
　　　9.3.1　探店视频的制作流程　　　　　　　　　243
　　　9.3.2　探店视频案例解析　　　　　　　　　　244
9.4　日常 Vlog 制作　　　　　　　　　　　　　　 244
　　　9.4.1　日常 Vlog 的制作要点　　　　　　　　 244
　　　9.4.2　日常 Vlog 案例解析　　　　　　　　　 245
9.5　热门音乐视频制作　　　　　　　　　　　　　246

CHAPTER ONE

第1章
视频拍摄与剪辑基础

剪辑前一般都需要拍摄素材,但若不了解视听语言,没有形成剪辑思路,即便能够熟练使用各种摄影器材和剪辑软件,拍出来的视频素材和剪出来的视频都很难让人满意。

本章将介绍视听语言、动静匹配剪辑手法、景别搭配原则等知识,帮助读者形成剪辑思路,为后续用软件剪辑视频奠定基础。

1.1 视听语言

拍视频通常需要用到视频脚本。说到视频脚本，读者可能会想到抖音上看到的各种分镜脚本，但如果不了解视听语言，则无法理解这些视频脚本的创作意图。

1.1.1 视听语言简介

视听语言就是利用视听刺激的合理安排向受众传播某种信息的一种感性语言，包括影像、声音等。语言必然有语法，视听语言的语法便是镜头调度方法和音乐运用技巧。

视听语言分为两个部分，其一是视觉，包含镜头画面、构图、景别、拍摄角度等。图1-1所示为特定角度下拍摄的画面，这便属于视觉部分。其二是声音，涉及配音和配乐。图1-2所示为某女生正在使用专业话筒为视频配音。

图1-1

图1-2

1.1.2 景别

在视频创作前期要拍摄素材，但拍摄素材不同于日常生活中的随意拍摄，要遵循一定的章法，景别就是其中的章法。

一些习惯用手机进行视频创作的读者经常使用手机的广角镜头拍摄素材。这样拍摄的素材景象宽泛且没有重点，用其创作出的视频画面枯燥、单调，会让观众感到乏味，如图1-3所示。

因此不能忽略景别。景别是指焦距一定时，由于摄影机与被摄主体的距离不同，使被摄主体在画面中所呈现的范围不同。景别一般可分为5种，假设以人为拍摄主体，由远至近分别为远景（人所处环境）、全景（人的全部和周围部分环境）、中景（人膝部以上）、近景（人胸部以上）、特写（人肩部以上），简单来说就是远、全、中、近、特。

图1-3

> **提示** ● 一般景别的划分是根据画面中的被摄主体来判断的，进行短视频创作时不必在景别的划分上太过较真，一切以获得好的视频效果为最终目的。

1. 远景

远景适合表现人物及其周围广阔的空间环境、自然景色和群众活动等镜头画面。它相当于从较远的距离观看景物和人物，视野宽广，人物较小，背景占据画面较大面积，画面给人以整体感。航拍的画面一般就是远景，如图1-4所示。

远景能够给予观众气势恢宏的感觉，其比较重要的一个作用就是交代环境。通常一个视频的开头都是一个远景，用来交代大环境是怎样的，后面再使用较小的景别，以景别的变化，渲染氛围或向观众讲述故事。

图1-4

2. 全景

全景用来表现场景的全貌与人物的全身动作，在视频中用于表现人物之间、人与环境之间的关系。若被摄主体是人物，全景画面则主要表现人物全身，一般能将人物的体型、衣着打扮、身份等交代得比较清楚，如图1-5所示。

图1-5

全景与远景都能交代人物所处环境，但全景比远景更能够阐释人物与环境之间的密切关系，同时可以通过特定环境来表现特定人物，这种技巧在各种视频中被广泛应用。而对比远景画面，全景的景别更小，画面中的人物更大，更能够展示人物的行为动作、表情相貌及人物主体所在的小环境，也可以从某种程度上表现人物的内心活动。

> **提示** · 远景与全景都能交代人物所处环境，故二者又被统称为交代镜头。全景包含人物形貌，既不像远景那样细节不清，又不像中、近景那样不能展示人物全身的形态或动作，在叙事、抒情和阐述人物与环境的关系上有独特的作用。

3. 中景

画框下边卡在膝盖左右部位或场景局部的画面称为中景，如图1-6所示。中景和全景相比，画面景物范围有所缩小，环境处于次要地位，重点在于表现人物的上半身动作。中景为叙事性景别，在视频中就好比作文中用于承上启下的过渡句。视频不能用远景、全景把故事发生的环境交代后就直接到了故事结尾，而是交代完大环境、小环境之后，就得开始讲故事了，

图1-6

需要故事的主人公出场了，这个时候我们通常就会使用中景来进行过渡。

> **提示** · 中景是一种非常特殊的景别，全景有小全景、大全景，特写有大特写、小特写，但是中景没有大中景、小中景之说。同时，拍人物为主题的视频时，画面中既有人物又有环境，一般就可以将这种景别理解为中景。

4. 近景

人物胸部以上或物体的局部称为近景，如图 1-7 所示。近景是近距离观察到的画面，能清楚展示人物细微的动作，拉近了人物与观众的距离。近景着重表现人物的面部表情和内心世界，是反映人物性格最有力的景别。

近景中环境被进一步弱化，从画面很难看出人物所处的环境，但是人物的细节很清楚。

图1-7

5. 特写

大多数手机摄影用户在拍摄时会有意识地去拍摄特写，毕竟只要把镜头靠近人物就可以，但特写其实很多时候不是刻意去拍的。

画面的下边框在人物肩部以上的场景，或其他被摄主体的局部称为特写。图 1-8 所示为人物眼睛的特写。特写中被摄主体充满画面，比近景更加接近观众。特写能提示信息、营造悬念，能细致地表现人物面部表情、刻画人物，以及表现复杂的人物情绪，带给观众生活中不常见的特殊视觉感受。特写主要用来展现人物的内心活动，背景处于次要地位，甚至没有。对于特写，被摄主体无论是人物还是其他对象均能给观众以深刻的印象。

图1-8

1.1.3 运镜

介绍了景别之后，下面讲解推、拉、摇、移、跟、升、降、甩这几种运镜手法。升、降、甩非常好理解，本小节主要讲解推、拉、摇、移、跟。

1. 推镜头

推镜头是指将镜头指向被摄主体并不断靠近,或者调整镜头焦距使画面由远到近,把景别从大推到小的拍摄手法,如图1-9所示。

图1-9

推镜头在拍摄中起到的作用是突出被摄主体,将观众的注意力从整体引导至局部。在推镜头的过程中,画面中所包含的内容逐渐减少,从而突出重点。推镜头的快慢会影响画面的节奏,拍摄过程中可以利用这一点控制画面节奏。

2. 拉镜头

与推镜头相反,拉镜头是镜头不断远离被摄主体,如图1-10所示,景别通常是由近景逐渐到远景。拉镜头可以在视觉上形成后移效果,使被摄主体由大变小。

图1-10

拉镜头的作用主要有两个方面:一方面是表现被摄主体在环境中的位置,即通过将镜头向后移动逐渐扩大视野范围,从而在画面中反映局部与整体的关系,展现出更多的场景;另一方面是满足镜头之间衔接的需要,如前一个镜头是某场景中的特写,而后面的镜头是另一个场景,两个镜头通过拉镜头的方式衔接,画面会显得比较自然。

3. 摇镜头

摇镜头是电影和视频制作中的一种特殊效果制作技术。运用这种运镜手法时,摄像机机位不做位移运动,而是利用三脚架、云台拍摄方向可变动的功能让机身做上、下、左、右的转动。摇镜头是常见的运镜手法,也常和其他的运镜手法结合使用。

4. 移镜头

移镜头也称摄像机移动，是一种常见的运镜手法，涉及摄像机在水平、垂直方向或三维空间中的移动，以改变视角、镜头位置和画面构图，如图1-11所示。

移镜头通常通过小滑轨拍摄，这样拍出来的素材画面更加稳定。移镜头不仅有左右移动，也有上下移动。移镜头与摇镜头非常相像，但是摇镜头有一个相对比较明确的轴心，是围绕轴心摇动；而移镜头属于平移，可以是左右平移或上下平移，还可以是斜向上、斜向下平移。

图1-11

5. 跟镜头

跟镜头又称跟摄，是一种摄影机跟着运动的被摄主体进行拍摄的运镜手法，可形成连贯、流畅的视觉效果。跟镜头始终跟随拍摄运动中的对象，以便连续而详尽地表现其活动情形或运动中的动作和表情等。

由于跟镜头运镜手法特殊，故使用跟镜头拍摄的视频素材通常会使观众跟场景中的某个人物产生一种互动感。

跟镜头与移镜头相似，但移镜头往往是画面中的物体和镜头各自移动，两者之间没有太大的关联。但是跟镜头是镜头要跟着被摄主体走，如果被摄主体停下来了，那么镜头也要跟着停下来。

1.1.4 分镜脚本的基本类目

学习了景别和运镜后，我们就可以开始学习怎么写分镜脚本了。

写分镜脚本并不麻烦，可以使用 Excel 或者 Word。以 Excel 为例，新建一个 Excel 文件，制作的分镜脚本包含镜号、景别、摄法、画面内容、参考图、声音和备注等类目，如图1-12所示。

首先是镜号，用于区分镜头。镜号之后紧接着就是景别，然后是拍摄手法（简称摄法）。拍摄手法之后就是画面内容，如果是撰写商业片的分镜脚本，那么可以在它后面添加参考图，最后是声音与备注。

需要注意的是，没有必要将精力过分放在写好分镜脚本上。某些特殊情况甚至在拍摄的时候可以不按照分镜脚本来。

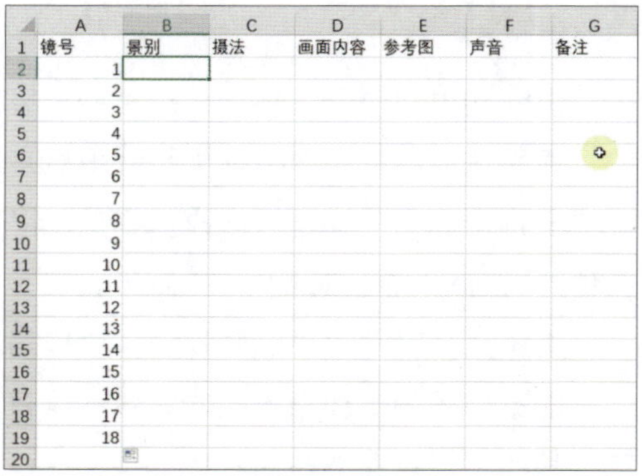

	A	B	C	D	E	F	G
1	镜号	景别	摄法	画面内容	参考图	声音	备注
2	1						
3	2						
4	3						
5	4						
6	5						
7	6						
8	7						
9	8						
10	9						
11	10						
12	11						
13	12						
14	13						
15	14						
16	15						
17	16						
18	17						
19	18						
20							

图1-12

提示 • 画面内容的描述需简洁、明了且尽量有画面感，不需要太多的环境描写和心理描写。

1.2 动静匹配剪辑的3种方法

下面讲解剪辑时非常重要的 3 个剪辑原则，帮助读者制作出画面效果更好的短视频。本节将以茶山实战剪辑为例介绍动静匹配剪辑的 3 种方法。

1.2.1 动接动

在学习动静匹配剪辑之前，要了解起幅与落幅的概念。

起幅是指运动镜头开始的画面。起幅讲究构图，视频画面要有适当的时长，一般有人物表演的场面应使观众能看清人物动作，无人物表演的场面应使观众能看清景色，具体时长可根据情节或创作意图而定。

落幅是指运动镜头终止的画面。由移动画面转为固定画面时要平稳、自然，尤其重要的是准确，即能恰到好处地按照事先设计好的景物范围或被摄主体所在位置停稳画面。有人物表演的场面要根据人物动作停稳画面，不能过早或过晚。当画面停稳之后要有适当的停留。

通常起幅停留 3 秒左右，再运动，落幅停留 3 秒左右。这样到了后期剪辑时，无论是想动接动，还是想静接静，都有选择余地。

动接动就是指运动镜头接运动镜头。在本案例中，先使用两个交代环境的远景，如图1-13和图1-14所示。

图1-13

图1-14

注意，此处的运动镜头都是起幅与落幅相对具有一定的运动幅度，利用画面中具有相同元素（茶山）和相似的运动方向进行画面过渡，形成流畅、自然的观感。

1.2.2 静接静

静接静就是静止的画面与静止的画面接在一起，相较于动接动，画面的节奏会变慢，例如，前一镜头的落幅如图 1-15 所示，后一镜头的起幅如图 1-16 所示。将这两个相对静止的镜头接在一起能保证画面的和谐。

图1-15

图1-16

提示 • 静止并不是指全程都是固定机位拍摄的绝对静止画面，而是指起幅或落幅相对于其他镜头运动幅度较小。

1.2.3 动静结合

动静结合即动接静或者静接动，一般在一个视频的开始处使用动接动来交代环境，而后向静接静过渡，中间的过渡可以根据情况使用动静结合的手法。

在动接静的过渡中，例如在图 1-17 所示的运动镜头后，要接上一个静止镜头，如图 1-18 所示，那么前面这个运动镜头的落幅应该是缓慢的，以确保画面衔接自然。

图1-17　　　　　　　　　　　　　　　　图1-18

动接静的镜头有一个非常明显的特点，就是起幅时它是运动的，到后面落幅的时候，就变成了相对来说比较静止的画面。虽然落幅处可能还在轻微摇动，但相比前面大幅度的运动，这个落幅可以视为相对静止。这就是一组由运动到静止的镜头，其作用是为静接静的匹配剪辑做铺垫。

> **提示** ● 剪辑过程中应注意运动镜头和静止镜头之间的衔接处理。动接动的剪辑比较容易，剪在一起会比较有动感。这个镜头完成后，可以用一组动静结合的镜头来实现由动到静的过渡，也就是说它的起幅会接上一条动接动的镜头，但是这个镜头的落幅会固定下来，然后接下一个镜头的静止的起幅，自此完成了由动到静的非常自然的过渡。

1.3　景别搭配的3个原则

上一节中讲的动静匹配剪辑的3种方法与运镜相关，而本节将讲解景别搭配的3个原则。

1.3.1　循序渐进

景别的循序渐进是指画面要从远到近，层层推进。视频的开始一般会使用远景交代周围环境，如图1-19所示。

图1-19

然后在远景之后衔接一个全景，交代一下小环境和小环境中的细节。如图 1-20 所示，画面中的茶山相较上一镜头中的茶山已经多了很多细节。

紧接着景别再次缩小，通过中景镜头较为全面地展示人物所处的环境和画面中的细节，如图 1-21 所示。

图1-20

图1-21

中景镜头之后接上两个景别更小的画面，分别如图 1-22 和图 1-23 所示。

图1-22

图1-23

这就是景别的循序渐进，从远景、全景到中景、近景，最后到特写，暗示故事情节的推动。这一景别搭配原则比较适合视频开场，远→全→中→近→特的画面顺序就是典型的视频开场顺序。

1.3.2 有松有紧

本小节以电影《音乐之声》的部分画面为例讲解有松有紧这一景别搭配原则。

影片先用远景展现故事环境，而后女主人公出场，则从远景慢慢过渡至图 1-24 所示的全景，向观众展示女主人公和她所处的环境。

接着从全景切换至中景，这时观众能够看到女主人公歌唱时的愉悦、放松的状态，如图 1-25 所示。

图1-24　　　　　　　　　　　　　　　　图1-25

在这个中景之后，随着场景的切换，景别切换至全景，如图 1-26 和图 1-27 所示。

图1-26　　　　　　　　　　　　　　　　图1-27

在图 1-28 所示的全景后，景别切换至中景，如图 1-29 所示，为故事的开始做铺垫。

图1-28　　　　　　　　　　　　　　　　图1-29

所谓松紧就是指画面中的元素是松还是紧。示例影片既有大的景别，又有小的景别，小的景别之后又回到大的景别，大的景别之后又开始有一些小的景别，大大小小，松松紧紧，这就叫有松有紧。

提示 • 我们在剪辑的时候，也要注意景别的变换，不光循序渐进，还要有松有紧。

1.3.3 尝试使用特殊视角

在剪辑过程中，我们也可以尝试使用一些特殊视角丰富画面，使视频效果更好。

所谓的特殊视角，就是基本上与我们日常肉眼所看到的角度不太一样的视角，如鱼眼视角、微距视角、俯拍或仰拍视角等。图 1-30 所示是从车内向外拍摄的，属于不常见的视角。

提示 • 在分类时，我们通常将主观镜头归入特殊视角镜头中。

图1-30

1.4 从分镜脚本设计到剪辑出片

本节将结合前面的知识来讲解从分镜脚本设计到剪辑出片的整个过程。

1.4.1 分镜脚本设计

下面将以打乒乓球这个视频为例，进行实际操作讲解，并结合素材进行分析。

在撰写分镜脚本的过程中复习一下前面的内容，首先景别应当循序渐进，所以开场镜头的设计很简单，拍远一点的全景（大全景）即可，如图 1-31 所示。

然后切换到近一些的全景（小全景），如图 1-32 所示。从远到近，从大全景到小全景，设计一种镜头推进的画面效果，更能抓住观众的视觉焦点。

图1-31

图1-32

再是中景,在撰写分镜脚本的时候,中景要注意对机位进行描述,例如从前拍、从后拍或是侧拍,不然拍摄时容易混乱。此处从打球人的后面拍摄,画面如图1-33所示。

根据景别搭配原则层层推进,接下来要切换到近景,同时使用侧拍的机位,如图1-34所示。机位的变化可以让视频效果更加丰富,吸引观众继续观看。

图1-33

图1-34

接下来是不是应该接特写镜头了?不,这里其实要接的是全景镜头。在实际设计过程中,不一定非要按照前面所说的原则来设计,只要大体符合即可。前面我们使用了大全景—小全景—中景—近景的顺序来介绍环境,接下来要开始讲故事了,所以此处设计了一个主观视角下拍摄的全景,以增加视频的沉浸感,如图1-35所示。

然后使用一个近景球网,以渲染紧张氛围,同时让视频的节奏有松有紧,如图1-36所示。

图1-35

图1-36

之后切换到全景，如图1-37所示。通过这个全景着重突出打球过程中双方的动作，进一步渲染紧张氛围。

最后用一个小全景表明打球结束，为整个视频画上一个句号，如图1-38所示。整个视频的景别遵循循序渐进、有松有紧的原则，节奏合理，能够吸引观众。

图1-37

图1-38

要尝试使用特殊视角进行拍摄，构思一些较为有趣的画面。例如分镜脚本中使用的第一人称视角，通过这种特殊视角，观众能够代入主人公产生一种身临其境的感觉。

分镜脚本如表1-1所示。

表1-1 分镜脚本

镜号	景别	摄法	画面内容
1	大全景	固定	两个人在打乒乓球
2	小全景	固定	
3	中景	固定	从后拍球拍，画面中有对手
4	近景	固定	侧拍对手球拍
5	全景	主观视角	第一人称视角
6	近景	固定	球从球网上方越过
7	全景	主观视角	第一人称视角
8	小全景	固定	两人打球结束

1.4.2 实战：剪辑出片

根据分镜脚本拍摄素材之后，就可以开始剪辑视频了，详细步骤如下。

01 导入名为"素材1"~"素材7"的视频素材至剪映专业版的素材管理窗口，如图1-39所示。

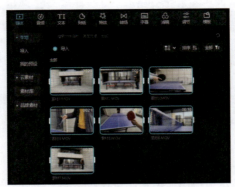

图1-39

02 添加名为"素材1"的视频素材至时间轴区域，移动时间线至10秒56帧处，选中名为"素材1"的视频素材，单击常用工具栏中的"向左裁剪"按钮▐，裁掉多余片段，效果如图1-40所示。

图1-40

03 移动时间线至2秒30帧处，选中名为"素材1"的视频素材，单击常用工具栏中的"向右裁剪"按钮▐，裁掉多余的视频片段，便于后面视频素材的衔接，调整视频素材，如图1-41所示。

图1-41

04 添加名为"素材 2"的视频素材至时间轴区域，移动时间线至 5 秒 21 帧处，选中名为"素材 2"的视频素材，单击常用工具栏中的"向左裁剪"按钮■，裁掉多余片段，效果如图 1-42 所示。

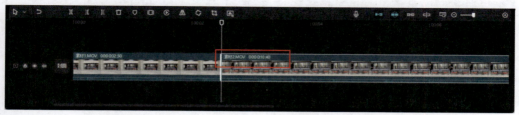

图1-42

05 移动时间线至 8 秒 50 帧处，选中名为"素材 2"的视频素材，单击常用工具栏中的"向右裁剪"按钮■，裁掉多余片段，效果如图 1-43 所示。

图1-43

06 添加名为"素材 3"的视频素材至时间轴区域，移动时间线至 12 秒 26 帧处，单击常用工具栏中的"向左裁剪"按钮■，裁掉多余片段，效果如图 1-44 所示。

图1-44

07 移动时间线至 10 秒 50 帧处，选中名为"素材 3"的视频素材，单击常用工具栏中的"向右裁剪"按钮■，裁掉多余片段，效果如图 1-45 所示。

图1-45

08 添加名为"素材4"的视频素材至时间轴区域,移动时间线至14秒44帧处,单击常用工具栏中的"向左裁剪"按钮,裁掉多余片段,效果如图1-46所示。

图1-46

09 移动时间线至13秒处,选中名为"素材4"的视频素材,单击常用工具栏中的"向右裁剪"按钮,裁掉多余片段,效果如图1-47所示。

图1-47

10 添加名为"素材5"的视频素材至时间轴区域,移动时间线至15秒24帧处,选中名为"素材5"的视频素材,单击常用工具栏中的"向左裁剪"按钮,裁掉多余片段,效果如图1-48所示。

图1-48

11 移动时间线至21秒35帧处,选中名为"素材5"的视频素材,单击常用工具栏中的"向右裁剪"按钮,裁掉多余片段,效果如图1-49所示。

图1-49

12 移动时间线至16秒处,选中名为"素材5"的视频素材,单击常用工具栏中的"分割"按钮,将该视频素材分割成两个视频片段,如图1-50所示。

图1-50

13 添加名为"素材6"的视频素材至时间轴区域的画中画轨道,如图1-51所示。

图1-51

14 移动时间线至20秒24帧处,选中名为"素材6"的视频素材,单击常用工具栏中的"向左裁剪"按钮,裁掉多余片段,效果如图1-52所示。

图1-52

15 移动时间线至 24 秒 24 帧处，选中名为"素材 6"的视频素材，单击常用工具栏中的"向右裁剪"按钮，裁掉多余片段，效果如图 1-53 所示。

图1-53

16 调整"素材 6"视频素材的位置，调整后效果如图 1-54 所示。

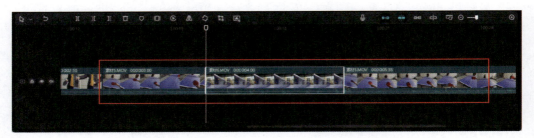

图1-54

17 添加名为"素材 7"的视频素材至时间轴区域，如图 1-55 所示。

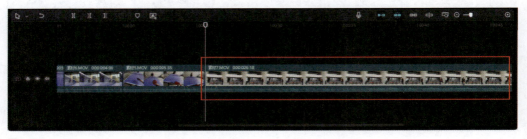

图1-55

18 移动时间线至 48 秒 10 帧处，选中名为"素材 7"的视频素材，单击"向右裁剪"按钮，裁掉多余片段，效果如图 1-56 所示。

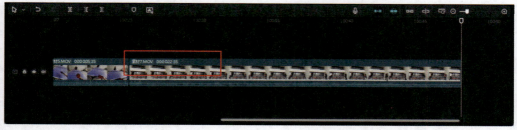

图1-56

19 移动时间线至40秒35帧处，选中名为"素材7"的视频素材，单击"向左裁剪"按钮，裁掉多余片段，效果如图1-57所示。

图1-57

20 完成上述操作后，预览视频，画面效果如图1-58所示。

图1-58

CHAPTER TWO

第 2 章
初识剪映专业版

剪映的更新很频繁，相较于最初发布的版本，现在的剪映已经非常成熟。除了完善最基本的剪辑功能，剪映在团队协作、短视频包装、AI 智能化等方面也大胆创新，不断推出新功能帮助用户更快、更好地进行视频剪辑。本章将介绍剪映专业版的界面和各种功能。

2.1 剪映专业版的诞生

使用剪映专业版进行视频剪辑之前,需要对此软件有一个基本的了解。

1. 诞生

2019年6月,剪映App上线,并逐渐积累口碑。2020年年初,剪映的产品经理每个月都能在产品反馈官方邮箱里看到几十封用户发来的邮件,大多是同一个问题:剪映什么时候能出PC版?

用户之所以会有这样的诉求,主要出于以下几个原因。

- 由于手机屏幕尺寸、存储空间和性能的限制,App无法满足大部分短视频平台创作者的创作需求,越来越多的用户开始学习PC端视频剪辑软件。
- 市面上没有能够完全满足国内用户创作习惯的主导型剪辑软件,专业创作者普遍在混用剪辑软件。而剪映将多种功能集于一身,方便快捷,吸引了大量用户。
- 现有的PC端视频剪辑软件使用体验较差,功能复杂的软件操作门槛较高,简单的软件又无法实现复杂多变的效果。许多好的剪辑工具来自海外,不太符合国内用户的使用习惯。

2020年11月,剪映团队推出了剪映专业版Mac版本,接着又在2021年2月推出了剪映专业版Windows版本。

2. 剪映App与剪映专业版的区别

作为抖音推出的剪辑工具,剪映可以说是一款非常适合视频创作新手的"剪辑神器",其操作简单且功能强大,与抖音无缝衔接,深受广大用户的喜爱。

剪映App与剪映专业版最大的不同在于二者的运行环境不同,因此界面的布局也不相同。相较于剪映App,剪映专业版基于计算机屏幕的优势,可以为用户呈现更为直观、全面的画面编辑效果。

2.2 认识剪映专业版的启动界面

进入剪映官网,根据自己计算机的操作系统选择相应版本的安装包并下载,安装完毕后运行剪映专业版,可以看到图2-1所示的启动界面。

图2-1

剪映专业版的启动界面主要分3个区域：账户模块、功能模块、工程管理窗口。

2.2.1 账户模块

账户模块位于启动界面左侧，如图2-2所示。账户模块包含首页、模板、我的云空间、小组云空间等功能。

图2-2

读者可以在账户模块中使用抖音账号登录剪映专业版，并选择是否开通会员。剪映专业版中许多功能和效果都需要开通会员才能使用，例如AI特效、AI玩法等。

"模板"功能就是剪映App中的"剪同款"功能，如图2-3所示。该模块中有许多热门模板供用户选择，且剪映专业版对这些模板进行了分类，便于用户快速查找。

"我的云空间"功能可以让用户在剪映提供的云空间中存储剪辑项目，如图2-4所示。如果没有开通会员，可以免费使用5GB的云空间容量。开通会员之后，云空间容量会提升至100GB。如果仍然觉得容量不够用，可以选择付费购买云空间容量。

这个功能可以实现多设备之间协同剪辑，例如用户在A地剪辑视频但后面需要在B地继续剪辑该视频，就可以将剪辑项目上传到云空间中，在B地将剪辑项目从云空间中下载至本地继续剪辑。

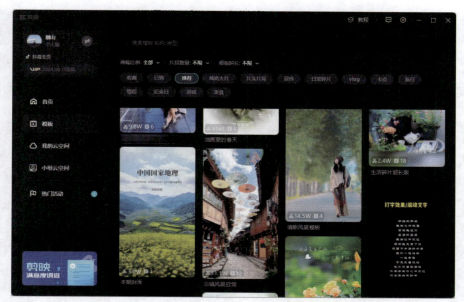

图2-3

图2-4

"小组云空间"功能用来进行团队协作,如图 2-5 所示。用户可以将朋友、同学、同事等的剪映账号加入各种小组中,大家共享剪辑草稿或素材,进行团队协作。同一个剪映账号可以加入多个不同的小组。

图2-5

2.2.2 功能模块及"设置"功能

功能模块如图 2-6 所示。

图2-6

"图文成片"功能的界面如图 2-7 所示。该界面集成了"智能写文案"功能,并为用户提供了多种类型。用户可以输入主题和话题,选择好需要的视频时长,剪映专业版将根据输入的主题和话题,结合 AI 算法自动匹配互联网上的素材生成视频。随着剪映专业版的不断发展,"图文成片"功能的出片质量在不断提升。

提示 • 因为"图文成片"功能是智能匹配互联网上的素材进行剪辑,所以匹配的素材可能存在版权问题,用户在使用时应注意甄别。

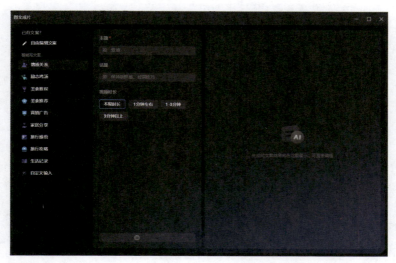

图2-7

"智能裁剪"功能的界面如图 2-8 所示。剪映专业版会智能识别画面主体,重新构图后根据用户的选择将画面裁剪成各种比例,如 9∶16、16∶9、1∶1 等。但笔者不推荐使用该功能,不仅因为该功能需要开通会员才能使用,还因为用户学会剪辑操作后自己也能裁剪画面,而且更加可控。

图2-8

单击"创作脚本"按钮,剪映专业版将打开图 2-9 所示的界面。用户可以在该界面编辑自己的脚本,生成脚本后,脚本将自动上传至用户账户的云空间。在该界面中,用户可以根据剪辑需求添加、删除和修改脚本。

图2-9

提示 ● 对于短视频制作,简单的视频可能不需要分镜脚本,复杂的视频也不会在这里写分镜脚本,因此这个功能更适合没有撰写过分镜脚本的新手熟悉分镜脚本的格式。

"一起拍"功能的界面如图2-10所示。利用这个功能,用户可以和朋友、同学、同事一起录制视频。单击"邀请"按钮,剪映专业版会自动生成一个邀请链接,用户将该链接复制后发送给朋友,朋友单击链接接受邀请即可一起拍。

图2-10

接下来介绍剪映专业版的"设置"功能。单击"设置"功能按钮会弹出一个菜单,如图2-11所示,其中包含"全局设置""支付记录""用户协议""隐私条款"等选项。

选择"全局设置"选项后会进入剪映专业版的设置界面,其中包含4个选项卡,在不同选项卡下可以调整不同的参数。选择"草稿"选项卡后,设置界面如图2-12所示。在这里用户可以更改剪映中与草稿相关的设置,例如草稿位置、素材下载位置等。建议设置自动删除缓存文件，否则剪映的缓存文件会越来越多，设备的存储空间会越来越小。草稿默认保存在剪映工程文件所在的文件夹。

图2-11　　　　　　　　　　　　　　　图2-12

在"剪辑"选项卡下，可以将"目标响度"更改为"抖音-12LUFS"，如图2-13所示。这样设置后导出的视频更符合抖音的标准，播放起来观感会更好。

在"性能"选项卡下，可设置各种加速选项，如图2-14所示。通常剪映专业版会默认开启这些加速选项，开启后剪映专业版就会加速预览视频的渲染，便于用户实时了解画面效果。代理模式则是默认关闭的，如果你的计算机配置实在太低，可以开启，能有效防止卡顿。更改好设置后，单击"保存"按钮即可保存各项设置。

图2-13　　　　　　图2-14

2.2.3 工程管理窗口

启动界面中最大的区域是工程管理窗口，如图 2-15 所示。

图2-15

打开过的项目都会呈现在工程管理窗口中，这些项目与全局设置"草稿"选项卡下"草稿位置"所设置路径下的文件是一一对应的。

用户可以在工程管理窗口导入草稿或删除导入的草稿。假设现在把草稿所在的文件夹全部删除，可以看到工程管理窗口中的草稿也会消失。而当我们按快捷键 Ctrl+Z 撤销上一步的删除操作时，就可以看到删除的草稿又回来了。

单击工程管理窗口上方的"导入工程"按钮，即可选择导入 Premiere Pro 或者 Final Cut Pro 的工程文件。

提示 • 如果想使用"导入工程"功能，需要先在全局设置"草稿"选项卡下开启该功能。

2.3 认识剪映专业版的剪辑界面

单击"开始创作"按钮，剪映专业版会自动生成一个剪辑项目并进入剪辑界面，如图 2-16 所示。

图2-16

剪映专业版的剪辑界面可以分为 4 个部分，分别是素材管理窗口、预览窗口、检查器窗口和时间轴区域。

2.3.1 素材管理窗口

素材管理窗口位于剪辑界面的左上方，如图 2-17 所示。

素材管理窗口上方是一排功能标签，如图 2-18 所示。

"媒体"相当于媒体池，用户在剪辑过程中涉及的素材都会出现在这里。想要导入素材时，可以单击素材管理窗口的"导入"按钮，在打开的文件选择对话框中找到素材文件，然后选中文件，单击"打开"按钮，这段素材就会出现在素材管理窗口中，如图 2-19 所示。除此之外，直接将素材从外部文件夹中拖入素材管理窗口也可以导入素材。

图2-17

图2-18

图2-19

2.3.2 预览窗口

素材管理窗口的右侧是预览窗口,开启"预览轴"功能后,当鼠标指针在素材管理窗口中的素材上滑动时,预览窗口中会出现鼠标指针所在位置的素材画面,如图 2-20 所示。

图2-20

> 提示 "预览轴"功能需要通过单击时间轴区域右上方的"打开预览轴"按钮 来开启。

2.3.3 检查器窗口

当用户将素材添加至时间轴区域并选中素材之后,原本的草稿参数信息显示窗口会发生变化,变成检查器窗口,如图 2-21 所示。用户选中的素材类型不同,检查器窗口中显示的内容也会不同。

此时在检查器窗口中修改参数将是针对选中素材的,但是如果单击了时间轴区域中的灰色区域,取消选择素材,那么此时的检查器窗口会变回草稿参数信息显示窗口,这时候修改参数就是针对草稿的了。

图2-21

2.3.4 时间轴区域

时间轴区域位于剪辑界面的最下方,包含常用工具栏和时间线所在区域两部分,如图 2-22 所示。

在常用工具栏中,可以快速对视频进行分割、删除、定格、倒放、镜像、旋转和裁剪等操作,如图 2-23 所示。

图2-22

图2-23

常用工具栏左侧按钮的功能是关于素材剪辑的，具体介绍如下。

- 选择▶：单击该按钮可以切换至"选择"工具，该工具对应的快捷键为 A，此时用户可以对素材管理窗口或时间轴区域内的素材进行移动、调整及其他操作。
- 撤销↶：单击该按钮或按快捷键 Ctrl+Z，可撤销上一步操作。
- 恢复↷：单击该按钮或按快捷键 Ctrl+Shift+Z，可恢复撤销的操作。
- 分割Ⅱ：单击该按钮或按快捷键 Ctrl+B，可沿当前时间线所处位置分割时间轴区域内的素材。
- 向左裁剪Ⅱ：单击该按钮或按快捷键 Q，可沿当前时间线所处位置分割时间轴区域内的素材并删除位于时间线左侧的素材。
- 向右裁剪Ⅱ：单击该按钮或按快捷键 W，可沿当前时间线所处位置分割时间轴区域内的素材并删除位于时间线右侧的素材。
- 删除🗑：在时间轴区域内选中视频素材时，该按钮为可用状态。单击该按钮或按快捷键 Delete/Backspace，可删除时间轴区域内选中的素材。
- 添加标记♡/删除标记♡：移动时间线至需要进行标记操作的时间点，单击该按钮，可在选中的素材上添加一个蓝色标记点，再次单击该按钮可删除标记点。
- 定格▢：移动时间线至需要进行定格操作的时间点，单击该按钮，可在时间轴区域内生成一段3秒的定格素材。
- 倒放◉：单击该按钮，可以将选中的素材倒放。
- 镜像▲：单击该按钮，可以将选中的素材画面沿水平方向翻转。
- 旋转⟲：单击该按钮，可以对选中的素材画面进行旋转。
- 调整大小▱：单击该按钮，可以对选中的素材画面进行按比例裁剪或者自由裁剪。
- 智能剪口播▣：单击该按钮，可以对选中的素材进行智能剪辑，将口播视频中不需要的片段剪去。

提示 • 定格、倒放、镜像、旋转、调整大小等功能按钮都需要在时间轴区域内选中素材后才会变为可用状态。

常用工具栏右侧按钮的功能是关于时间轴区域的，用于录音、打开或关闭主轨磁吸、打开或关闭自动吸附、打开或关闭联动、打开或关闭预览轴、调整全局预览缩放和调整时间轴区域缩放。

- 打开主轨磁吸■：单击该按钮后，在将素材放置到主轨上时，素材会被自动向前吸附。
- 打开自动吸附■：单击该按钮后，时间线会自动吸附至分割处、节拍点，或者开始、结束的时间点。
- 打开联动■：单击该按钮后，素材与素材之间形成联动，移动某段素材时，与其联动的素材会一起移动。
- 打开预览轴■：单击该按钮后，若鼠标指针停留在素材管理窗口中的素材或时间轴区域内的素材上，预览窗口内将会显示鼠标指针停留位置的素材画面。
- 全局预览缩放■：单击该按钮后，软件会自动调整时间轴区域的缩放，确保所有素材能同时显示在时间轴区域内。

提示 • 开启"预览轴"功能后，若用户将鼠标指针停留在时间轴区域内进行分割，那么此时分割的位置是鼠标指针停留的位置。如果想要在时间线所处位置进行分割，则必须将鼠标指针移出时间轴区域。若没有开启"预览轴"功能，那么分割的位置始终是时间线所处位置。

时间线所在区域包含三大元素：轨道、时间线、时间刻度。因为剪映专业版的界面较大，所以不同的轨道可以同时显示在时间轴区域中，如图2-24所示。

图2-24

- 轨道：时间轴区域内轨道前显示了封面图标的为主轨，主轨上方的轨道都可以视为画中画轨道，主轨下方是音频轨道。
- 时间线：时间轴区域内可以被拖动的一根白色竖线。很多操作都要依靠时间线完成，时间线所处时间点会在预览窗口的左下角显示。
- 时间刻度：位于时间轴区域上方、常用工具栏下方，可以帮助用户快速定位时间点。

2.4 素材管理窗口详解

素材管理窗口中包含多个功能模块，单击某个功能按钮后，素材管理窗口也会随之发生变化，展示相应的功能模块界面。接下来将详细介绍素材管理窗口中的各个功能模块。

2.4.1 "媒体"模块

在使用剪映专业版进行剪辑的时候，除了使用本地素材，也可以使用素材库中的素材。剪映专业版的素材库非常强大，包含各种各样的素材。单击"媒体"按钮后再单击"素材库"按钮，即可进入素材库，如图2-25所示。

素材库对素材进行了分类，用户可以通过在搜索框中输入关键词来查找想要的素材。比如现在需要一些Vlog素材，那么在搜索框中直接输入"vlog"，剪映专业版会根据输入内容进行查找，为用户提供与Vlog相关的素材，如图2-26所示。用户可以在"类型"菜单中选择素材的类型。选择"视频"类型，假设看中了某个素材，先单击该素材缩略图右下角的下载按钮，然后单击添加按钮，就可以将该素材添加到时间轴区域内。

图2-25

图2-26

2.4.2 "音频"模块

"音频"模块包含音乐素材、音效素材等,用户可以在该模块中选择要添加到剪辑的音乐、音效、抖音收藏的音乐或者从视频素材中提取的音频等。"音频"模块界面如图 2-27 所示。

"音频"模块中最重要的就是音乐素材和音效素材,音乐素材主要以 BGM(Background Music,背景音乐)为主。

音效素材主要是包装音效,如图 2-28 所示。剪映专业版对音乐素材和音效素材都进行了分类,用户可以通过上方的搜索框查找素材。

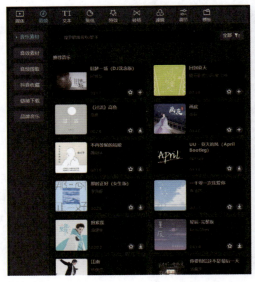

图2-27

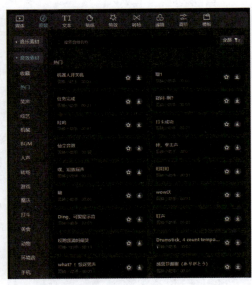

图2-28

"音频"模块不仅为用户提供音乐、音效素材,还有其他几种功能,如"音频提取""抖音收藏""链接下载""品牌音乐",其中"音频提取"功能的界面如图 2-29 所示,"抖音收藏"功能的界面如图 2-30 所示,"链接下载"功能的界面如图 2-31 所示,"品牌音乐"功能的界面如图 2-32 所示。如果用户在大型的 MCN 机构或者比较大的甲方公司工作,那么"品牌音乐"功能界面中可能会有一些现成的品牌资源供用户使用。这些资源会以工作组的形式分类,例如笔者在虚空光影工作,虚空光影自有的品牌音乐素材就会出现在这里,方便团队协作。

图2-29　　　　　　　　　　　　图2-30

图2-31　　　　　　　　　　　　图2-32

提示 • "媒体"模块下的"品牌素材"也是根据工作组进行分类的,假设虚空光影每次做视频有固定的片头和片尾,那么可以将其添加到"品牌素材"中,方便其他同事调用。

2.4.3 "文本"模块

"文本"模块界面如图 2-33 所示。"新建文本"可以用来添加字幕。找到默认文本,单击 ⊙ 按钮,就可以在时间轴区域内添加一段可以调节时长的字幕素材。

图2-33

比较好用的功能是"花字"和"文字模板",界面分别如图 2-34 和图 2-35 所示。其中包含各种预设花字和文字模板,用户可以根据剪辑需求套用,使视频画面和字幕生动有趣。

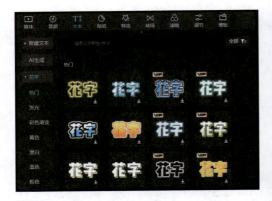

图2-34

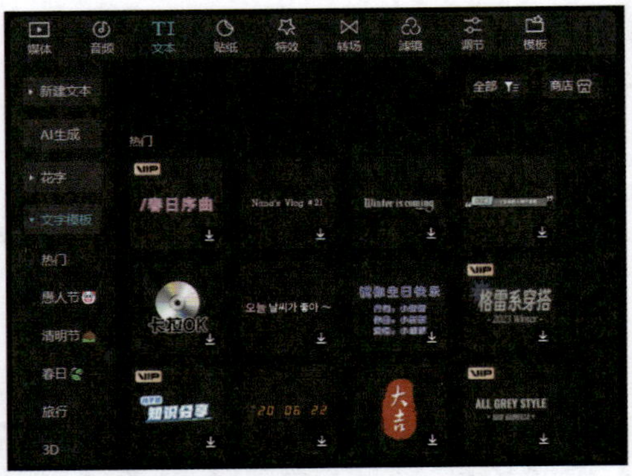

图2-35

"识别歌词"功能和"智能字幕"功能的界面分别如图2-36和图2-37所示。

图2-36

图2-37

在"本地字幕"功能的界面中,用户可以导入SRT、LRC、ASS这3种文件格式的字幕,如图2-38所示。

图2-38

2.4.4 "贴纸"模块

"贴纸"模块界面如图 2-39 所示，其中提供了各种贴纸效果。如果某贴纸效果的左上角标记了 VIP，说明该贴纸效果需要开通会员才能使用，但是依然可以把它添加到轨道中，只不过必须是会员才能导出，否则就只能预览。

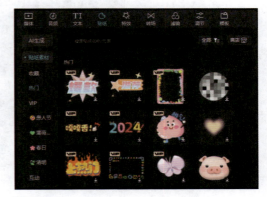

图2-39

2.4.5 "特效"模块

"特效"模块界面如图 2-40 所示，包含"画面特效"和"人物特效"两类。"画面特效"是指特效作用于整个画面，"人物特效"则是指特效作用于画面中的人物。

图2-40

2.4.6 "转场"模块

转场对短视频而言非常重要，它具有划分层次、连接场景和转换时空等作用。合理使用转场能够满足观众的视觉需求，使画面之间的过渡自然而流畅。"转场"模块界面如图 2-41 所示。

图2-41

2.4.7 "滤镜"模块

滤镜可以说是如今各大视频剪辑软件的重要功能,为素材添加滤镜能够弥补拍摄时的缺陷,使画面更加生动、色彩更加绚丽。剪映专业版为用户提供了多种滤镜效果,合理运用这些滤镜效果可以对素材进行美化,从而让视频更加吸引眼球。

"滤镜"模块界面如图2-42所示。剪映专业版中的滤镜效果更新较快,会根据当前互联网的热点及关键词推出新的滤镜效果,下架旧的滤镜效果。

图2-42

提示 • 在时间轴区域中选中添加了滤镜效果的素材,即可在检查器窗口中调整滤镜效果的参数。

2.4.8 "调节"模块

除了使用"滤镜"模块一键改变画面色调,还可以通过"调节"模块来调整画面。"调节"模块界面如图 2-43 所示。

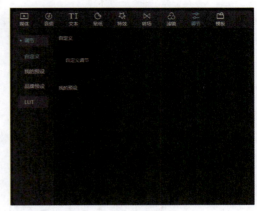

图2-43

2.4.9 "模板"模块

剪映专业版的"模板"功能就相当于剪映 App 中的"剪同款"功能,这是剪映的一项特色功能,它为用户提供了大量的视频创作模板,用户只需要手动添加视频或者图像素材,就能够直接将他人编辑好上传的视频参数套用到自己的素材中,快速且高效地制作出一支完整的视频。

"模板"模块界面如图 2-44 所示。若要应用某个模板,单击该模板缩略图右下角的下载按钮 进行下载,剪映专业版会自动生成一个剪辑草稿。用户添加了本地素材后,拖曳素材至时间轴区域的替换框,即可实现素材替换。

图2-44

2.5 剪映专业版的媒体管理逻辑

了解了剪映专业版的剪辑界面后，本节我们来了解它的媒体管理逻辑。

2.5.1 链接媒体

用户导入素材后，剪映专业版会复制一份素材文件并将其保存在工程文件所在文件夹下，长期这样会导致设备存储空间被大量占用，我们可以通过修改保存位置来改善这一情况，如图 2-45 所示。

修改设置后，删除工程文件所在文件夹下的素材文件就会出现媒体丢失的情况，如图 2-46 所示，这时候就需要我们重新链接媒体。

图2-45

图2-46

链接是指建立符号链接，不是把素材复制过去，而是相当于建立一个快捷方式，所以可以节省存储空间。

那么我们如何重新链接媒体呢？只需选中丢失的媒体，如图 2-47 所示，右击，在弹出的快捷菜单中选择"链接媒体"选项，如图 2-48 所示。在打开的文件选择对话框中选择同名的媒体文件，即可重新链接媒体。

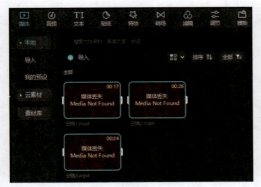
图2-47

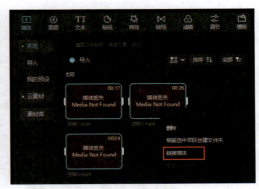
图2-48

2.5.2 素材分类

导入媒体文件时,除了将文件单独导入,也可以选择将整个文件夹导入,如图2-49所示。

此外,用户可以通过在素材管理窗口中新建文件夹并重命名的方式来实现素材的分类管理,如图2-50所示。

图2-49

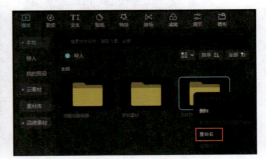
图2-50

素材管理窗口中提供了素材筛选功能,用户可以根据素材类型筛选素材,如图2-51所示。此外,用户也可以通过搜索框直接搜索想要的素材。

提示 • 剪映专业版引入了AI算法,并推出了"智能搜索"功能。

图2-51

2.5.3 代理模式

如果素材文件较大，但是用户用来剪辑的计算机性能又不太强，那么剪辑视频的时候就可能会比较卡，这个时候用户可以使用剪映专业版中的代理模式来提升剪辑的流畅度。

在不选中任何素材的情况下，单击检查器窗口右下角的"修改"按钮，如图2-52所示。

打开"草稿设置"对话框后，切换至"性能"选项卡，即可开启/关闭剪映专业版的代理模式，如图2-53所示。

图2-52

图2-53

开启代理模式后，剪辑时会生成一个分辨率和码率都比较低且播放流畅的代理素材，利用这个代理素材进行预览以评估剪辑效果，可以提升剪辑的流畅性和效率。渲染导出的时候会自动重新使用源素材，保证导出的视频的质量。

CHAPTER THREE

第 3 章

剪映专业版的
基础剪辑技巧

本章将介绍剪映专业版的基础剪辑技巧，包括剪辑项目的基础操作、时间线操作和剪映专业版的必会功能，为读者后面的学习奠定良好的基础。

3.1 剪辑项目的基础操作

开始剪辑前，我们先熟悉剪辑项目的一些基础操作。

3.1.1 草稿设置

草稿是使用剪映专业版进行剪辑的基础，只有创建草稿后才能开始剪辑。

剪映专业版中的草稿参数以用户在该草稿中导入的第一条视频为基准，自动适配。如果用户导入的是竖屏视频，那么在第一次导入之后，可以在预览窗口中看到所有的视频都是竖屏的。同样，如果用户第一次导入的视频分辨率是 4K，那剪映专业版中的草稿分辨率就是 4K。

要修改草稿参数也很简单，在不选中任何素材的情况下，单击检查器窗口右下角的"修改"按钮，打开"草稿设置"对话框，如图 3-1 所示。

在更改草稿设置前，我们要了解设置中参数的具体含义。

图3-1

1. 比例

比例一般是指画幅比例，是一组用来描述画面宽度和高度关系的数值。对于视频，合适的画幅比例可以为观众带来好的视觉体验；对于视频创作者，合适的画幅比例可以改善构图效果，将信息准确地传递给观众，从而与观众建立联系。

常见的画幅比例有 9 ∶ 16（见图 3-2）、16 ∶ 9（见图 3-3），电影中常用的 2.35 ∶ 1（见图 3-4）、4 ∶ 3（见图 3-5），以及部分 Vlog 博主喜欢用的 1 ∶ 1。

图3-2　　　　　　　　图3-3

图3-4　　　　　　　　　　　　图3-5

2. 分辨率

分辨率能够反映画面的清晰程度，分辨率越高，画面越清晰，细节也越丰富、细腻；分辨率越低，则画面越模糊。

常见的分辨率有720P（1280像素×720像素）、1080P（1920像素×1080像素）和2K（2560像素×1440像素）等。

图3-6所示为720P分辨率下的画面，图3-7所示为2K分辨率下的画面。可以看到，分辨率更高的画面，内容更清晰、细节更多、色彩更细腻。

图3-6

图3-7

3. 草稿帧率

剪映专业版草稿设置中的比例和分辨率默认都是自适应状态。

草稿帧率默认是 30 帧 / 秒，笔者建议将需要上传至互联网平台的视频帧率都修改为 30 帧 / 秒。如果需修改草稿帧率至 50 帧 / 秒或 60 帧 / 秒，那么在前期拍摄时就应该拍摄 50 帧 / 秒或 60 帧 / 秒的素材，才能保证画质。如果草稿帧率设置的是 30 帧 / 秒，而前期拍摄的素材帧率是 25 帧 / 秒或者 30 帧 / 秒，剪映专业版会自动进行适配处理。

但如果前期拍摄的素材是 50 帧 / 秒或者 60 帧 / 秒的，后期设置草稿帧率为 30 帧 / 秒，那么剪映专业版会自动对所拍摄的素材进行丢帧处理。因为从高帧率向低帧率转换时，系统可以通过丢弃多余的帧来实现向下兼容。但是若要从低帧率向高帧率转换，由于无法凭空生成新的帧，因此可能会导致画质的损失。

提示 • 通俗来说，帧率就是指一个视频里每秒展示出来的画面数。例如，一般电影的帧率为24帧/秒，也就是1秒内屏幕上连续显示24个静止画面。由于视觉暂留效应，观众看到的画面就是动态的。显然，每秒显示的画面越多，视觉动态效果就越流畅；每秒显示的画面越少，观看时的卡顿感就会越严重。

4. 色彩空间

除此之外，还有色彩空间设置。如果用户拍摄的素材是 HLG 素材，导入后，剪映专业版会自动适配到 HDR 内容；如果用户使用的显示器不支持 HDR 显示，但又设置为 HDR 色彩空间，那么用户可能会看到过曝的画面。但是一般上传至互联网平台的视频几乎都是 SDR 内容，所以用户处理这些素材的时候就需要修改色彩空间为标准 SDR-Rec.709，这样导出后画面才会是正常的。

3.1.2 画幅比例调整

对于草稿画幅的比例,除了可以在草稿设置中修改,还可以在预览窗口中修改。在预览窗口中修改时就要用到"比例调整"功能,该功能能够快速调整画幅比例。

单击预览窗口右下角的"比例"按钮,如图 3-8 所示,会展开比例菜单,如图 3-9 所示。比例菜单中提供了几种常见的比例,选择需要的比例即可。

图3-8

图3-9

3.1.3 视频导出设置

完成对视频的剪辑操作后,可以通过"导出"功能将视频导出为 MP4、MOV 等格式的作品。

完成剪辑后,单击位于检查器窗口上方的"导出"按钮,如图 3-10 所示,会弹出"导出"对话框,如图 3-11 所示。用户可以在该对话框中设置视频的标题、导出位置、分辨率等参数。

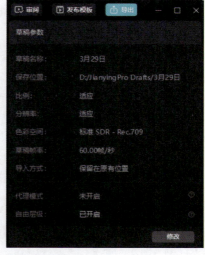

图3-10

图3-11

"导出"对话框中的参数介绍如下。

- 标题：导出后的视频文件名称。
- 分辨率：单位长度内包含的像素点的数量。
- 码率：编码器每秒产生的数据量。同分辨率的情况下，码率越高，画面中的细节越多，画面越清楚，数据量也越大。
- 编码：指视频编码方式，即通过特定的压缩技术将某种视频格式的文件转换成另一种视频格式文件的过程。剪映专业版支持的编码方式有 H.264、HEVC、AV1 等。不同编码方式对计算机硬件的要求也不一样，一般使用 HEVC 编码方式。
- 格式：剪映专业版仅支持导出为 MOV 格式或 MP4 格式的视频。MOV 格式是 QuickTime 的专有封装格式，而 MP4 格式是国际标准。大多数视频平台建议使用 MP4 格式而非 MOV 格式，因为 MP4 格式兼容更多流媒体协议。

3.1.4 实战：将横版视频转换为竖版视频

结合前面所学知识，将横版视频转换为竖版视频并导出，详细步骤如下。

01 导入名为"壶口瀑布"的视频素材至素材管理窗口，并拖曳素材至时间轴区域，如图 3-12 所示。

图3-12

02 单击预览窗口右下角的"比例"按钮，如图3-13所示。
03 在比例菜单中将视频画幅比例从适应切换至9∶16，如图3-14所示。
04 使用"背景填充"功能填充切换比例后出现的黑边，如图3-15所示。

图3-13

图3-14

图3-15

或者缩放画面并调整位置，使画面充满整个显示区域，如图3-16所示。
05 完成上述操作后，预览视频，画面效果如图3-17所示。

图3-16

图3-17

3.2　时间轴区域操作

在剪映专业版中，用户可以在时间轴区域自由组合、剪辑素材。

3.2.1　缩放时间轴区域

剪映专业版中的时间轴区域可以任意缩放，按住 Ctrl 键的同时滑动鼠标滚轮即可实现，或者通过时间轴区域右上角的时间线缩放调整栏来调整，如图 3-18 所示。

图3-18

此外，用户可以通过快捷键 Shift+Z 或时间线缩放调整栏左侧的按钮来进行全局预览缩放操作，如图 3-19 所示。

图3-19

全局预览缩放即剪映专业版会自动调整时间轴区域的缩放，使素材全部展示，如图 3-20 所示。

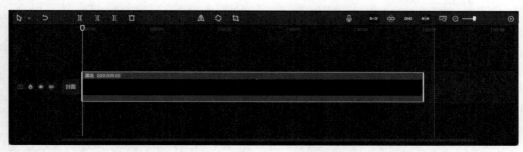

图3-20

3.2.2 修剪素材

剪映专业版支持以多种方式修剪素材，具体介绍如下。

1. 拖曳修剪

导入素材后，拖曳素材至时间轴区域，移动鼠标指针至素材开头与结尾处，鼠标指针的形状会发生一定的变化，如图 3-21 所示。

图3-21

这时可以直接拖曳鼠标以调整素材时长，调整后效果如图 3-22 所示。

图3-22

2. 切换鼠标状态修剪

可以通过切换鼠标状态来实现素材的修剪。单击时间轴区域左上角的"选择"按钮 ，切换鼠标至分割状态，如图 3-23 所示。

图3-23

切换后鼠标指针形状发生变化，移动鼠标指针至需要分割的位置，单击即可分割视频，如图 3-24 所示。分割后删除多余的素材片段，即可实现素材的修剪。

图3-24

3. 通过常用工具栏修剪

移动时间线至需要分割的位置,在时间轴区域上方的常用工具栏中单击"分割"按钮 Ⅱ 或按快捷键 Ctrl+B,即可分割素材,如图 3-25 所示。

图3-25

4. 向左裁剪和向右裁剪

除了以上几种修剪方式,还有向左裁剪和向右裁剪。用户只需要在时间轴区域上方的常用工具栏中单击"向左裁剪"按钮 Ⅱ 或"向右裁剪"按钮 Ⅱ,即可实现裁剪。

向左裁剪和向右裁剪都是基于时间线进行的,故操作前需要移动时间线到想要裁剪的位置,如图 3-26 所示。

图3-26

单击"向左裁剪"按钮 Ⅱ,剪映专业版会从时间线处分割素材并删除分割后位于时间线左侧的素材片段,如图 3-27 所示。

图3-27

单击"向右裁剪"按钮,剪映专业版会从时间线处分割素材并删除时间线右侧的素材片段,如图 3-28 所示。

图3-28

3.2.3 复制、粘贴素材

在视频剪辑过程中如果需要多次使用同一个素材,重复导入比较麻烦,使用"复制"功能可以有效提高工作效率。

选中素材,右击该素材,选择"复制"选项,如图 3-29 所示,或者直接按快捷键 Ctrl+C 复制。

图3-29

复制后,在时间轴区域右击,弹出快捷菜单,选择"粘贴"选项,如图 3-30 所示,或者直接按快捷键 Ctrl+V,将素材粘贴到时间轴区域。

图3-30

3.2.4 复合片段的应用

在视频剪辑的过程中，运用复合片段能够使时间轴区域内的轨道看起来更加干净整洁。此外，在涉及大规模剪辑项目时，复合片段的使用还能有效减少因误操作而对视频最终效果产生的潜在影响。

在添加特效后，按住 Ctrl 键，选择特效和需要进行复合操作的素材，右击，在弹出的快捷菜单中选择"新建复合片段"选项，如图 3-31 所示，或按快捷键 Alt+G。

图3-31

执行复合操作后，时间轴区域的素材会出现相应的变化，如图 3-32 所示。

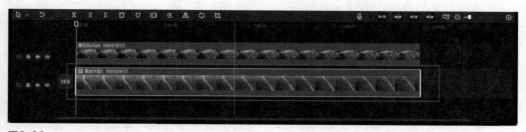

图3-32

要取消复合也很简单，右击复合片段，在弹出的快捷菜单中选择"解除复合片段"选项，如图 3-33 所示，或者直接按快捷键 Alt+Shift+G 解除。

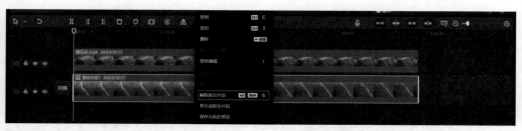

图3-33

如果要进行复合操作的片段较多，那么可以选择"预合成复合片段"选项，此时剪映专业版会自动生成一个预合成，完成预合成后，用户能够更快地预览视频画面效果。

3.2.5　实战：制作日常Vlog片段

　　本实战将带领读者使用剪映专业版制作一个日常 Vlog 片段，详细步骤如下。

01 在剪映专业版中导入名为"Vlog 1"～"Vlog 4"的视频素材，拖曳名为"Vlog 1"的视频素材至时间轴区域，如图 3-34 所示。

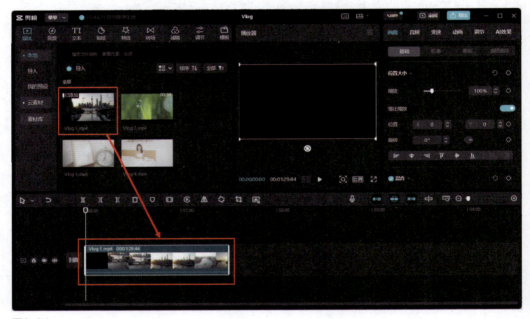

图3-34

02 移动时间线至 1 秒 55 秒处，单击"向左裁剪"按钮，裁剪掉素材开始处无意义的黑色画面，便于视频衔接，如图 3-35 所示。

图3-35

03 移动时间线至 5 秒处，单击"向右裁剪"按钮 ，将素材的后面部分删除，仅保留 5 秒时长的片段，如图 3-36 所示。

图3-36

04 拖曳名为"Vlog 2"的视频素材至时间轴区域，移动时间线至 8 秒处，单击"向右裁剪"按钮 ，仅保留 3 秒时长的素材片段，如图 3-37 所示。

图3-37

05 拖曳名为"Vlog 3"的视频素材至时间轴区域，并选中该素材。移动时间线至 10 秒处，单击"向左裁剪"按钮 ，裁剪掉多余片段，裁剪后的素材如图 3-38 所示。

图3-38

06 移动时间线至 12 秒处，单击"向右裁剪"按钮 ，裁剪掉多余的素材片段，裁剪后的素材如图 3-39 所示。

图3-39

07 拖曳名为"Vlog 4"的视频素材至时间轴区域,移动时间线至 26 秒处,单击"向右裁剪"按钮,裁剪掉多余片段,裁剪后的素材如图 3-40 所示。

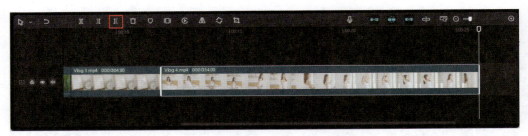

图3-40

08 预览视频,画面效果如图 3-41 所示。

图3-41

> **提示** • 详细步骤中并未描述剪辑过程中时间轴区域缩放的具体操作,因缩放程度需视具体情况而定,没有标准答案。

3.3 剪映专业版的必会功能

前面介绍了剪映专业版的基础功能，本节将介绍剪映专业版的必会功能，以使读者能灵活地使用剪映专业版打磨出优秀的视频。

3.3.1 "倒放"功能

剪映专业版提供了"倒放"功能，简单好用。用户只需要在时间轴区域选中素材，然后在上方的常用工具栏中单击"倒放"按钮，剪映专业版会自动对素材进行倒放，如图3-42所示。

图3-42

3.3.2 "定格"功能

"定格"功能用于将视频画面定格在某个瞬间。

在时间轴区域中选择需要进行定格操作的素材，移动时间线至需要定格的位置，单击时间轴区域上方常用工具栏中的"定格"按钮，如图3-43所示。

图3-43

执行定格操作后,该素材中将自动生成一段时长为3秒的定格画面,如图3-44所示。

图3-44

"定格"功能可以用于制作定格效果。将定格素材调整至画中画轨道,并适当调整定格画面的时长,关闭"主轨磁吸"功能,并调整视频素材位置,如图3-45所示。

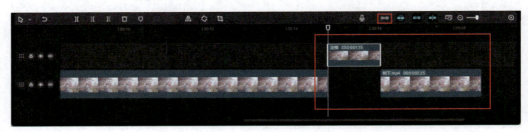

图3-45

选中定格画面,移动时间线至15秒处,通过检查器窗口添加一个关键帧,如图3-46所示。

稍稍后移时间线,再次添加一个关键帧,并在预览窗口调整定格画面的位置大小,调整后效果如图3-47所示。

在"素材库"中选择一段透明素材,将其填充到主轨上,并添加合适的背景,如图3-48所示。

图3-46

图3-47

图3-48

为了使照片效果更加真实，可以添加合适的音效。切换至"音频"模块，在"音效素材"的"机械"分类下选择名为"拍照声1"的音效素材，将其添加至时间轴区域，并调整音效素材的位置，使其波峰对齐定格画面的开始位置，如图3-49所示。

图3-49

预览视频，画面效果如图 3-50 所示。

图3-50

3.3.3 "视频防抖"功能

拍摄素材时难免会抖动，重新拍摄需要花费大量的时间和精力。剪映专业版提供了"视频防抖"功能，通过此功能用户可以获得画面较为稳定的素材。

添加素材至时间轴区域，选中素材，在检查器窗口中开启"视频防抖"功能。剪映专业版提供了 3 个防抖等级，用户选择其中一种后，剪映专业版会进行相应的视频防抖处理，如图 3-51 所示。

图3-51

在处理后，原素材某画面和处理后的效果分别如图 3-52 和图 3-53 所示。通过对比，可以发现"视频防抖"功能其实是对视频素材的画面进行分析后，选取一个各方面均衡的裁切点对视频素材进行裁切，获得较稳定的画面效果。

图3-52

图3-53

3.3.4 "镜像"功能

"镜像"功能用于实现视频画面的水平镜像翻转，打造空间倒置效果。

导入素材，保证时间轴区域有两段一模一样的素材，其中一段在主轨上，另一段在画中画轨道上，调整视频画幅比例为9∶16，并在预览窗口中调整素材位置，调整后效果如图3-54所示。

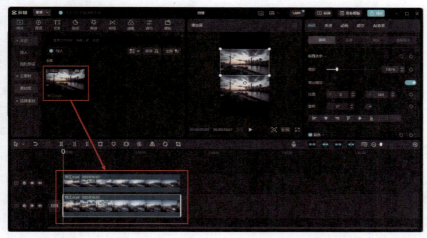

图3-54

选中预览窗口中位于上方的素材，单击时间轴区域上方常用工具栏中的"镜像"按钮 ，如图3-55所示。

图3-55

然后单击时间轴区域常用工具栏中的"旋转"按钮 ，如图3-56所示，将画面倒置。

图3-56

预览视频,画面效果如图 3-57 所示。

图3-57

3.3.5 添加转场

剪映专业版可以在视频素材之间添加转场效果,使画面的衔接过渡自然、流畅。在素材管理窗口中切换至"转场"模块,在"拍摄"分类下选择合适的转场效果,将其拖曳至素材衔接处,即可直接添加,如图 3-58 所示。

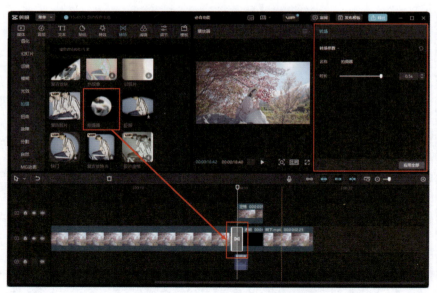

图3-58

3.3.6 添加特效

使用剪映专业版添加特效非常简单，特效可以直接作用于某个素材。用户直接将特效拖曳至素材，即可为素材添加特效，如图3-59所示。

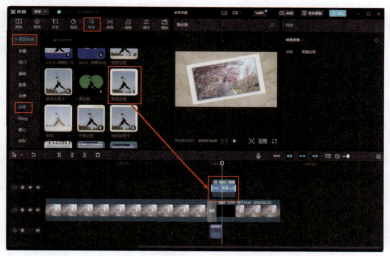

图3-59

3.3.7 混合模式

混合模式是图像处理领域的一个专业术语，它的原理是通过不同的方式将不同轨道的片段素材混合，产生新的画面效果。剪映专业版可以实现对素材的混合处理，它提供了多种混合模式，充分利用这些混合模式可以制作漂亮而自然的画面效果。

本小节将以图3-60和图3-61所示画面为例展示不同混合模式下的视频画面效果。

图3-60

图3-61

导入素材，将它们放在上下不同轨道上，在检查器窗口调整上方轨道素材的混合模式，如图 3-62 所示。

图3-62

1. 变亮

变亮混合模式下，通过比较基色与混合色，把比混合色暗的像素替换掉，比混合色亮的像素保持不变，从而使整个画面变亮，如图 3-63 所示。

图3-63

2. 滤色

滤色模式通过将图像的基色与混合色相结合，从而生成一种比原来两种颜色都浅的第三种颜色。设置素材混合模式为滤色后，图像颜色通常很浅，结果色较亮，如图 3-64 所示。滤色混合模式的工作原理是保留图像中的亮色，故处理丝薄婚纱时通常采用滤色混合模式。此外，滤色混合模式可以解决拍摄时曝光不足的问题。

图3-64

3. 变暗

变暗混合模式下，混合两图层像素的颜色时对二者的 RGB 值分别进行比较，取二者中较低的值，再组合成为新的颜色。所以总体上颜色灰度降低，画面变暗，如图 3-65 所示。

图3-65

4. 叠加

叠加混合模式下，根据背景层的颜色，将混合层的像素相乘或者覆盖，不替换颜色，让基色与叠加色混合，反映原色的亮度或暗度。叠加混合模式对中间色调的影响较为明显，对高亮度区域和暗调区域的影响不大，如图 3-66 所示。

图3-66

5. 强光

强光混合模式可以理解为正片叠底混合模式和滤色混合模式的组合，能够产生强光照射的效果，根据当前图层颜色的明暗程度决定最终的效果是变亮还是变暗。如果混合色比基色的像素更亮，那么结果色会更亮；如果混合色比基色的像素更暗，那么结果色会更暗。强光混合模式实质上同柔光混合模式相似，区别在于它的效果要比柔光效果更强烈。在强光混合模式下，当前图层中比 50% 灰色亮的像素会使图像变亮，比 50% 灰色暗的像素会使图像变暗，但画面中的黑色和白色不变，如图 3-67 所示。

图3-67

6. 柔光

柔光混合模式的效果与发散的聚光灯照在图像上的效果相似，该混合模式根据混合色的明暗决定图像的最终效果是变亮还是变暗。如果混合色比基色更亮，那么结果色将更亮；如果混合色比基色更暗，那么结果色将更暗，使图像的亮度反差增强，如图3-68所示。

图3-68

7. 颜色加深

颜色加深混合模式通过增加对比度使颜色变暗来反映混合色，素材图层相互叠加可以使图像暗部更暗，当混合色为白色时，不产生变化，如图3-69所示。

图3-69

8. 线性加深

线性加深混合模式通过降低亮度使基色变暗来反映混合色，如果混合色与基色为白色，将不产生变化，如图3-70所示。

图3-70

9. 颜色减淡

颜色减淡混合模式通过降低对比度使基色变亮来反映混合色。当混合色为黑色时，不产生变化，类似于滤色混合模式，如图 3-71 所示。

图3-71

10. 正片叠底

正片叠底混合模式是将基色与混合色的像素值相乘，然后除以 255，得到结果色的像素值，结果色比原来的颜色更暗，如图 3-72 所示。任何颜色与黑色以正片叠底混合模式混合，得到的颜色仍为黑色，因为黑色的像素值为 0；任何颜色与白色以正片叠底混合模式混合，颜色保持不变，因为白色的像素值为 255。

图3-72

3.3.8　实战：制作盗梦空间效果

本实战将使用剪映专业版中的"镜像""旋转""蒙版"功能对素材画面进行调整，使画面更加自然、和谐，详细步骤如下。

01 导入一段名为"武汉"的视频素材，拖曳素材至时间轴区域，如图 3-73 所示。

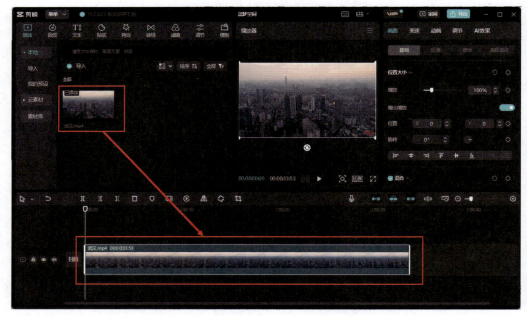

图3-73

02 在预览窗口中调整素材位置,适当下移,给后面倒着的天空留出位置,如图3-74所示。

图3-74

03 选中时间轴区域内主轨上的素材,按快捷键Ctrl+C复制,移动鼠标指针至素材开始处,按快捷键Ctrl+V将素材粘贴到画中画轨道,粘贴后效果如图3-75所示。

图3-75

04 选中画中画轨道上的素材，单击常用工具栏中的"镜像"按钮◭，如图 3-76 所示，将素材镜像翻转。

图3-76

05 选中画中画轨道上的素材，单击常用工具栏中的"旋转"按钮◇两次，将画面倒置，如图 3-77 所示。

图3-77

06 在预览窗口中调整画中画轨道上素材的位置，使主轨上素材的天空部分与画中画轨道上素材的天空部分相接，如图 3-78 所示。

图3-78

07 切换至"蒙版"选项卡,为画中画轨道上的素材添加镜面蒙版效果,如图 3-79 所示。

图3-79

08 适当调整蒙版的大小、羽化参数,使天空的衔接过渡自然而和谐,调整后效果如图 3-80 所示。

图3-80

09 预览视频,画面效果如图 3-81 所示。

图3-81

CHAPTER FOUR

第 4 章

音乐、音效与炫酷卡点

一个完整的视频通常由画面和音频两部分组成。音频可以是视频原声、后期录制的旁白，也可以是特殊音效或背景音乐。对于视频，音频是非常重要的组成部分，原本普通的视频画面在配上调性明确的背景音乐后也能变得打动人心。

4.1 4种快速找到合适背景音乐的方法

2.4.2 小节简单介绍了如何通过剪映专业版中的"音频"模块应用音频,本节将详细介绍剪映专业版中 4 种快速找到合适背景音乐的方法。

4.1.1 音乐素材

剪映专业版的音乐素材中有着非常丰富的音频资源,并进行了十分细致的分类,如"轻快""舒缓""可爱""伤感"等,如图 4-1 所示。用户可以根据视频内容的基调从音乐素材中快速找到合适的背景音乐。

图4-1

4.1.2 音频提取

剪映专业版支持对视频文件中的音频进行提取,简单来说就是将其他视频中的音频提取出来应用到自己的剪辑项目中。

提取音频的方法非常简单,在"音频"模块左侧列表中选择"音频提取"选项,对应界面如图 4-2 所示。

在该界面中导入素材后,剪映专业版会对导入的素材进行音频提取,提取结果如图 4-3 所示。可以直接将提取的音频添加至自己的剪辑项目中使用。

图4-2

图4-3

4.1.3 抖音收藏

作为一款与抖音直接关联的视频剪辑软件，剪映专业版支持用户在剪辑项目中添加在抖音收藏的音乐。但在使用该功能前用户需要确认剪映专业版和抖音登录的账号为同一账号。建立剪映专业版和抖音的连接后，用户可以在剪映专业版"音频"模块的"抖音收藏"选项对应界面中看到在抖音收藏的音乐并进行调用。

打开抖音App，在视频播放界面点击右下角CD形状的按钮，如图4-4所示。进入收藏音乐界面，点击"收藏原声"按钮，如图4-5所示。

成功收藏后会看到"收藏原声"变为了"已收藏"，如图4-6所示。

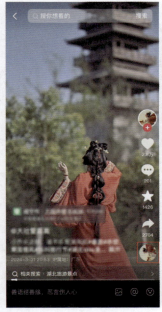
图4-4

图4-5

图4-6

打开剪映专业版，在"音频"模块中切换至"抖音收藏"界面，就可以看到收藏的音乐，如图4-7所示。

提示 • 剪映专业版在版本更新以后加强了抖音收藏音乐相关的版权监管，在写作本书时用户依旧可以在抖音中收藏创作者上传的音乐，但在剪映专业版中只能使用剪映专业版有版权的音乐。

图4-7

4.1.4 链接下载

如果剪映专业版提供的音乐素材等不能满足剪辑需求，则可以尝试通过视频链接提取音频。

以抖音App为例，如果想将该平台上某视频的背景音乐导入剪映专业版中使用，可以在抖音的视频播放界面点击右侧的"分享"按钮，如图4-8所示。在底部选项栏中点击"复制链接"按钮，如图4-9所示。

复制链接后，打开剪映专业版，切换至"链接下载"界面，将链接粘贴进去，单击右侧的下载按钮，如图4-10所示。剪映专业版开始解析链接，解析完成后即可在该界面中看到提取的音频，如图4-11所示。

图4-10

图4-8　　　　　图4-9　　　　　图4-11

提示 • 有时候用户粘贴链接并单击下载按钮后,剪映专业版会因为版权问题无法进行解析。

4.1.5 实战:为古风短片添加背景音乐

本实战将使用剪映专业版制作一个古风短片,并为其添加合适的背景音乐,详细步骤如下。

01 导入名为"素材1"~"素材7"的视频素材至素材管理窗口,拖曳名为"素材1"的视频素材至时间轴区域,如图4-12所示。

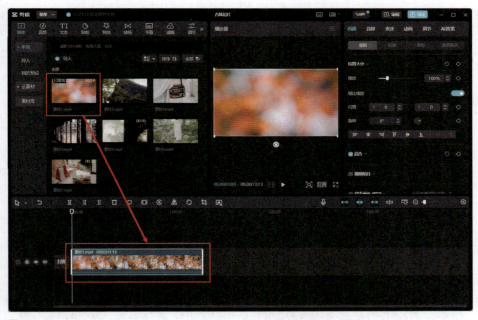

图4-12

02 移动时间线至5秒55帧处,单击"向右裁剪"按钮，裁掉多余片段,仅保留观感较好的部分,便于和后面的视频素材衔接,如图4-13所示。

图4-13

079

03 拖曳名为"素材 2"的视频素材至时间轴区域，移动时间线至 10 秒 15 帧处，单击"向右裁剪"按钮■，裁掉多余片段，如图 4-14 所示。

图4-14

04 拖曳名为"素材 3"~"素材 7"的视频素材至时间轴区域，并按照命名序号调整顺序，如图 4-15 所示。

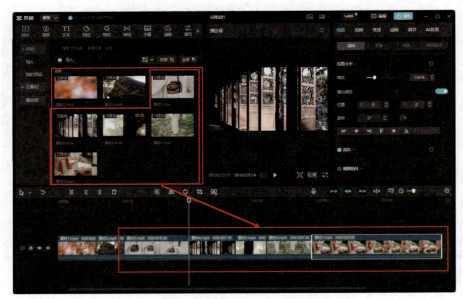

图4-15

05 切换至"转场"模块，在"转场效果"的"拍摄"分类下找到名为"拍摄器"的转场效果，将其添加至素材转场处。在检查器窗口中调整转场效果时长为1s，单击"应用全部"按钮，将该设置应用至所有转场效果，如图 4-16 所示。

06 切换至"音频"模块，在搜索框中输入关键词"古风"，选择合适的背景音乐添加到时间轴区域，如图 4-17 所示。

07 移动时间线至 10 帧处，选中音频素材，单击"向左裁剪"按钮■，将多余片段裁掉，效果如图 4-18 所示。

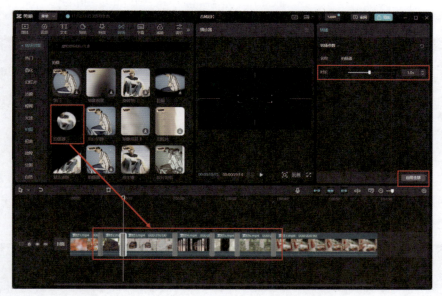

图4-16

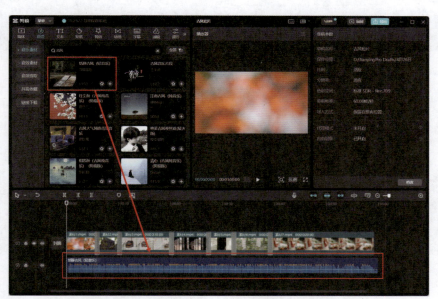

图4-17

图4-18

08 将音频素材向前移动，移动后效果如图 4-19 所示。

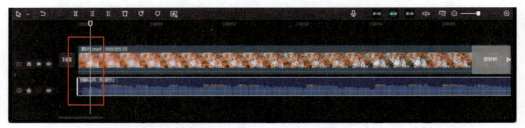

图4-19

09 移动时间线至视频素材末尾，选中音频素材，单击"向右裁剪"按钮，裁掉多余片段，使音频素材时长和视频素材时长保持一致，如图 4-20 所示。

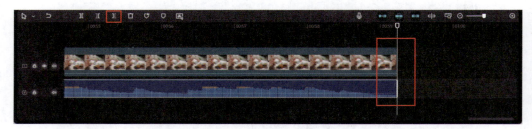

图4-20

10 预览视频，画面效果如图 4-21 至图 4-24 所示。

图4-21

图4-22

图4-23

图4-24

4.2　3种音频选择技巧

音频是一个好的视频必备的元素。在剪辑过程中，选择与视频内容关联性较强的音频可以渲染氛围，让观众有代入感。本节将介绍一些音频选择技巧。

4.2.1　把握整体节奏

在剪辑视频时，镜头切换的频次与音乐的节奏一般是同步的，节奏较快的视频一般配节奏感强的背景音乐，例如使用架子鼓作为主要乐器进行演奏的音乐，如图 4-25 所示。音乐的节奏与视频中的画面动作同步可以让画面更具动感、更流畅。

节奏较慢的视频适合舒缓的配乐，例如使用箫作为主要乐器进行演奏的音乐，如图 4-26 所示。视频的节奏和音乐节奏匹配程度越高，视频画面的效果也会越好。

图4-25　　　　　　　　　　　图4-26

为了使视频内容与主题更契合，在添加背景音乐前，最好按照拍摄的时间顺序对视频进行简单的剪辑。分析视频的整体节奏之后，再根据整体感觉去寻找合适的背景音乐。此外，用户也可以选择节奏鲜明的音乐来引导剪辑思路，这样既能为剪辑工作提供清晰的方向，又能避免声音和画面不匹配。

4.2.2　符合视频内容基调

如果是搞笑类视频，那么一般不使用抒情的音乐；如果是情感类视频，配乐就不能太欢乐。音乐能够传达情感和情绪，如快乐、悲伤、紧张、放松等。合适的配乐可以突显视频内容的情感色彩，使观众更容易共情。

剪辑视频时，要清楚视频想要表达的主题和想要传达的情绪，弄清楚情感的整体基调，才能进一步对视频进行背景音乐的选择。

下面以常见的美食类短视频、时尚类短视频和旅行类短视频为例讲解不同类型短视频的配乐技巧。

- 大部分美食类短视频的特点是画面精致、内容治愈，如图 4-27 所示。这类视频大多会选择一些让人听起来有幸福感和悠闲感的音乐，让观众在观看视频时产生享受美食的愉悦感和满足感。
- 时尚类短视频要求画面时尚、潮流，如图 4-28 所示。这类视频的主要观众是年轻人，因此配乐大多会选择年轻人喜爱的充满时尚气息的流行音乐或摇滚音乐，这类音乐能很好地提升短视频的潮流气息。

图4-27

图4-28

- 旅行类短视频大多展示的是一些景色、人文和地方特色，如图 4-29 所示。这类短视频适合搭配一些大气、清冷的音乐。大气的音乐能让观众在看视频时放松；而清冷的音乐包容性较强，节奏时而舒缓时而澎湃，能有效提升短视频的质量。

图4-29

4.2.3 配合情节反转

我们经常会在短视频平台上看到一些故事情节前后反转明显的视频，这类视频对观众极具吸引力。

例如这样一个场景：主人公身处空无一人的街道（感觉背后有人跟踪），如图4-30所示；镜头在主人公和黑暗的场景之间快速切换，配上悬疑的背景音乐渲染紧张氛围，就在观众觉得主人公快要遇到危险的时候，悬疑的背景音乐突然切换为轻松搞怪的音乐，主人公发现一只可爱的小猫咪从黑暗中窜出，如图4-31所示。

图4-30

图4-31

通过上述例子，我们可以得知，音乐是为视频内容服务的，音乐可以配合画面实现情节的反转，使用反转的音乐能让观众快速建立心理预设。灵活利用两种音乐的反差，能适时地制造出期待感和幽默感。

4.3　音频素材的基本编辑技巧

剪映专业版提供了较为完备的音频处理功能，支持用户在剪辑视频时对音频素材进行淡化、变声、变速等处理。

4.3.1　音量调节

在剪辑视频时，可能会出现音频素材声音过大或过小的情况。为了满足不同的视频制作需求，添加音频素材后，用户可以对音频素材的音量进行调节。

在剪映专业版中，选中时间轴区域中的音频素材，在检查器窗口中即可调节音量，如图4-32所示。

图4-32

还可以在时间轴区域中上下拖曳音频素材中的横线来调节音量,如图4-33所示。

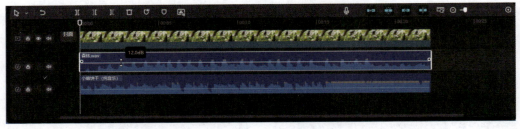

图4-33

4.3.2 音频变速

使用剪映专业版可以设置音频的播放速度,从而制作一些特殊的音乐效果。

在时间轴区域中选中音频素材,然后在检查器窗口中切换至"变速"选项卡,拖曳"倍数"滑块或直接输入想要的倍数即可实现音频变速,如图4-34所示。

图4-34

4.3.3 音频变声

使用剪映专业版的"声音效果"功能可以将人物原有音色改变,得到不同的声音效果,如男女声音的调整互换等。

在时间轴区域选中包含人声的音频素材,在检查器窗口中切换至"声音效果"选项卡,即可看到剪映专业版提供的各种音色,如图4-35所示。

图4-35

4.3.4 淡入淡出

为音频设置淡入淡出效果后,可以让背景音乐显得不那么突兀,给观众带来更加舒适的视听感受。

设置淡入淡出效果的方法与音量调节的方法相似。选中时间轴区域的素材后,在检查器窗口中调整音频素材淡入/淡出时长,如图 4-36 所示。

当用户为音频设置了淡入淡出效果后,时间轴区域的素材也会出现相应的变化,图 4-37 所示的黑色区块直观地展示了音频的淡入淡出效果。

除此之外还可以拖曳音频素材开头或者结尾处的黑色滑块来设置淡入/淡出时长,如图 4-38 所示。

图4-36

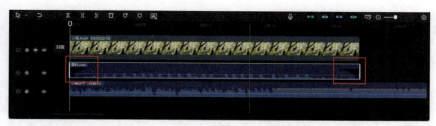

图4-37

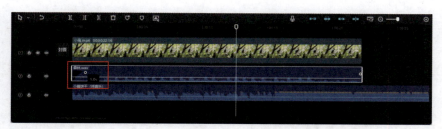

图4-38

4.3.5 实战:制作音频渐变效果

本实战将使用剪映专业版的"淡入淡出"功能制作音频渐变效果,详细步骤如下。

01 导入名为"行人""雨天"的视频素材和名为"雨滴""马路"的音频素材至素材管理窗口,拖曳名为"行人""雨天"的视频素材至时间轴区域,如图 4-39 所示。

图4-39

02 通过拖曳的方法将两段视频素材的时长都调整为10秒，调整后效果如图4-40所示。

图4-40

03 拖曳名为"马路"的音频素材至时间轴区域，并调整其时长为10秒，如图4-41所示。

图4-41

04 选中名为"马路"的音频素材，在检查器窗口中调整"淡出时长"为1s，如图4-42所示。

05 调整时间线至9秒处，拖曳名为"雨滴"的音频素材至时间轴区域，如图4-43所示。

图4-42

图4-43

06 移动时间线至名为"雨天"的视频素材结尾处，拖曳调整"雨滴"音频素材的时长，使两者结尾保持一致，调整后效果如图4-44所示。

图4-44

07 选中名为"雨滴"的音频素材,在检查器窗口中调整其"淡入时长"为 0.9s,如图 4-45 所示。

图4-45

08 预览视频,画面效果如图 4-46 所示。

图4-46

4.4 巧用音效增加视频的趣味性

在视频中添加与画面内容相符的音效,可以大幅度增加观众在观看视频时的代入感和沉浸感。剪映专业版中包含各种各样的音效,便于用户在视频后期剪辑工作中更好地运用音效。

4.4.1 音效的作用

想要视频被更多人看到,需要兼顾方方面面。在这个过程中,不仅要有戏剧性的打光、演员生动有力的表演、富有创意的剪辑,还要搭配合适的音效、只有这样才能制作出优秀的视频。

音效有以下 5 种作用。

1. 使场景写实

如果想要在视频中呈现一个清晰且定义明确的世界，音效与画面的结合非常重要。例如与演员鞋子匹配的脚步声、与野外环境匹配的细微声音等，这些音效能够极大地增强视频的写实效果，使画面更加生动逼真。

2. 制造转场

听觉转场是视频剪辑中非常流行的一个技巧，事实上它也非常实用。给镜头精心搭配音效，能够巧妙地引领观众从一个场景无缝过渡到另一个场景。

音效转场采用J-cut（音频先进，视频后进）的声音衔接方式，如图4-47所示。

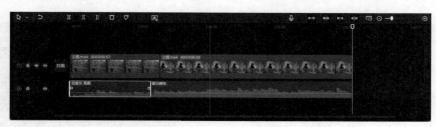

图4-47

还有一种是L-cut（音频未结束就切视频）的声音衔接方式，如图4-48所示。通过音效制造转场可以控制视频叙事的节奏。

图4-48

3. 推动故事发展

音效如果运用得当，也可以成为讲故事的有力工具。它能给观众提供重要信息，告诉他们视频里发生了什么。比如，在恐怖片中，突然响起的低沉心跳声，不仅营造了紧张氛围，还暗示了即将发生的恐怖事件。

4. 建立听觉主题

将音效作为叙述故事的工具，建立（和颠覆）作品的听觉主题。比如敲门声有很多种，能反映不同的场景氛围。当建立了恰当的声音效果作为主题，就可以引导观众的预期，而观众甚至没有意识到这一点。

5. 营造悬念

音效是营造悬念最重要的工具之一。无论是在拍摄恐怖片、喜剧，还是企业视频，悬念（或设置悬念与揭示的互动）都是真正值得关注的影片的核心。而音效以屏幕可见的信息为基础，合理使用能有效营造悬念。

4.4.2 音效的添加方法

在剪映专业版中添加音效很简单。切换至"音频"模块，打开"音效素材"，在所需分类下选择音效并下载，如图4-49所示。下载后，单击"添加到轨道"按钮，或直接拖曳音效素材至时间轴区域即可添加。

图4-49

4.4.3 实战：为露营Vlog添加音效

本实战将使用剪映专业版制作一个露营Vlog，并为其添加合适的音效，详细步骤如下。

01 导入名为"露营1"~"露营6"的视频素材至素材管理窗口，并拖曳至时间轴区域，如图4-50所示。

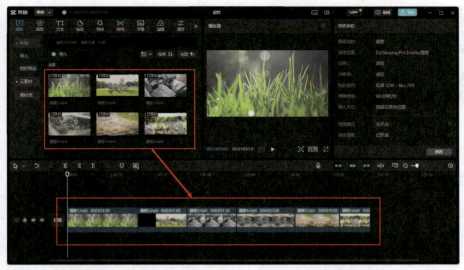

图4-50

02 选中名为"露营1"的视频素材,移动时间线至5秒处,单击"向右裁剪"按钮■,裁掉多余片段,便于后面的素材进行衔接,如图4-51所示。

图4-51

03 移动时间线至22秒40帧处,选中名为"露营3"的视频素材,单击"向右裁剪"按钮■,裁掉多余片段,如图4-52所示。

图4-52

04 移动时间线至27秒28帧处,选中名为"露营4"的视频素材,单击"向左裁剪"按钮■,裁掉多余片段,如图4-53所示。

图4-53

05 切换至"音频"模块,在"音乐素材"的"轻快"分类下找到合适的背景音乐,添加至时间轴区域,分割添加的背景音乐后删除多余片段,使背景音乐时长与视频素材时长保持一致,如图4-54所示。

图4-54

06 选中添加的背景音乐素材,在检查器窗口中调节背景音乐的音量,如图4-55所示。

07 在"音效素材"的"动物"分类下找到合适的音效,将其添加至时间轴区域,并将该音效素材的时长和"露营1"视频素材的时长调整为一致,然后在检查器窗口中适当调整音效素材的音量和淡入/淡出时长,如图4-56所示。

图4-55

图4-56

08 移动时间线至 16 秒 35 帧处，在"音效素材"界面的搜索框中输入关键词"木炭"，搜索后选择合适的音效添加至时间轴区域，并适当调节其音量，如图 4-57 所示。

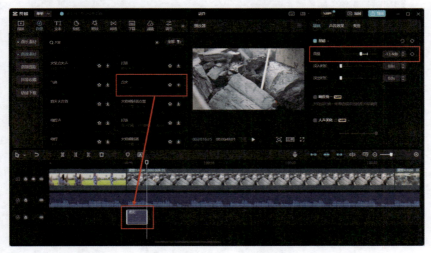

图4-57

09 在"音效素材"界面的搜索框中输入关键词"燃烧"，搜索后选择合适的音效添加至时间轴区域。适当调整该音效素材时长，使其与名为"露营 3"~"露营 5"的视频素材的时长保持一致，并调整该音效素材的音量和淡入时长，如图 4-58 所示。

10 移动时间线至 31 秒处，在"音效素材"界面的搜索框中输入关键词"烤肉"，搜索后选择合适的音效添加至时间轴区域。调整该音效素材时长，使其与"露营 5"视频素材的时长保持一致，调整该音效素材的音量和淡入/淡出时长，如图 4-59 所示。

图4-58

图4-59

11 预览视频,画面效果如图4-60至图4-63所示。

图4-60

图4-61

图4-62

图4-63

4.5 制作卡点音乐视频

以往使用视频剪辑软件制作卡点视频时,需要一边试听音频效果,一边手动标记节奏点,费时又费力,因此很多新手不敢尝试。而剪映专业版针对这一需求推出的"踩点"功能不仅可以自动识别素材的节拍,生成节拍点,也支持用户根据自身需求手动标记节奏点。

4.5.1 自动踩点

选中时间轴区域的素材,在上方的常用工具栏中单击"添加音乐节拍标记"按钮 ,展开菜单,用户可以从中选择踩节拍的方案,如图4-64所示。

图4-64

使用"踩节拍 I"方案添加标记点以较慢的节拍为准进行标记,如图4-65所示。

图4-65

使用"踩节拍 II"方案添加标记点以较快的节拍为准进行标记,如图4-66所示。

图4-66

4.5.2 手动踩点

用户在剪映专业版中不仅可以使用自动踩点功能,还可以手动踩点。时间轴区域的音频素材上会自动显示波峰,如果音量过大则会出现很多红色波峰,如图4-67所示。

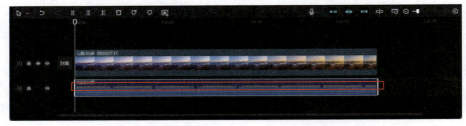

图4-67

这个时候可以调节音量使红色波峰消失,调整后效果如图4-68所示。

图4-68

用户可以根据剪辑需求,结合音频素材和音乐节拍,拖曳时间线至需要添加节拍点的位置,单击时间轴区域上方常用工具栏中的"添加标记"按钮 ,或者按快捷键M,即可在时间线所处位置添加节拍点,如图4-69所示。

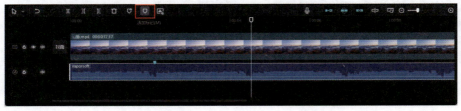

图4-69

4.5.3 实战:制作音乐卡点相册视频

本实战将使用剪映专业版中的"踩点"功能制作音乐卡点相册视频,详细步骤如下。

01 启动剪映专业版,在"素材库"的搜索框中搜索"Vlog",设置好分类和视频画面比例后,选择合适的片头效果添加至时间轴区域,如图4-70所示。

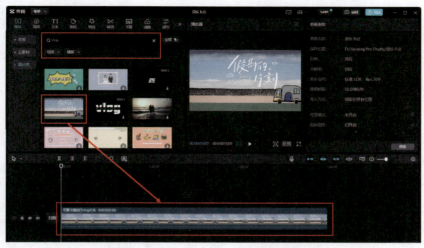

图4-70

02 导入名为"春天1"~"春天12"的图片素材至素材管理窗口,如图4-71所示。

03 切换至"音频"模块,在"音乐素材"的VLOG分类下找到合适的背景音乐并将其添加到时间轴区域,如图4-72所示。

图4-71

图4-72

04 选中添加的音频素材，单击常用工具栏中的"添加音乐节拍标记"按钮，选择"踩节拍Ⅱ"选项，为音频素材添加节拍点，如图4-73所示。

图4-73

05 移动时间线至2秒35帧处，调整片头素材末尾对齐2秒35帧处的节拍点，如图4-74所示。

图4-74

06 将名为"春天1"~"春天12"的图片素材添加到时间轴区域，并调整每段素材对齐音频素材上的节拍点，如图4-75所示。

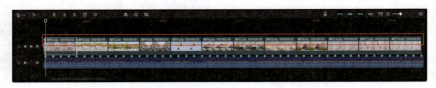

图4-75

07 移动时间线至图片素材结尾处，选中音频素材，单击"向右裁剪"按钮，裁掉多余片段，如图4-76所示。

图4-76

08 切换至"转场"模块，在"光效"分类下找到名为"泛光"的转场效果，将其添加至时间轴区域各图片素材的衔接处，如图4-77所示。

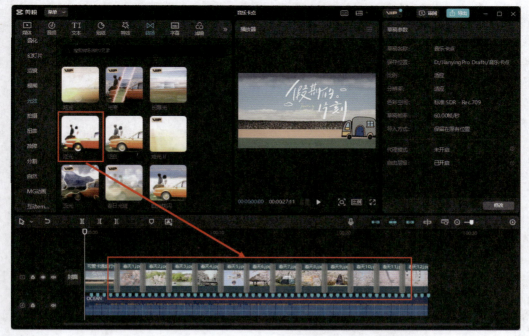

图4-77

09 预览视频，画面效果如图4-78至图4-81所示。

图4-78

图4-79

图4-80

图4-81

CHAPTER FIVE

第 5 章

打造专业的字幕效果

为了让视频的信息更丰富、重点更突出,很多视频都会添加字幕,例如视频的标题、关键词、台词、歌词等。除此之外,为字幕添加贴纸或者设置动画效果还能让视频画面更加生动有趣。

5.1 添加字幕

剪映专业版有多种添加字幕的方法,用户可以在新建文本后手动输入,也可以通过花字、文字模板添加或更改字幕。

5.1.1 新建文本

在剪映中可以为视频设置精彩纷呈的字幕效果,用户可以自由地设置字幕文字的字体、颜色、描边、边框、阴影和排列方式等属性,制作出不同样式的字幕效果。

导入素材后,切换至"文本"模块,在"新建文本"选项栏中添加一段字幕到时间轴区域,添加后预览窗口中将会出现一段文字。当用户选中时间轴区域的字幕素材时,预览窗口右侧的检查器窗口也会随之变化,如图5-1所示。

在检查器窗口中,用户可以更改字幕素材的文本内容和参数,例如字体、字号、样式、颜色等,实现字幕样式的改变,如图5-2所示。

图5-1

图5-2

5.1.2 花字

如果用户觉得通过"新建文本"功能添加的字幕需要调整的参数太多,不够方便,那么可以使用"花字"功能直接为字幕套上一个预设好的样式。

切换到"花字"选项栏,选择某个花字样式,即可在预览窗口中预览该花字样式的应用效果,如图5-3所示。

套用花字样式后,用户可以在检查器窗口中进行参数调整以实现合适的字幕效果,例如调整字幕文字的字体、字号、字间距等,如图5-4所示。

图5-3　　　　　　　　　　　　　　　图5-4

用户不仅可以在"文本"模块的"花字"选项栏中套用花字，还可以在检查器窗口中套用或更改花字样式，如图5-5所示。

图5-5

花字常用在综艺节目中，分为3种。第一种是信息补充强调类，用于补充节目情节、地点、时间、人物身份、规则和任务等需要观众了解的信息；第二种是内容补充类，当已有素材无法支撑完整叙事时，通过花字字幕对整段故事起到提炼、升华、美化的效果；第三种是创意渲染调侃类，借助花字字幕展示人物处在当下环境的心情和动作细节。

使用花字时可以结合文本内容、样式、排版、动效、音效等，让花字"活"起来，使其效果生动而有趣。

5.1.3　文字模板

花字虽然好用，但它仅对字幕样式做调整，想要更多样的字幕效果仍需用户对字幕进行设计，而这需要花费较多的时间。这时候，用户可以直接套用预设好的文字模板。

在素材管理窗口中切换至"文本"模块的"文字模板"选项栏，可以在其中选择想要的文字模板。应用文字模板后同样可以在检查器窗口中更改文本内容及其他参数，如图5-6所示。

图5-6

提示 • "文字模板"中的文字效果可以调整的参数较"新建文本"和"花字"中的少,自由度更低,但文字模板加载更快。

5.1.4 实战:制作花字

本实战使用剪映专业版的"花字"功能为视频添加花字,并设置在花字出现的时候播放音效,使视频生动而有趣。

01 启动剪映专业版,导入名为"新年"的视频素材,并添加至时间轴区域,如图5-7所示。

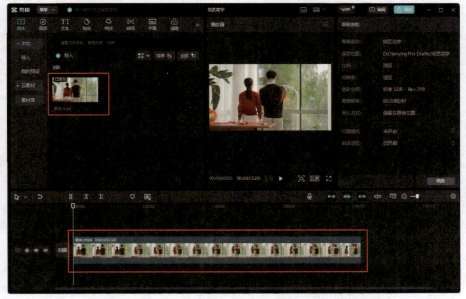

图5-7

105

02 切换到"文本"模块,在"新建文本"选项栏中单击"添加到轨道"按钮⊙,如图5-8所示,添加一段字幕素材至时间轴区域。

03 在检查器窗口和预览窗口中修改字幕的相关参数,使其表现效果更好,如图5-9所示。

图5-8

图5-9

04 移动时间线至3秒45帧处,在"文字模板"选项栏的"春节"分类下选择合适的文字模板添加到时间轴区域,并适当修改其参数,如图5-10所示。

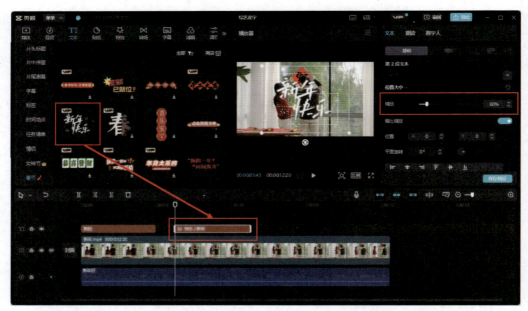
图5-10

05 切换至"音频"模块,在"音效素材"选项栏的"转场"分类下选择名为"提示音"的转场音效添加至时间轴区域,并适当调整音效所在位置,如图5-11所示。

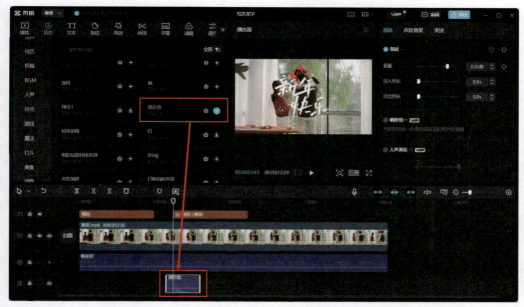

图5-11

06 移动时间线至视频素材开始处,在"音效素材"选项栏的"转场"分类下选择名为"打响指的声音"的转场音效添加至时间轴区域,如图 5-12 所示。

图5-12

07 移动时间线至0秒10帧处，调整字幕素材和音效素材所在位置，调整后效果如图5-13所示。

图5-13

08 预览视频，画面效果如图5-14至图5-17所示。

图5-14

图5-15

图5-16

图5-17

5.2 批量添加字幕

有时候需要添加的字幕较多，手动添加很麻烦。现在剪映专业版推出了"识别字幕"和"识别歌词"功能，能够帮助用户更快地添加字幕，大大减轻了用户的剪辑压力。

5.2.1 识别字幕

剪映的"识别字幕"功能准确率非常高，能够帮助用户快速识别并添加字幕，提升视频的创作效率。

在时间轴区域中选中需要识别字幕的素材，切换至"文本"模块，打开"智能字幕"选项栏，单击"识别字幕"下的"开始识别"按钮，如图5-18所示。开始识别后，剪映专业版会提示识别进度，如图5-19所示。

图5-18　　　　　　　　　　图5-19

识别完成后，时间轴区域会自动生成可以调整参数的字幕素材，如图 5-20 所示。

图5-20

5.2.2　识别歌词

选中时间轴区域需要识别歌词的音乐素材，在"文本"模块中切换至"识别歌词"选项栏，单击"开始识别"按钮，如图 5-21 所示。开始识别后剪映专业版会提示识别进度，如图 5-22 所示。

图5-21　　　　　　　　　　图5-22

109

识别完成后时间轴区域会自动生成可调整的字幕素材，如图 5-23 所示。用户可以根据剪辑需求对字幕素材进行调整，以获得更好的效果。

图5-23

提示 • 在识别人物台词时，如果人物说话声音太小或者语速过快，会影响识别的准确性。此外，在识别歌词时，受人物演唱时的发音影响，识别后生成的字幕容易存在错误。因此，在完成字幕和歌词的自动识别工作后，一定要检查一遍，及时对错误的文字内容进行修改。

5.2.3 实战：制作音乐MV

本实战使用剪映专业版的"音频"模板和"识别歌词"功能制作一个音乐 MV，详细步骤如下。

01 导入一段名为"盛开"的视频素材至素材管理窗口，并将其添加至时间轴区域，如图 5-24 所示。

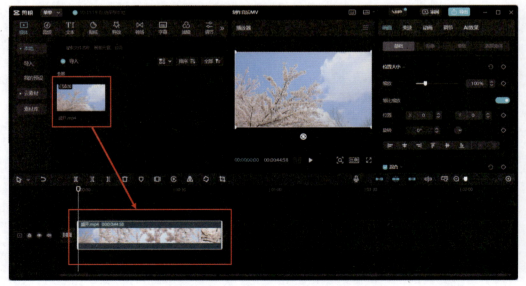

图5-24

02 切换至"音频"模块,在搜索框中输入关键词"春江里",搜索后添加合适的背景音乐至时间轴区域,如图5-25所示。

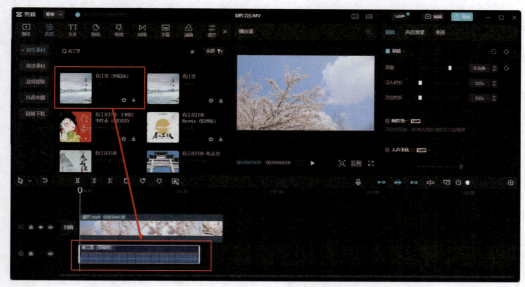

图5-25

03 拖曳调整视频素材时长与音频素材时长一致,如图5-26所示。

图5-26

04 切换至"文本"模块,选中刚刚添加的音频素材,在"识别歌词"选项栏中单击"开始识别"按钮,如图5-27所示。

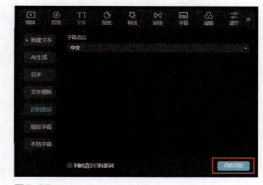

图5-27

111

05 完成歌词的识别后,选中生成的所有字幕素材,如图5-28所示。

图5-28

06 在检查器窗口中修改字幕素材的参数,如图5-29所示。

07 在检查器窗口中修改字幕素材的花字样式,选择合适的预设样式,如图5-30所示。

图5-29   图5-30

08 检查字幕是否存在错误。检查后预览视频,画面效果如图5-31至图5-34所示。

图5-31

图5-32

图5-33

图5-34

5.3 字幕效果与预设

在剪映专业版中添加字幕后,用户还可以设置字幕样式,进一步美化字幕,使字幕效果更加出彩。

5.3.1 设置字幕样式

添加字幕后,可以在检查器窗口中设置字幕文字的字体、颜色、描边、背景、阴影等属性,对字幕进行调整,还可以直接使用剪映专业版预设好的样式,简单快速地实现字幕的美化,如图 5-35 所示。

图5-35

5.3.2 添加气泡效果

添加字幕后,除可以调整字幕样式外,还可以为字幕添加气泡效果,如图 5-36 所示。

图5-36

5.3.3 添加动画效果

可以为字幕添加动画效果，让字幕在画面中"活起来"。

选中时间轴区域的字幕素材，在检查器窗口中切换至"动画"模块，如图 5-37 所示。在其中用户可以为字幕添加入场动画、出场动画和循环动画效果，还可以调整入场动画和出场动画效果的时长。

入场动画和出场动画是指字幕在进入画面和离开画面时运用的动画效果，而循环动画是指字幕在除入场动画和出场动画以外的视频画面中循环播放的动画，循环动画只能调节播放速度的快慢，如图 5-38 所示。

图5-37

图5-38

5.3.4 预设字幕样式

剪辑视频时，若每次新建一个草稿都对字幕样式进行调整，会比较麻烦并且浪费时间。这个时候用户就可以通过预设字幕样式实现一键更换字幕样式，非常方便。

调整好字幕参数后，单击检查器窗口下方的"保存预设"按钮，如图 5-39 所示，即可保存该字幕效果。保存后，"新建文本"选项栏中将出现保存的字幕效果。用户可以对预设好的字幕效果进行添加到品牌库、重命名和删除等操作，如图 5-40 所示。

预设的字幕效果将与账号绑定，用户在其创作的每个剪辑草稿中都能调用这些效果，就像调用字幕模板那样。

图5-39

图5-40

5.3.5 实战：制作视频播放进度条

本实战使用剪映专业版的"字幕"功能和"关键帧"功能（见7.3节）制作一个具有播放进度条的视频，详细步骤如下。

01 导入名为"远景""全景""中景""近景""特写"的视频素材至素材管理窗口，并按照远、全、中、近、特的顺序添加至时间轴区域，如图5-41所示。

图5-41

02 调整添加的视频素材时长均为5秒，调整后效果如图5-42所示。

图5-42

03 打开"素材库"，在"背景"分类下选择一段合适的背景素材添加到时间轴区域的画中画轨道上，如图5-43所示。

115

图5-43

04 在预览窗口和检查器窗口中调整背景素材的参数,调整后效果如图5-44所示。

图5-44

05 调整背景素材时长与视频素材时长一致,调整后效果如图5-45所示。

图5-45

06 在"素材库"的"背景"分类下选择合适的背景素材添加到时间轴区域的画中画轨道上,并将背景素材时长调整为与视频素材时长一致,如图5-46所示。

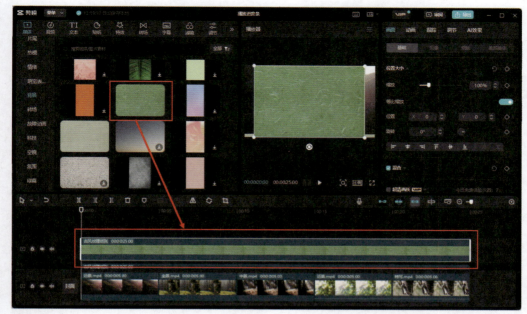

图5-46

07 调整新添加背景素材的"位置"和"缩放"参数,如图5-47所示。

图5-47

08 移动时间线至新添加背景素材的开始处,添加一个关键帧,如图5-48所示。

图5-48

09 在检查器窗口中调整该关键帧的参数,如图5-49所示。

图5-49

10 拖曳时间线至新添加背景素材的结束处,添加一个关键帧,如图5-50所示。

图5-50

11 调整该关键帧的参数,如图5-51所示。

12 切换至"文本"模块,在"新建文本"选项栏中单击"添加到轨道"按钮,如图5-52所示。

图5-51　　　　　　　　　　　　图5-52

13 添加一段字幕素材至时间轴区域,并将其时长调整为与视频素材时长一致,如图5-53所示。

图5-53

14 调整字幕内容,如图 5-54 所示。在检查器窗口中调整字幕素材的参数,如图 5-55 所示。

图5-54

图5-55

15 预览视频,画面效果如图 5-56 至图 5-59 所示。

图5-56

图5-57

图5-58

图5-59

5.3.6 实战：制作带有字幕的卡拉OK视频

本实战使用剪映专业版的"花字"功能、"识别歌词"功能和"动画"功能制作一个带有字幕的卡拉 OK 视频，详细步骤如下。

01 导入一段名为"散步"的视频素材至素材管理窗口，并添加该素材至时间轴区域，如图 5-60 所示。

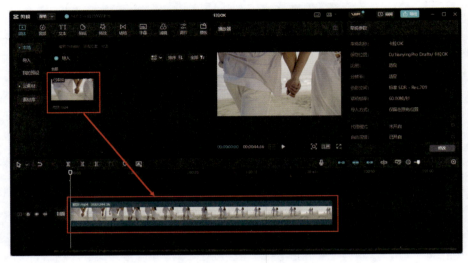

图5-60

02 切换至"音频"模块，在搜索框中输入关键词"喜欢啊"搜索背景音乐并将其添加至时间轴区域，如图 5-61 所示。

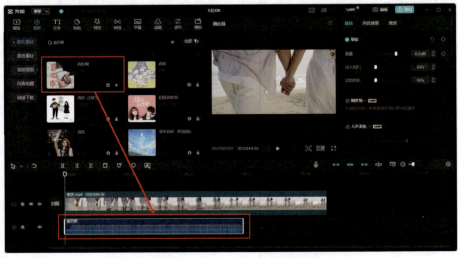

图5-61

120

03 将视频素材时长调整为与音频素材时长一致，如图5-62所示。

图5-62

04 选中时间轴区域的音频素材，切换至"文本"模块，在"识别歌词"选项栏中单击"开始识别"按钮，如图5-63所示。

05 识别成功后剪映专业版自动在时间轴区域生成可调整的字幕素材，选中所有字幕素材，如图5-64所示。

图5-63

图5-64

06 在检查器窗口中调整字幕素材的参数，分别如图5-65和图5-66所示。

图5-65

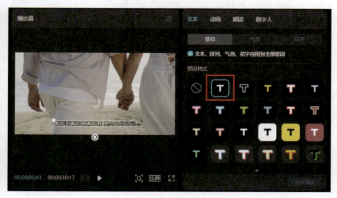

图5-66

07 在检查器窗口中切换到"动画"选项栏下,为所有字幕素材都添加名为"卡拉OK"的入场动画效果,如图5-67所示。

图5-67

08 将所有字幕素材的入场动画效果时长调整为与字幕素材时长一致,调整后效果如图5-68所示。

图5-68

09 预览视频,画面效果如图5-69至图5-72所示。

图5-69

图5-70

图5-71

图5-72

CHAPTER SIX

第 6 章

滤镜、调色与美颜美体

调节画面是视频剪辑不可或缺的一步,画面颜色在一定程度上能决定作品的质量。独特的色调可以提升画面的质感,还可以为视频注入感情。而对人物的调节能够让画面拥有更好的表现效果,本章将介绍滤镜、调色和美颜美体功能。

6.1 示波器

示波器是将图像中所有像素信息解析为亮度信号和色彩信号的一种可视化工具,几乎用于所有色彩校正或调色软件,能准确评估视频信号。

只有开启剪映专业版的"调色示波器"功能,才能看到 3 个常见的调色辅助工具:RGB 列示图、RGB 混合图、矢量示波器。单击预览窗口右上角的"菜单"按钮,展开菜单后选择"调色示波器"子菜单中的"开启"选项,即可在预览窗口中打开示波器,如图 6-1 所示。

图6-1

6.1.1 RGB列示图

RGB 列示图中显示 3 个并排的波形,这些波形着色为红色、绿色和蓝色以便区分,如图 6-2 所示。

RGB 列示图用于判断单个片段内的色彩平衡情况。例如,一个片段内蓝色波形较高,说明画面可能偏蓝;反之,如果红、绿色波形较高,则画面可能偏黄。

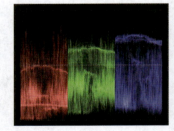

图6-2

提示 • RGB是一种颜色标准,是图形图像和视频剪辑中常用的颜色模式,通过红(Red)、绿(Green)、蓝(Blue)3种颜色通道的变化以及它们相互之间的叠加来得到各种颜色。

6.1.2 RGB混合图

RGB混合图不同于RGB列示图,它将红色、绿色和蓝色分量的波形组合在一个显示窗口中,以便同时查看所有颜色分量的叠加效果,如图6-3所示。

在RGB混合图中,横轴代表画面从左到右的分布,纵轴代表颜色的亮度值。例如,波形图横轴的中间位置有一处波峰,那可能意味着画面的中间有某高亮元素(阳光、灯光光斑等)。

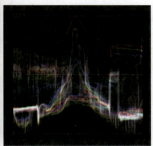

图6-3

6.1.3 矢量示波器

矢量示波器展示的是图像中色彩的色相和饱和度值。测量结果展示在一个圆形区域内,色彩点离圆心的距离代表着该色相的饱和度大小(离得越远饱和度越高),而矢量图中的颜色将依据标准的色轮进行显示,如图6-4所示。矢量示波器显示如图6-5所示。矢量示波器的中心为白色,如果用户仅在该示波器中间看到一个白点,说明该图像是黑白图像。

矢量图中不同方向的迹线表示图像中不同像素的色相,某一方向上的迹线越高表示该图像中的该色相像素越多,即该颜色越饱和。一些调色软件的矢量图中,从中心向红色和黄色之间的区域会绘制一条预留线——肤色线,人类的肤色色相通常分布在这条线上。如果用户希望屏幕上的人物看起来健康,就要确保其肤色的色相尽可能接近这条线。

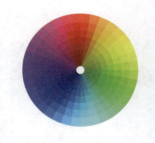
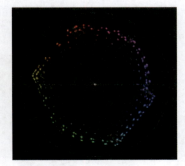

图6-4　　　　　　　　图6-5

6.2 滤镜与LUT的使用

拍摄的素材难免会存在缺陷，调节画面颜色不仅可以掩盖拍摄缺陷，还能使画面更加生动绚丽。在剪映专业版中调节颜色很简单，用户可以通过添加滤镜、套用LUT实现画面颜色的调节。

6.2.1 认识滤镜和LUT

滤镜是剪映官方提供的各种调色方案，大部分滤镜通过调节"高光""对比度""色温"等参数配合滤镜算法进行调色。图6-6和图6-7所示为使用了两种不同滤镜之后的画面。

图6-6

图6-7

LUT（Look-Up Table，查找表）是一种颜色映射算法。简单来说LUT文件是一种预设，用于将一组RGB值输出为另一组RGB值，从而改变画面的曝光与色彩。例如，一个像素的原始颜色值为RGB(1,2,3)，而应用LUT之后，其颜色值转变为RGB(6,13,1)，画面中的其他像素也按类似方式转换。当然，在实际的3D LUT转换中，用到的算法要比这复杂很多。读者如果还是无法理解，可以简单地认为LUT是一个滤镜，利用LUT可以快速地调整画面的曝光与色彩。图6-8和图6-9所示分别为原图和使用LUT调色后的画面。

图6-8

图6-9

LUT 文件的扩展名一般为 .cube 或 .3dl，载入 LUT 文件后，即可对视频画面进行调色。

与 LUT 相比，滤镜的局限性更大，因为不管用户如何调整相关参数，都会受到原始调整算法的限制，注定无法大幅度修改图片色彩。而 LUT 可以任意修改色相、明度、饱和度等参数，但在一些画面细节上，其修改能力可能受到一定限制。

6.2.2 滤镜的应用

在时间轴区域添加一段素材，移动时间线至需要添加滤镜效果的时间点，然后切换至"滤镜"模块，如图 6-10 所示。

滤镜库中包含"精选""风景""美食""夜景""风格化""复古胶片""影视级"等不同风格的滤镜类别，用户可以根据自身作品的风格需求在相应类别中选择滤镜效果。应用滤镜效果的方法非常简单，选择合适的滤镜效果后，单击滤镜缩略图右下方的下载按钮，或直接拖曳滤镜效果至时间轴区域即可。此外，添加的

图6-10

滤镜效果可以在时间轴区域中调整时长，在检查器窗口中调整名称、强度参数，如图 6-11 所示。

图6-11

图 6-12 和图 6-13 所示分别为添加滤镜前后的画面效果，可以看到，添加滤镜后画面的色调出现了明显的变化。

图6-12

图6-13

在剪映专业版中，用户可以选择将滤镜应用于单个素材，或者应用于视频中的某一段特定时间。将滤镜效果拖曳至时间轴区域时可以选择拖曳至轨道或者单个素材上，拖曳至轨道上的效果如图 6-14 所示，拖曳至素材上的效果则如图 6-15 所示。

图6-14

图6-15

提示 • 在调整滤镜参数时请注意，"强度"数值越小，滤镜效果越弱；"强度"数值越大，滤镜效果越强。在实际的剪辑过程中，可以适当降低滤镜强度确保画面颜色的改变不会太大，同时又能实现画面的风格化调整。

6.2.3 LUT的应用

互联网上有很多 LUT 素材可供下载。下载好 LUT 文件后，打开剪映专业版的"调节"模块，切换至 LUT 选项栏，如图 6-16 所示。

单击"导入"按钮,在弹出的对话框中选择LUT文件,然后单击"打开"按钮,即可将LUT文件导入,如图6-17所示。套用LUT文件的方法和添加滤镜的方法相似,将LUT文件直接拖入轨道即可。

图6-16

图6-17

将LUT文件拖至时间轴区域后,用户可以在检查器窗口中调整LUT文件的强度等相关参数,如图6-18所示。

图6-18

套用 LUT 文件前后的效果分别如图 6-19 和图 6-20 所示。

图6-19

图6-20

6.2.4　实战：为天空调色

本实战使用剪映专业版的"滤镜"功能将天空颜色调整成青橙色调，详细步骤如下。

01 导入名为"上海"的视频素材至素材管理窗口，并添加素材至时间轴区域，如图 6-21 所示。

图6-21

02 切换到"滤镜"模块，在搜索框中输入关键词"青橙"，选择合适的滤镜效果添加至时间轴区域，如图 6-22 所示。

03 调整滤镜素材的时长，使之与视频素材时长一致，如图 6-23 所示。

图6-22

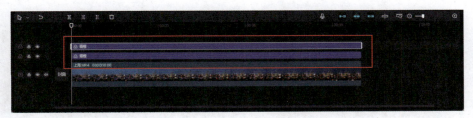

图6-23

04 在检查器窗口中调整两个滤镜的强度都为45,如图6-24所示。

图6-24

05 切换至"音频"模块,在"音乐素材"的"纯音乐"分类下找到合适的背景音乐,并将其添加到时间轴区域,如图6-25所示。

06 移动时间线至0秒55帧处,选中音频素材,单击"向左裁剪"按钮,裁掉多余音频片段,如图6-26所示。

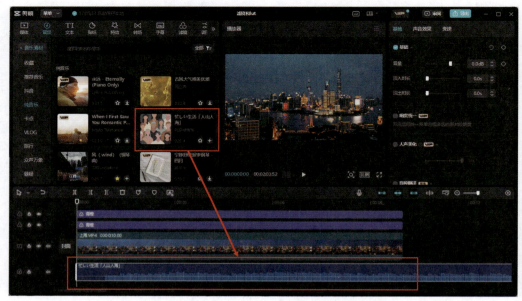

图6-25

图6-26

07 调整音频素材位置，使其对齐视频素材开始处。移动时间线至视频素材结束处，选中音频素材，单击"向右裁剪"按钮 ，裁掉多余片段，如图6-27所示。

图6-27

08 预览视频，画面效果如图6-28至图6-31所示。

图6-28

图6-29

图6-30

图6-31

6.3 视频色调的选择

色调是指色彩的总体倾向，图 6-32 所示为色环。色彩对比，包括色彩之间的明度对比、饱和度对比、冷暖对比及补色对比等，是构建丰富色彩效果的重要手段。灵活运用色彩对比，可以在画面中形成强烈的视觉效果。

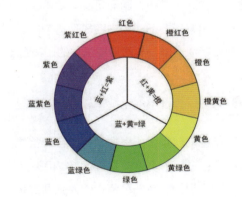

图6-32

6.3.1 明确调色目的

调色目的主要有以下两点。

1. 还原色彩

受摄影机、拍摄环境和播放设备等的影响，我们拍到的画面往往和肉眼看到的有差距，

133

所以要通过参数调节尽可能地还原色彩。在还原色彩前，需要对画面进行判断，比如画面是否过度曝光、光线是否太暗、是否存在偏色、饱和度如何、色调是否统一等。用户可据此调色。

2. 赋予风格

画面的表达方式不同，其调色风格也就不同。色彩的风格化处理，为拍摄者提供了一种强有力的叙事工具，可以使画面更加具有说服力。图6-33和图6-34所示分别为两种不同调色风格下的画面，不同的色调能够渲染不同的氛围。

图6-33

图6-34

调色可以从形式上更好地表达视频内容。视频的表达语言，由画面、音效、同期声与配音等构成。其中，画面是基本要素。画面的表达方式不同，视频呈现出的效果也就有所差异。如果想要把视频内容表现得饱满、到位，那么画面的影调、构图、曝光、视角等细节都要精细安排，从而形成统一的、符合主题的表现风格。

6.3.2 确定画面基调

调色前创作者应根据画面内容和整体视频的设计构思来确定画面基调，这样才能在后续的调色过程中明白需要调节哪些相关参数，从而得到更好的画面效果。

整个视频应有一种色彩作为画面的基本色调，以此统一全局，其他色彩起衬托和辅助作用。基本色调也叫主色彩、主色调或主调色彩。画面以色彩表现景物，如果一段视频的画面色彩主次不分，形不成主调色彩，给观众的感觉必然是杂乱无章的。

画面的整体基调要与所表现的内容和作者的创作意图吻合。比如要表现夏天，宜以明快的绿色为主色彩，如图6-35所示；黄色则宜表现金色的秋天，如图6-36所示。

图6-35

图6-36

主色彩与视频内容主体之间的关系比较微妙，有时主色彩表现的是被摄主体，有时却是给被摄主体起衬托作用。

无论如何，调色的目的都在于突出主体，这是选择主色彩的基本出发点。

6.3.3 选择画面风格

在选择画面风格前，要分析视频的定位，是生活 Vlog、风景片还是商业片，不同的视频类型需要不同的画面风格。比如生活 Vlog 的画面风格多为自然、温暖，如图 6-37 所示，让观众观看时能放松心神。

而风景片的画面颜色对比度较高，明暗区分明显，如图 6-38 所示，让观众观看时能沉浸其中。

图6-37

图6-38

确定视频定位与画面风格后，可以参考同类型视频或电影中经典画面的色彩风格，然后结合视频拍摄内容进行后期调色。

6.4 调节功能详解

在剪映专业版中，除了前面提到的改善画面色调的方法，还可以通过调整各种参数来进一步提升画面质量，达到用户预期效果。

6.4.1 基础

调节画面色彩相关的基础参数有两种方法。第一种是在时间轴区域添加素材后选中素材，然后在检查器窗口切换至"调节"模块，即可调节素材的各项参数，如图 6-39 所示。第二种是在素材管理窗口中打开"调节"模块，切换至"自定义"选项栏，单击"添加到轨道"按钮 ⊕，即可在时间轴区域中添加一个调节素材，如图 6-40 所示。

图6-39

图6-40

第二种调节方式可以同时作用于多个视频，用户可以自由调节其作用范围，并且可以为一段视频添加多个自定义的调节素材，从而产生叠加效果，如图 6-41 所示。

图6-41

"调节"模块中"基础"选项卡下的参数如图 6-42 所示。

各参数介绍如下。

- 色温：用于调节颜色的冷暖倾向。
- 色调：用来调整画面中色彩的颜色倾向。
- 饱和度：用于调整画面色彩的鲜艳程度。
- 亮度：用于调整画面的明亮程度。
- 对比度：用于调整画面黑与白的比值。
- 高光/阴影：用于调节画面中的亮部或暗部。

图6-42

- 白色/黑色：用于调节画面中的最亮与最暗部分。
- 光感：与"亮度"相似，基于原画面本身的明、暗范围进行，调整后效果更加自然。
- 锐化：用来调整画面的锐化程度。
- 清晰：用来调整画面的清晰程度，与"锐化"类似。
- 颗粒：用来调整画面中的颗粒感。
- 褪色：用来调整画面中颜色的附着程度。
- 暗角：用来调整画面中四角的明暗程度。

6.4.2 HSL

利用 HSL 功能可以对画面进行精准调色，"调节"模块中的 HSL 选项卡如图 6-43 所示。在这里用户可以对红色、橙色、黄色、绿色、青色、蓝色、紫色、品红色这几种颜色的色相、饱和度、亮度进行调整，实现画面颜色的精准调整。

图6-43

6.4.3 曲线

"调节"模块中"曲线"选项卡下有 4 条曲线，如图 6-44 至图 6-47 所示。其中白色曲线用于调节画面亮度，红色、绿色、蓝色曲线用于调节画面颜色，每条曲线上都划分了 4 个区域，从左至右依次为黑色区域、阴影区域、高光区域和白色区域（见图 6-44）。这 4 条曲线的调整方法都是在曲线上添加锚点，通过拖动调整锚点位置，实现对画面色彩的调整。

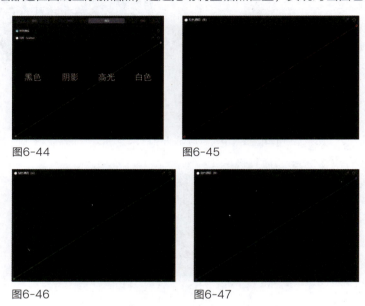

图6-44　　　　　　　　　　　图6-45

图6-46　　　　　　　　　　　图6-47

以白色曲线为例，当我们添加锚点后，向上拖动锚点，画面整体亮度会提高，如图 6-48 所示；向下拖动锚点，画面整体亮度会下降。

曲线调色的工作原理是根据颜色间的互补关系来进行颜色调整，如图 6-49 所示。

图6-48

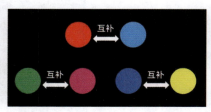

图6-49

因此，在红色曲线上添加锚点后，将锚点向上拖动，画面会偏红；将锚点向下拖动，画面会偏青。将绿色曲线上的锚点向上移动画面会偏绿，向下移动画面会偏品红色。将蓝色曲线上的锚点向上移动画面会偏蓝，向下移动画面会偏黄。

6.4.4 色轮

在"调节"模块的"色轮"选项卡下，色轮分为一级色轮和 log 色轮。

1. 一级色轮

一级色轮包含 4 个色轮，这 4 个色轮分别用于调节画面的暗部、中灰部、亮部和色彩偏移，如图 6-50 所示。

每个色轮都可以对画面的色相、亮度和饱和度进行调整。调整颜色时，拖曳色轮中央的小白点往某个方向移动，画面中的色彩就会向该方向上的颜色偏移，色轮下方的 3 个数值也会随着白点的移动而改变。这 3 个数值代表当前颜色的 RGB 值，用户可以手动输入数值调整到想要的颜色。

上下拖动色轮左侧的三角形能调整区域颜色的饱和度，上下拖动色轮右侧的三角形能调整区域颜色的亮度，如图 6-51 和图 6-52 所示。

图6-50

图6-51

图6-52

假如我们在一级色轮中调整亮部色轮，将右侧三角形向上调整，在示波器中可以明显看出波形图整体往上偏移，只是亮部的变化更明显。

2. log 色轮

log 色轮的界面如图 6-53 所示。log 色轮也有 4 个色轮，分别用于对阴影、中间调、高光、偏移这 4 个部分进行调整，非全局调整。

但画面中的阴影、中间调、高光、偏移又该如何区分？其实很简单，通过示波器就能简单快速地了解这4个色轮所负责的部分了。

打开示波器后，可以看到RGB列示图部分，目前剪映专业版的量程为0到1023，总共1024个层级。将0至1023换算成百分数，那么在RGB列示图中，0至50%的区域就是阴影部分，也就是log色轮中阴影色轮对应调整的部分。中间调则是指25%至

图6-53

75%的区域，高光指50%至100%的区域。这些区域有重叠部分，如图6-54所示。图中的红色方框区域指阴影部分，白色方框区域指中间调部分，黄色方框区域指高光部分。

图6-54

偏移控制在色轮调色板的第4个，这一组参数是一级色轮和log色轮调色板共享的。

这几个色轮所控制的区域有所重叠，在使用某色轮进行调整的时候，调整可能会影响到其他区域。在实际调整时，可以通过这几个色轮进行非常柔和、细腻、自然的调整，避免出现颜色分离的情况。

相较于一级色轮，log色轮所能进行的调色工作更加细致。

提示 • 剪映专业版的颜色调节可能无法满足每位用户的需求，想要追求更好的调色效果可以尝试使用其他软件。

6.4.5 实战：制作花朵单独显色效果视频

本实战使用剪映专业版的调节功能制作花朵单独显色效果视频，详细步骤如下。

01 导入一段名为"百合花"的视频素材至素材管理窗口，然后将其添加至时间轴区域，如图 6-55 所示。

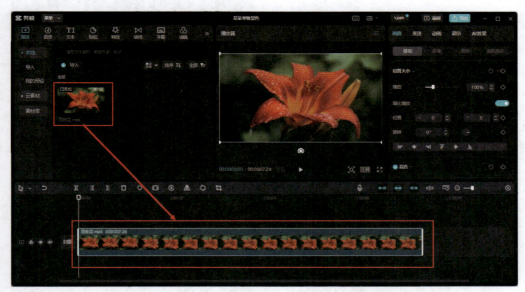

图6-55

02 选中添加的视频素材，切换至"调节"模块下的 HSL 选项卡，选中绿色，将绿色的饱和度调节为 –100，如图 6-56 所示。

03 在 HSL 选项卡中选中橙色，并调整橙色的色相为 –40，如图 6-57 所示。

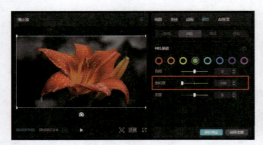 

图6-56   图6-57

141

04 在 HSL 选项卡中选中黄色，并调整相关参数，如图 6-58 所示。

图6-58

05 切换至"音频"模块，在"音乐素材"的"伤感"分类下选择合适的背景音乐，将其添加至时间轴区域，如图 6-59 所示。

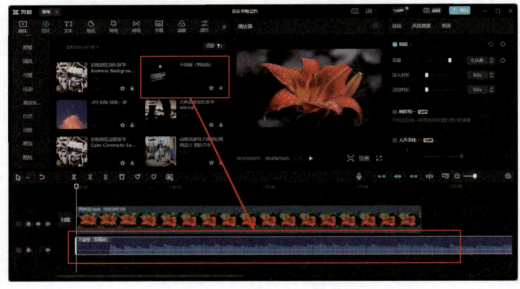

图6-59

06 移动时间线至 0 秒 40 帧处，选中时间轴区域的音频素材，单击"向左裁剪"按钮 ⅠⅠ，裁掉多余片段，并调整音频素材位置，如图 6-60 所示。

图6-60

07 移动时间线至视频素材结束处，选中时间轴区域的音频素材，单击"向右裁剪"按钮 ，裁掉多余片段，使音频素材时长和视频素材时长一致，如图 6-61 所示。

图6-61

08 预览视频，画面效果如图 6-62 所示。

图6-62

6.5　6种调色风格

相信不少读者在对视频画面进行调色时，经常会觉得无从下手，或者调色之后的画面和视频主题并不相符。下面将介绍 6 种调色风格，帮助用户更快、更好地掌握视频画面调色技巧。

6.5.1　青橙色调

适用场景：夜景、建筑、街道等。

特点：青色与橙色为主，其中青色偏蓝，饱和度低、发灰；橙色偏红，饱和度较高、明度较低。通过青色与橙色的对比，不仅能增强画面的冲击力，还能提升画面的质感。

图 6-63 所示为青橙色调效果。

图6-63

6.5.2 暗黑色调

适用场景：都市街头、城市建筑等。

特点：整个画面的影调曝光较低，呈暗色的影调。其中暗部偏暗青蓝色，暖色为橙色，饱和度和明亮度较低。

图 6-64 所示为暗黑色调效果。

图6-64

6.5.3 赛博朋克色调

适用场景：夜景、建筑、街道等。

特点：画面整体偏暗，颜色以紫色、蓝色、品红色为主，阴影偏蓝，高光偏品红。

赛博朋克风格在视觉设计上的特点就是以蓝、紫、青等冷色调为主色调，霓虹灯光效果为辅助，表现出一种未来的科技感。

图 6-65 所示为赛博朋克色调效果。

图6-65

6.5.4 日系动漫色调

适用场景：白天晴朗时的街道或田园。

特点：颜色整体较为明快，具有胶片感，蓝绿色块较多，颜色饱和度不低，亮丽的色彩突显安逸、闲适，给人以松弛感。

图 6-66 所示为日系动漫色调效果。

图6-66

6.5.5 森系色调

适用场景：人像、森林、花朵。

特点：贴近自然，画面整体素雅、宁静，给人森林般纯净、清新的感觉。画面色温与色调偏冷，亮度较低，但色彩饱和度较高，很适合一些需要营造小清新感觉的视频素材使用。

图 6-67 所示为森系色调效果。

图6-67

6.5.6 港风色调

适用场景：暖光环境，街道和旧式建筑。

特点：港式复古风下的人像自带复古感，色调多是红色，如复古红或铁锈红等，能够最大限度地突出人物的气场和魅力。画面颜色简洁，对比度偏高，浓郁、饱满的色系碰撞，具有暗黄调胶片质感。

图 6-68 所示为港风色调效果。

图6-68

6.6 强大的美颜美体功能

随着智能手机的普及，使用手机进行拍照的人日益增多。使用手机进行摄影比使用相机更容易出现瑕疵，所以经常需要对手机拍摄画面中的人物进行适当的美化处理。本节就将介绍如何使用美颜美体功能对人物进行美化。

6.6.1 美颜

剪映专业版提供了"美颜"功能，便于用户对人物面部进行调整。

添加素材至时间轴区域，然后选中它，在检查器窗口中切换至"画面"模块的"美颜美体"

选项卡，勾选"美颜"复选框，即可使用"美颜"功能，如图 6-69 所示。

勾选"美颜"复选框后，预览窗口自动框选人物面部，同时会出现"匀肤""丰盈""磨皮""祛法令纹""亮眼""祛黑眼圈""美白""白牙""肤色"这几个选项，用户可以拖曳各个选项旁边的白色滑块来调整各项效果的强弱。剪映专业版的"美颜"功能支持对单人或者全局进行操作，启用"单人模式"后，预览窗口会自动框选单个人物的面部。

在"单人模式"下，用户单击画面中某个人的面部，该人物的面部选框会产生颜色变化，提示用户框选位置，此时用户可以对该人物面部进行美颜，更改框选位置后效果如图 6-70 所示。

图6-69

图6-70

若启用"全局模式"，则画面中所有人物的面部选框都发生了颜色变化，提示用户画面中所有人物的面部都被选中，如图 6-71 所示。

图6-71

6.6.2 美型

剪映专业版的"美型"功能可以帮助用户在美颜之后进一步对人物面部轮廓进行修饰。"美型"功能的使用方法跟美颜相似，在时间轴区域选中素材，然后在检查器窗口中勾选"美型"复选框,即可开启"美型"功能。"美型"功能也有"单人模式"和"全局模式",便于用户进行细节上的调整。"美型"功能参数界面如图6-72所示。

图6-72

6.6.3 瘦脸

可以通过剪映专业版的"瘦脸"功能对人物的脸型进行修饰。勾选"手动瘦脸"复选框即可开启"手动瘦脸"功能。剪映专业版会在预览画面中自动框选人物面部,同时鼠标指针变成圆圈样式,便于用户进行调整,如图6-73所示。

图6-73

可以通过调整画笔的大小和强度实现局部微调,也可以开启"五官保护"功能,避免人物五官因为瘦脸的调整而出现变形。

6.6.4 美妆

可以使用剪映专业版的"美妆"功能来为人物添加妆容。剪映专业版提供了套装效果以供选择,也提供了局部妆容效果,用户在使用时可以自由搭配,如图6-74所示。

图6-74

6.6.5 美体

剪映专业版的"美体"功能可以对人物的体型、体态进行调整。勾选"美体"复选框后即可开始美体参数的调整,如图6-75所示。

图6-75

6.6.6 实战:小清新人像调色

本实战使用剪映专业版的"滤镜"功能和"美颜"功能来实现小清新人像调色,详细步骤如下。

01 导入一段名为"草地"的视频素材至素材管理窗口,然后将其添加至时间轴区域,如图6-76所示。

图6-76

02 选中时间轴区域的视频素材,在检查器窗口切换至"美颜美体"选项卡,开启美颜功能,适当调整美颜参数,让画面中的人物更动人,如图6-77所示。

图6-77

03 在素材管理窗口中,切换至"滤镜"模块,在"滤镜库"的"风景"分类下找到合适的滤镜效果添加至时间轴区域,并调整滤镜效果时长与视频素材时长一致。在检查器窗口中调整滤镜效果的强度,使画面表现效果更好,如图6-78所示。

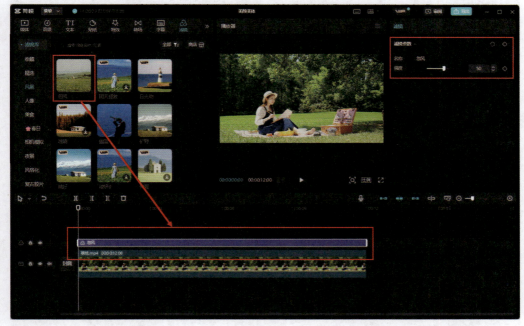

图6-78

04 切换至"特效"模块,在"光"分类下找到合适的特效添加至时间轴区域,并调整特效时长与视频素材时长一致。在检查器窗口中调整特效强度,避免特效强度过高导致画面过曝,如图6-79所示。

05 切换至"音频"模块,搜索合适的背景音乐,并将其添加至时间轴区域,如图6-80所示。

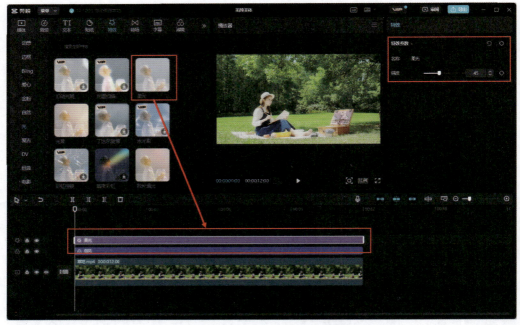

图6-79

图6-80

06 移动时间线至视频素材结束处，选中音频素材，单击"向右裁剪"按钮 ，裁掉多余片段，如图 6-81 所示。

图6-81

07 预览视频，画面效果如图 6-82 至图 6-85 所示。

图6-82

图6-83

图6-84

图6-85

CHAPTER SEVEN

第 7 章

剪映专业版的
进阶剪辑技巧

前面介绍了剪映专业版的一些基础功能,这些功能已经可以满足读者的基本剪辑需求,能够帮助读者制作出简单的短视频。但若想追求更加出彩的视频画面效果,就需要学习一些进阶功能,如画中画、蒙版、抠像、关键帧等。

7.1 画中画和蒙版

"画中画"和"蒙版"功能经常会同时使用，画中画功能最直观的效果是使一个视频画面中出现多个画面，但通常情况下层级数高的视频素材画面会覆盖层级数低的视频素材画面。此时利用蒙版功能可以自由调整遮挡区域，以达到理想的效果。

7.1.1 自由层级的概念

剪映专业版默认新建草稿不会开启自由层级功能，而在不开启自由层级功能的情况下，预览窗口中视频素材显示的顺序需要用户在检查器窗口中进行调整，如图 7-1 所示。

图7-1

剪映专业版默认主轨上的素材层级数为 0。现在时间轴区域有两条画中画轨道，所以这两条轨道分别为 1 级轨道和 2 级轨道。此时我们选中原本是 2 级轨道的素材，并将其层级数更改为 1，可以看到预览窗口中的预览画面随之出现了变化，如图 7-2 所示。

图7-2

贴纸等素材的层级调整方法就是在时间轴区域中单击需要优先显示的素材。假设我们此刻单击时间轴区域的柳叶贴纸素材,那么柳叶贴纸素材就会优先显示,如图 7-3 所示;单击雨伞贴纸素材,雨伞贴纸素材就会优先显示,如图 7-4 所示。

若用户没有特别设置,那么贴纸等轨道上的素材会默认按从上到下的顺序显示,如图 7-5 所示。

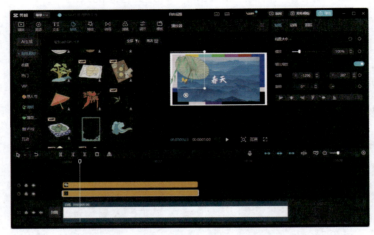

图7-3

图7-4

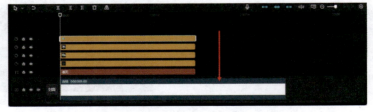

图7-5

开启自由层级功能也很简单，用户可以在剪映专业版的全局设置中开启该功能，如图 7-6 所示。也可以在不选中任何素材的情况下，在检查器窗口中单击"修改"按钮，开启"自由层级"，如图 7-7 所示。

图7-6

图7-7

开启自由层级后，剪映专业版就会在时间轴区域默认按从上到下的顺序显示贴纸、视频等素材，素材层级可以任意调整，如图 7-8 所示。

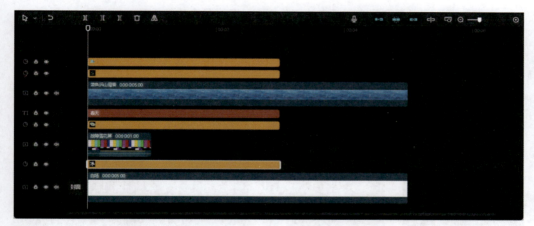

图7-8

7.1.2 蒙版的基础操作

蒙版又称遮罩，使用"蒙版"功能可以遮挡或显示部分画面，是视频剪辑中非常实用的一项功能。在剪映专业版中剪辑视频时，经常会遇到下方的素材画面被上方素材画面遮挡的情况，此时便可以使用"蒙版"功能来同时显示两个素材的画面。

选中时间轴区域画中画轨道上的素材，在检查器窗口中切换至"画面"模块的"蒙版"选项卡，可以看到剪映专业版提供的多种蒙版选项，如图 7-9 所示。

155

在"蒙版"选项卡中选择某个形状的蒙版,即可将该形状蒙版应用至所选素材。本小节以矩形蒙版为例,向读者展示蒙版的基础操作。图7-10所示为应用矩形蒙版的效果。

图7-9

图7-10

选择蒙版后,用户可以在预览窗口中对蒙版进行移动、缩放、旋转、羽化、圆角化等基本调整操作。需要注意的是,不同形状的蒙版所对应的调整参数也会有所不同,例如只有矩形蒙版才能进行圆角化操作,其他蒙版则不可以。

添加蒙版后可以看到预览窗口中的蒙版周围分布了几个功能按钮,如图7-11所示。

在预览窗口中拖动蒙版,可以对蒙版的位置进行调整。此时,蒙版的作用区域会发生相应的变化,如图7-12所示。拖曳蒙版边框四角的白色圆形图标,或直接在检查器窗口中输入数字,可以调整蒙版的大小,如图7-13所示。

图7-11　　　　图7-12　　　　图7-13

矩形蒙版和圆形蒙版支持在垂直或者水平方向上对蒙版的大小进行调整。在预览窗口中拖动蒙版上下或左右边框上的白色色块,即可对蒙版进行垂直或水平方向上的调整,如图7-14和图7-15所示。

图7-14　　　　图7-15

通过拖曳蒙版上方的图标可以调整蒙版的羽化值，模糊蒙版的边缘，如图 7-16 所示。
通过拖曳蒙版左上方的图标可以对矩形蒙版进行圆角化操作，如图 7-17 所示。

拖曳蒙版下方的图标可以调整蒙版的旋转角度，在调整旋转角度时，预览窗口上方会提示当前旋转的角度，如图 7-18 所示。

图7-16　　　　　　　　　　图7-17　　　　　　　　　　图7-18

在检查器窗口中单击"反转"按钮可以设置蒙版反转效果，如图 7-19 所示。

除此之外，用户还可以在检查器窗口中设置蒙版的各种相关参数以实现不同的蒙版效果，甚至可以为蒙版添加关键帧，如图 7-20 所示。

图7-19　　　　　　　　　　图7-20

7.1.3　实战：制作漂亮的分屏效果

本实战使用剪映专业版的"蒙版"功能和"动画"功能制作漂亮的分屏效果，详细步骤如下。

01 启动剪映专业版，在"素材库"中找到一段黑场素材，将其添加至时间轴区域的主轨上，如图 7-21 所示。

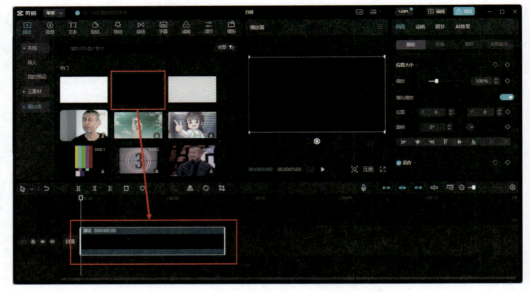

图7-21

02 导入名为"森林""大海""公路"的视频素材至素材管理窗口,如图 7-22 所示。

03 添加名为"森林"的视频素材至时间轴区域,添加后切换至检查器窗口,为素材添加镜面蒙版,并调整蒙版参数,如图 7-23 所示。

图7-22

图7-23

04 切换至"动画"模块,添加名为"动感缩小"的入场动画,并调整动画时长为 3 秒,如图 7-24 所示。

图7-24

05 添加名为"公路"的视频素材至时间轴区域,切换至检查器窗口,为素材添加镜面蒙版,并调整相应参数,如图 7-25 所示。

06 切换至"基础"选项卡,调整相应参数,如图 7-26 所示。

图7-25

图7-26

07 切换至"动画"模块,为名为"公路"的视频素材添加名为"向上滑动"的入场动画,并调整动画时长为 3 秒,如图 7-27 所示。

08 添加名为"大海"的视频素材至时间轴区域,在检查器窗口中为其添加镜面蒙版,并调整相应的参数,如图 7-28 所示。

图7-27

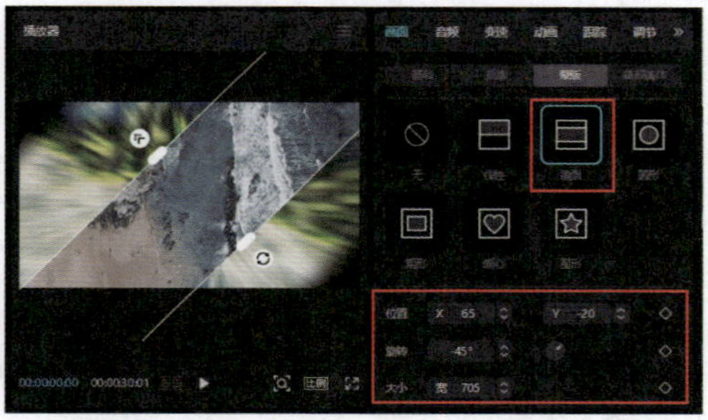

图7-28

09 切换至"基础"选项卡,调整相应参数,如图 7-29 所示。

10 切换至"动画"模块,为名为"大海"的视频素材添加名为"向下滑动"的入场动画,并调整动画时长为 3 秒,如图 7-30 所示。

图7-29

图7-30

11 切换至"音频"模块,在音乐素材的搜索框中,通过输入关键词寻找到合适的背景音乐,并添加至时间轴区域,如图 7-31 所示。

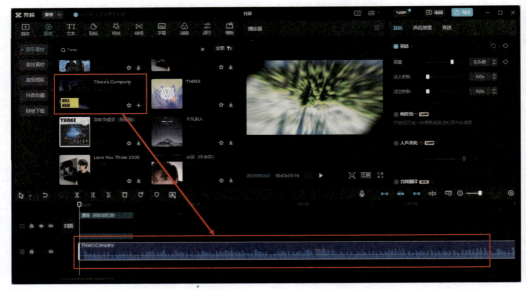

图7-31

12 调整视频素材时长和音频素材时长,使二者保持一致,如图 7-32 所示。

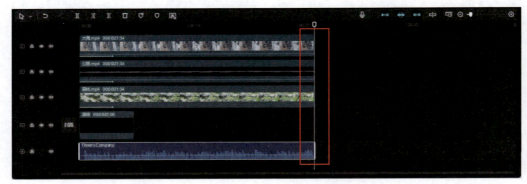

图7-32

13 切换至"音频"模块,在音效素材的搜索框中输入关键词"海浪"并按 Enter 键,选择一段音效素材添加至时间轴区域,如图 7-33 所示。

14 移动时间线至 5 秒处,再次添加一段合适的音效素材至时间轴区域,如图 7-34 所示。

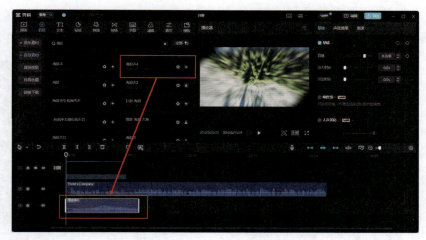

图7-33

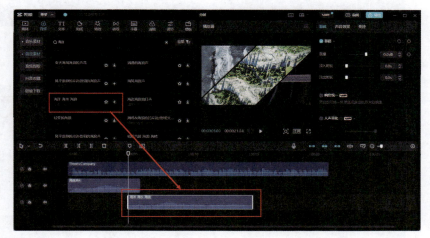

图7-34

<u>15</u> 选中时间轴区域内名为"海浪声4"的音效素材,调整其音量大小,如图7-35所示。

<u>16</u> 选中时间轴区域内名为"海洋 海水 海浪"的音效素材,调整其音量大小,如图7-36所示。

图7-35   图7-36

17 切换至"文本"模块,选择合适的文字模板效果添加至时间轴区域,并在检查器窗口中调整该文字模板的参数,如图 7-37 所示。

图7-37

18 预览视频,画面效果如图 7-38 至图 7-41 所示。

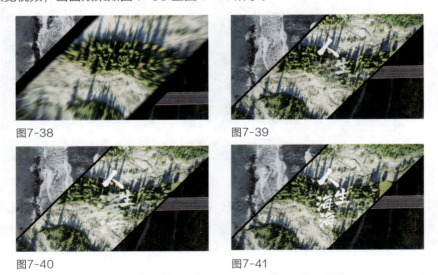

图7-38　　　　　　　　　　　　图7-39

图7-40　　　　　　　　　　　　图7-41

7.1.4　实战:使用线性蒙版替换天空

本实战使用剪映专业版的线性蒙版替换画面中的天空,详细步骤如下。

01 导入名为"海浪""海岸线"的视频素材至素材管理窗口,并将素材都添加至时间轴区域,如图 7-42 所示。

图7-42

02 移动时间线至 2 秒处，选中名为"海岸线"的视频素材，单击常用工具栏中的"定格"按钮◙，生成一段时长为 3 秒的定格素材，如图 7-43 所示。

图7-43

03 删除原有的"海岸线"视频素材，调整定格素材的时长，调整后效果如图 7-44 所示。

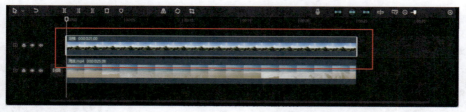

图7-44

04 选中定格素材，在检查器窗口中为该素材添加线性蒙版，并适当调整其位置，如图 7-45 所示。

05 切换至"基础"选项卡，在预览窗口中调整定格素材的位置，如图 7-46 所示。

图7-45

图7-46

06 切换至"音频"模块,在音效素材的搜索框中输入关键词,搜索并添加合适的音效至时间轴区域,如图 7-47 所示。

图7-47

07 在时间轴区域内调整音效素材时长与视频素材时长一致,调整后效果如图 7-48 所示。

图7-48

08 切换至"音频"模块,在"音乐素材"的"纯音乐"分类下找到合适的背景音乐,将其添加至时间轴区域,如图 7-49 所示。

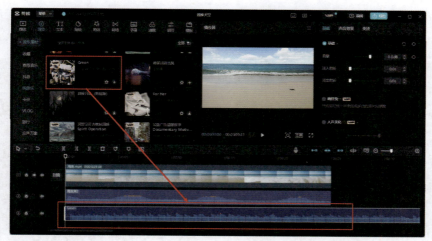

图7-49

09 移动时间线至视频素材结尾处，选中名为"Green"的音乐素材，单击常用工具栏中的"向右裁剪"按钮，裁掉多余片段，调整后效果如图7-50所示。

图7-50

10 预览视频，画面效果如图7-51所示。

图7-51

7.1.5 实战：制作同人同框效果

本实战使用剪映专业版的矩形蒙版制作同人同框效果，详细步骤如下。

01 导入一段名为"蒙版-同人同框"的视频素材至素材管理窗口，并将其添加至时间轴区域，如图 7-52 所示。

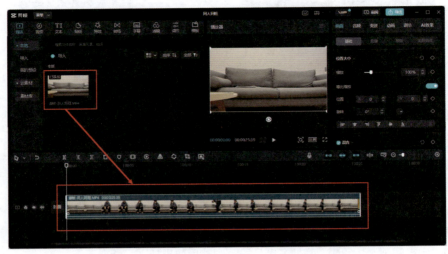

图7-52

02 复制一份视频素材至画中画轨道上，如图 7-53 所示。

图7-53

03 选中主轨上的视频素材，移动时间线至 5 秒 9 帧处，单击常用工具栏中的"向左裁剪"按钮，如图 7-54 所示，裁掉多余片段。

图7-54

04 参考上一步操作，选中画中画轨道上的视频素材，移动时间线至 5 秒 9 帧处，单击常用工具栏中的"向左裁剪"按钮，裁掉多余片段，完成后效果如图 7-55 所示。

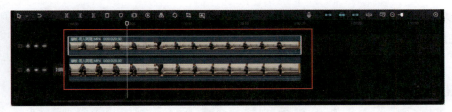

图7-55

05 移动时间线至9秒25帧处，选中画中画轨道上的视频素材，单击常用工具栏中的"向左裁剪"按钮■，裁掉多余片段，如图7-56所示。

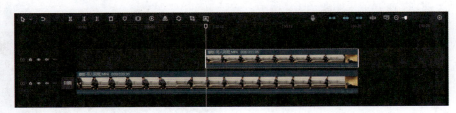

图7-56

06 移动时间线至17秒5帧处，选中画中画轨道上的视频素材，单击常用工具栏中的"向右裁剪"按钮■，裁掉多余片段。调整画中画轨道上素材的位置，使其起始位置与主轨道上素材的起始位置对齐，调整后效果如图7-57所示。

图7-57

07 选中画中画轨道上的视频素材，在检查器窗口中切换至"蒙版"选项卡，为该素材添加线性蒙版，并调整相应参数，如图7-58所示。

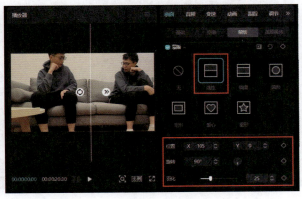

图7-58

167

08 移动时间线至 5 秒 15 帧处，选中时间轴区域的两段视频素材，单击"向右裁剪"按钮，裁掉多余片段，如图 7-59 所示。

图7-59

09 预览视频，画面效果如图 7-60 所示。

图7-60

7.1.6 实战：制作移轴摄影效果

本实战使用剪映专业版的镜面蒙版制作移轴摄影效果，详细步骤如下。

01 导入名为"移轴 1"~"移轴 4"的视频素材至素材管理窗口，并添加素材至时间轴区域，如图 7-61 所示。

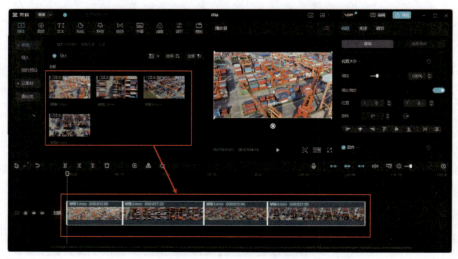

图7-61

02 选中名为"移轴1"的视频素材,复制一份至画中画轨道上,如图7-62所示。

图7-62

03 选中画中画轨道上名为"移轴1"的视频素材,在检查器窗口中切换至"蒙版"选项卡,为该素材添加镜面蒙版,并适当调整其参数,如图7-63所示。

图7-63

04 在素材管理窗口中,切换至"特效"模块,在"画面特效"的"基础"分类下找到合适的特效,将其添加至主轨上名为"移轴1"的视频素材上,并适当调整参数,如图7-64所示。

图7-64

05 选中主轨上名为"移轴2"的视频素材,复制一份至画中画轨道上,复制后效果如图7-65所示。

图7-65

06 选中画中画轨道上名为"移轴2"的视频素材,在检查器窗口中切换至"蒙版"选项卡,为该素材添加镜面蒙版,并适当调整其参数,如图7-66所示。

图7-66

07 切换至"特效"模块,在"画面特效"的"基础"分类下找到名为"模糊"的特效,将其添加至主轨上名为"移轴2"的视频素材上,并适当调整参数,如图7-67所示。

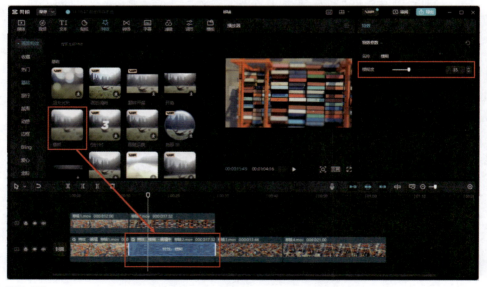

图7-67

08 选中名为"移轴3"的视频素材,复制一份至画中画轨道上,如图7-68所示。

图7-68

09 选中画中画轨道上名为"移轴3"的视频素材,在检查器窗口中切换至"蒙版"选项卡,为该素材添加镜面蒙版,并适当调整其参数,如图7-69所示。

图7-69

10 切换至"特效"模块,在"画面特效"的"基础"分类下找到名为"模糊"的特效,将其添加至主轨上名为"移轴3"的视频素材上,并适当调整参数,如图7-70所示。

图7-70

11 选中主轨上名为"移轴4"的视频素材,复制一份至画中画轨道上,如图7-71所示。

171

图7-71

12 选中画中画轨道上名为"移轴4"的视频素材,在检查器窗口中切换至"蒙版"选项卡,为其添加镜面蒙版,并适当调整其参数,如图7-72所示。

图7-72

13 切换至"特效"模块,在"画面特效"的"基础"分类下选择名为"模糊"的特效,将其添加至主轨上名为"移轴4"的视频素材上,并适当调整参数,如图7-73所示。

图7-73

14 切换至"音频"模块,在"音乐素材"的"众声万象"分类下找到合适的背景音乐,并将其添加至时间轴区域,如图7-74所示。

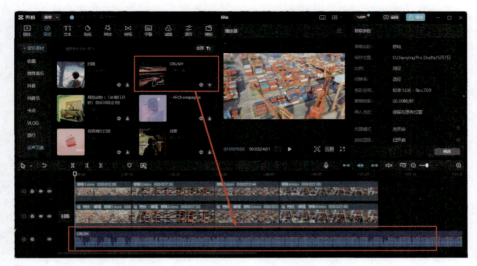

图7-74

15 移动时间线至视频素材结束处,选中音频素材,单击常用工具栏中的"向右裁剪"按钮 ,裁掉多余片段,如图 7-75 所示。

图7-75

16 预览视频,画面效果如图 7-76 至图 7-79 所示。

图7-76

图7-77

图7-78

图7-79

7.2 抠像

剪映专业版自带的许多特殊功能非常方便用户剪辑,例如通过这些功能,用户可以置换视频背景或者制作出各种特效。本节将介绍剪映专业版中抠像的各种方法。

7.2.1 智能抠像

剪映专业版的"智能抠像"功能是指软件自动识别视频中的人像部分并将其抠出来,抠出来的人像可以放到新的视频素材中以制作特殊的视频效果。

添加素材至时间轴区域后,将需要进行抠像处理的素材放在画中画轨道上。选中画中画轨道上的素材,在检查器窗口中切换至"抠像"选项卡,勾选"智能抠像"复选框,即可开启"智能抠像"功能,如图7-80所示。

开启"智能抠像"功能后,在检查器窗口中选择合适的抠像描边效果,使描边更加自然,也可以通过调整相关参数来获得更好的描边效果,如图7-81所示。

图7-80

图7-81

提示 • "智能抠像"功能目前仅支持人物画像的智能识别。

7.2.2 自定义抠像

当用户想要对除人像外的其他部分进行抠像,或觉得使用智能抠像抠出来的人物不够精细时,就可以使用"自定义抠像"功能来进行更加细致的抠像。

选中画中画轨道上需要进行抠像处理的素材,在检查器窗口中切换至"抠像"选项卡,勾选"自定义抠像"复选框后,即可启用"自定义抠像"功能。用户选择智能画笔后,移动鼠标指针至预览窗口中,鼠标指针的形状会发生变化,如图 7-82 所示。

图7-82

可以使用智能画笔涂抹出需要抠像的范围,若抠像效果不好可以使用智能橡皮或者橡皮擦调整涂抹的范围。最终涂抹范围如图 7-83 所示。同样,自定义抠像的画面也能够设置描边效果,如图 7-84 所示。

图7-83

图7-84

涂抹完抠像范围后,单击"应用效果"按钮,即可应用该抠像效果,应用后的效果如图 7-85 所示。

提示 • 抠出来的图像边缘难免会过渡不自然,可以为其添加描边以制作不一样的效果。

图7-85

7.2.3 色度抠图

"色度抠图"功能简单说就是对比两个像素之间颜色的差异性,把前景抠取出来,从而达到置换背景的目的。"色度抠图"与"智能抠像"不同,"智能抠像"会自动识别人像,

175

然后将其导出，而"色度抠图"是由用户自己选择需要抠取的部分。抠图时，选中的颜色与其他区域的颜色差异越大，抠图的效果会越好。

抠图时一般会选用绿幕背景，如图7-86所示，以达到较好的视频画面效果。

图7-86

导入素材至时间轴区域后，选中画中画轨道上需要进行色度抠图的素材，在检查器窗口中切换至"抠像"选项卡，勾选"色度抠图"复选框，即可启用"色度抠图"功能。使用取色器选择想要去除的颜色，调整"强度"参数后可以使画面中选取的颜色消失，而调整"阴影"参数则能调整抠像边缘的光滑程度，如图7-87所示。

适当调整参数，如图7-88所示。可以看到该素材中的绿幕已经完全消失，仅保留主体部分。

图7-87

图7-88

7.2.4 实战：制作人物遮挡文字效果

本实战使用剪映专业版的"智能抠像"功能和"文本"功能制作人物遮挡文字效果，详细步骤如下。

01 导入一段名为"散步"的视频素材至素材管理窗口，并添加该素材至时间轴区域，如图7-89所示。

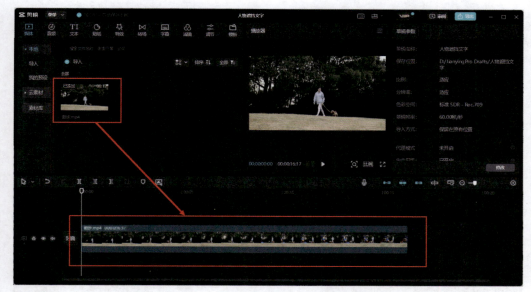

图7-89

02 选中刚刚添加的视频素材,复制一份至画中画轨道上,如图 7-90 所示。

图7-90

03 选中画中画轨道上的素材,在检查器窗口中切换至"抠像"选项卡,勾选"智能抠像"复选框,开启智能抠像,如图 7-91 所示。

图7-91

04 在素材管理窗口中，切换至"文本"模块，在"新建文本"的"默认"分类下，单击"添加到轨道"按钮，添加一段文本至时间轴区域，如图 7-92 所示。

图7-92

05 选中文本素材，在检查器窗口中调整文本参数，如图 7-93 所示。

06 切换至"花字"选项卡，选择合适的花字效果并应用，如图 7-94 所示。

图7-93　　　　　　　　　　　　　　图7-94

07 在时间轴区域内调整文本素材的位置，使其位于两段视频素材之间，如图 7-95 所示。

图7-95

08 在素材管理窗口中，切换至"滤镜"模块，在"滤镜库"的"风景"分类下选择合适的滤镜效果添加至时间轴区域，调整滤镜时长和视频素材时长，使它们保持一致，并适当调整滤镜强度，如图 7-96 所示。

图7-96

09 切换至"特效"模块，在"特效素材"的"光"分类下选择合适的特效添加至时间轴区域，调整特效时长和视频素材时长，使它们保持一致，并适当调整特效强度，如图 7-97 所示。

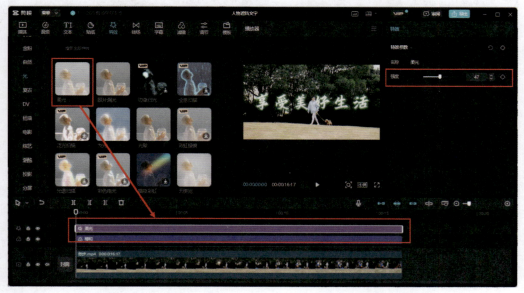

图7-97

10 切换至"音频"模块,在"音乐素材"的"众声万象"分类下选择合适的背景音乐,并将其添加到时间轴区域,如图7-98所示。

图7-98

11 移动时间线至33帧处,选中刚刚添加的音频素材,单击常用工具栏中的"向左裁剪"按钮,裁掉多余片段,如图7-99所示。调整音频素材的位置,使其开头与视频素材开头对齐。

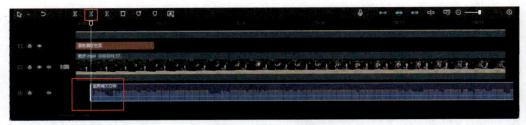

图7-99

12 移动时间线至视频素材结束处,选中音频素材,单击常用工具栏中的"向右裁剪"按钮,裁掉多余片段,如图7-100所示。

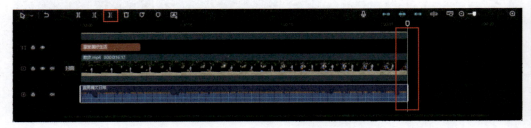

图7-100

13 预览视频，画面效果如图 7-101 所示。

图7-101

7.3 关键帧

为素材的运动参数添加关键帧，可制作出基本的位置、缩放、旋转和不透明度等变化的效果，还可以为已经添加至素材的视频效果添加关键帧，从而营造丰富的视觉效果。

7.3.1 认识关键帧

关键帧动画主要通过为素材在不同时间节点上设置不同的属性，使时间推进的过程中展现出丰富多彩的变化效果。

影片是由一张张连续的图像组成的，每张图像代表一帧。帧是动画中最小单位的单幅影像画面，相当于电影胶片上的每一格镜头。在剪辑软件的时间轴上，帧表现为一格或一个标记。而关键帧是指动画中关键的时刻，任何动画要表现运动或变化，至少前后要给出两个不同状态的关键帧，而中间状态的变化和衔接称为过渡帧或中间帧，由剪辑软件自动创建完成。

用户可以通过设置动作、效果、音频及多种其他属性参数，制作出连贯、自然的动画效果。一般可以使用关键帧制作缩放、旋转、移动、音量渐变、色彩渐变等视频效果。

剪映专业版中添加关键帧很简单，选中素材后，在检查器窗口中单击各项参数后的关键帧图标◆，当图标被点亮时，被选中素材的时间线所处位置会自动出现一个关键帧，如图 7-102 所示。

需要注意的是，某些参数添加关键帧会点亮所有的关键帧图标，但单击更细分的参数时，则只会点亮该细分参数的关键帧图标，如图 7-103 所示。

删除关键帧也很简单，只需要再次单击关键帧图标即可删除时间线所处位置的关键帧，如图 7-104 所示。

图7-102

图7-103　　　　　　　　　　　　　　图7-104

添加完第一个关键帧后，移动时间线至下一个需要添加关键帧的位置，直接调整相应的参数即可继续添加关键帧，如图7-105所示。

图7-105

7.3.2 实战：制作缩放关键帧视频

本实战使用剪映专业版的"关键帧"功能制作一个缩放关键帧视频，详细步骤如下。

01 导入一段名为"蝴蝶"的视频素材至素材管理窗口，并添加至时间轴区域，如图 7-106 所示。

图7-106

02 移动时间线至视频素材开始处，选中时间轴区域的素材，在检查器窗口中为该素材添加关键帧，并调整该关键帧的参数，如图 7-107 所示。

03 移动时间线至 2 秒 5 帧处，添加关键帧，并适当调整该关键帧的参数，如图 7-108 所示。

图7-107

图7-108

04 在检查器窗口中开启"视频防抖"功能，并选择防抖等级为"裁切最少"，如图 7-109 所示。

05 在素材管理窗口中，切换至"音频"模块，在"音乐素材"的"众声万象"分类下选择合适的背景音乐，并将其添加至时间轴区域，如图 7-110 所示。

图7-109

图7-110

06 移动时间线至 2 秒 20 帧处，选中时间轴区域的音频素材，单击常用工具栏中的"向左裁剪"按钮，裁掉多余片段，如图 7-111 所示，调整音频素材对齐视频素材开始处。

图7-111

07 移动时间线至视频素材结束处，选中时间轴区域的音频素材，单击常用工具栏中的"向右裁剪"按钮，裁掉多余片段，如图 7-112 所示。

图7-112

08 预览视频,画面效果如图7-113和图7-114所示。

图7-113　　　　　　　　　　　图7-114

7.3.3　实战：制作旋转关键帧视频

本实战使用剪映专业版的"贴纸"模块和"关键帧"功能制作一个旋转关键帧视频,详细步骤如下。

01 导入一段名为"女孩"的视频素材至素材管理窗口,并将其添加至时间轴区域,如图7-115所示。

图7-115

185

02 切换至"贴纸"模块,在搜索框中输入关键词"假期"并按 Enter 键,添加合适的贴纸效果至时间轴区域,如图 7-116 所示。

图7-116

03 调整贴纸素材时长为 5 秒,调整后的效果如图 7-117 所示。

图7-117

04 移动时间线至素材开始处,选中贴纸素材,在检查器窗口中为其添加关键帧,并适当调整关键帧参数,如图 7-118 所示。

05 移动时间线至 2 秒 30 帧处,选中贴纸素材,再次添加关键帧,并适当调整关键帧参数,如图 7-119 所示。

图7-118

图7-119

06 在素材管理窗口中，切换至"音频"模块，在"音乐素材"的 VLOG 分类下，选择合适的背景音乐添加至时间轴区域，如图 7-120 所示。

图7-120

07 移动时间线至视频素材结束处，选中音频素材，单击常用工具栏中的"向右裁剪"按钮，裁掉多余片段，如图 7-121 所示。

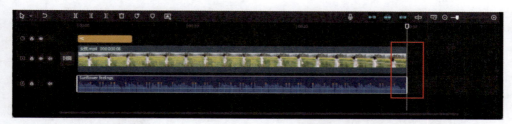

图7-121

08 预览视频，画面效果如图 7-122 和图 7-123 所示。

图7-122

图7-123

7.3.4 实战：制作移动关键帧视频

本实战使用剪映专业版的"贴纸"模块、"文本"模块、"滤镜"模块和"关键帧"功能制作一个移动关键帧视频，详细步骤如下。

01 导入一段名为"情侣"的视频素材至素材管理窗口，并添加至时间轴区域，如图7-124所示。

图7-124

02 切换至"文本"模块，在"新建文本"的"默认"分类下单击"添加到轨道"按钮 ，添加一段文本素材至时间轴区域，如图7-125所示。

图7-125

03 选中文本素材，在检查器窗口中修改参数，如图 7-126 所示。

在检查器窗口中切换至"花字"选项卡，选择合适的花字效果并将其应用到文本素材中，如图 7-127 所示。

图7-126

图7-127

04 移动时间线至 5 秒 5 帧处，调整文本素材时长为 5 秒 5 帧，如图 7-128 所示。

图7-128

05 移动时间线至素材开始处，选中文本素材，添加关键帧，适当调整关键帧参数，如图 7-129 所示。

06 移动时间线至 0 秒 30 帧处，选中文本素材，添加关键帧，并适当调整关键帧参数，如图 7-130 所示。

图7-129

图7-130

07 移动时间线至 1 秒处，选中文本素材，添加关键帧，并适当调整关键帧参数，如图 7-131 所示。

08 移动时间线至 1 秒 35 帧处，选中文本素材，添加关键帧，并适当调整关键帧参数，如图 7-132 所示。

图7-131

图7-132

09 切换至"动画"模块,为文本素材添加合适的入场动画效果,如图7-133所示。

图7-133

10 在素材管理窗口中,切换至"贴纸"模块,在"贴纸库"的"自然元素"分类下找到合适的贴纸效果添加至时间轴区域,并适当调整贴纸素材的时长,如图7-134所示。

图7-134

11 移动时间线至素材开始处,选中贴纸素材,在检查器窗口中为该素材添加关键帧,并调整参数,如图7-135所示。

12 移动时间线至 5 秒 5 帧处，选中贴纸素材，再次添加关键帧，并适当调整关键帧参数，如图 7-136 所示。

图7-135

图7-136

13 预览视频，画面效果如图 7-137 和图 7-138 所示。

图7-137

图7-138

7.3.5 实战：制作不透明度关键帧视频

本实战使用剪映专业版的素材库、"音频"模块和"关键帧"功能制作一个不透明度关键帧视频，详细步骤如下。

01 导入名为"海滩""黄昏"的视频素材至素材管理窗口，如图 7-139 所示。

图7-139

02 从"素材库"中找到一段黑场素材，添加至时间轴区域，如图 7-140 所示。

03 添加名为"海滩"的视频素材至主轨，移动时间线至 15 秒处，选中名为"海滩"的视频素材，单击"向右裁剪"按钮，裁掉多余的素材片段，如图 7-141 所示。

191

图7-140

图7-141

04 添加名为"黄昏"的视频素材至画中画轨道上,移动时间线至 15 秒处,选中名为"黄昏"的视频素材,单击"向右裁剪"按钮,裁掉多余的素材片段,如图 7-142 所示。

图7-142

05 选中名为"黄昏"的视频素材,移动时间线至 5 秒处,在检查器窗口中添加关键帧,并调整该关键帧的不透明度为 100%,如图 7-143 所示。

06 选中名为"海滩"的视频素材,移动时间线至 5 秒处,在检查器窗口中添加关键帧,并调整该关键帧的不透明度为 0%,如图 7-144 所示。

图7-143

图7-144

192

07 移动时间线至 7 秒处，选中名为"黄昏"的视频素材，添加关键帧，并调整该关键帧的不透明度为 0%，如图 7-145 所示。

08 移动时间线至 7 秒处，选中名为"海滩"的视频素材，添加关键帧，并调整该关键帧的不透明度为 100%，如图 7-146 所示。

图7-145

图7-146

09 切换至"音频"模块，移动时间线至 5 秒处，在"音效素材"中选择合适的音效素材并将其添加至时间轴区域，并调整音效素材的时长，如图 7-147 所示。

图7-147

10 切换至"音频"模块，在"音乐素材"的"舒缓"分类下选择合适的背景音乐添加至时间轴区域，并调整背景音乐的时长，如图 7-148 所示。

图7-148

11 预览视频，画面效果如图7-149至图7-152所示。

图7-149　　　　　　图7-150

图7-151　　　　　　图7-152

7.3.6　实战：制作音量渐变关键帧视频

本实战使用剪映专业版的"音频"模块、"关键帧"功能等来制作一个音量渐变关键帧视频，详细步骤如下。

01 导入一段名为"露营"的视频素材至素材管理窗口，并添加至时间轴区域，如图7-153所示。

02 切换至"音频"模块，在"音乐素材"的"舒缓"分类下选择合适的背景音乐，并将其添加至时间轴区域，调整音频素材时长和视频素材时长，使它们保持一致，如图7-154所示。

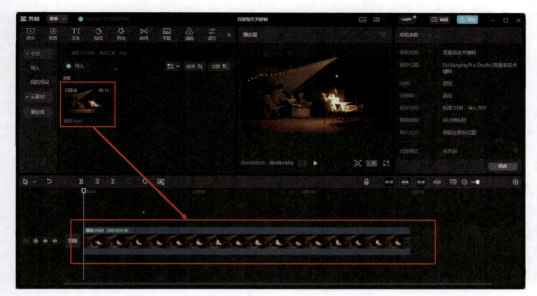

图7-153

图7-154

03 移动时间线至 5 秒 20 帧处,切换至"文本"模块,添加一段文本素材至时间轴区域,并调整文本内容为"乘着春风进行一场露营",如图 7-155 所示。

04 选中文本素材,在检查器窗口中切换至"朗读"模块,在"男声音色"选项卡下选择合适的音色并开始朗读,如图 7-156 所示。

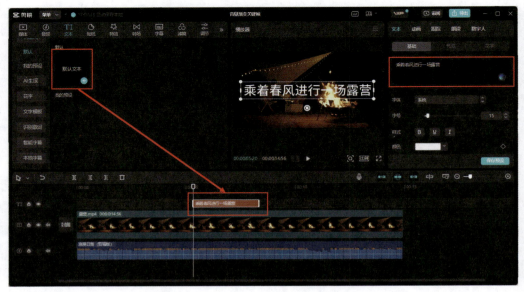

图7-155

图7-156

05 生成一段朗读音频素材后,删除时间轴区域的文本素材。选中朗读音频素材,在开始与结束位置各添加一个关键帧,添加后的效果如图7-157所示。

图7-157

06 在这两个关键帧前、后10帧处各添加一个关键帧，如图7-158所示。

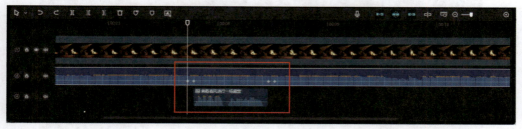

图7-158

07 分别移动鼠标指针至中间两个关键帧处，向下拖曳音量线，降低9dB（分贝）音量，如图7-159所示。

图7-159

08 预览视频，画面效果如图7-160所示。

图7-160

7.3.7 实战：制作色彩渐变关键帧视频

本实战使用剪映专业版的"滤镜"模块和"关键帧"功能来制作一个色彩渐变关键帧视频，详细步骤如下。

01 导入一段名为"水面"的视频素材至素材管理窗口，并将其添加至时间轴区域，如图7-161所示。

02 选中主轨上的视频素材，复制一份至画中画轨道上，如图7-162所示。

图7-161

图7-162

03 切换至"滤镜"模块,在"滤镜库"的"影视级"分类下找到合适的滤镜效果,将其添加至主轨的视频素材上,如图 7-163 所示。

图7-163

04 在"滤镜库"的"黑白"分类下选择合适的滤镜效果,添加至画中画轨道的视频素材上,添加后的效果如图 7-164 所示。

图7-164

05 移动时间线至视频素材开始处,选中画中画轨道上的视频素材,添加不透明度关键帧,如图 7-165 所示。

图7-165

06 移动时间线至 3 秒处,添加不透明度关键帧,并适当调整关键帧参数,如图 7-166 所示。

07 移动时间线至 3 秒处,选中主轨上的视频素材,在检查器窗口中添加滤镜关键帧,如图 7-167 所示。

图7-166

199

08 移动时间线至素材开始处,选中主轨上的视频素材,在检查器窗口中添加滤镜关键帧,并适当调整关键帧参数,调整后的效果如图 7-168 所示。

图7-167

图7-168

09 切换至"音频"模块,在"音乐素材"的"舒缓"分类下找到合适的背景音乐添加至时间轴区域,并调整音乐素材时长与视频素材时长,使它们保持一致,如图 7-169 所示。

图7-169

10 预览视频,画面效果如图 7-170 和图 7-171 所示。

图7-170

图7-171

提示 在制作色彩渐变关键帧效果时,用户可以通过调整滤镜关键帧的参数来实现色彩渐变的效果,不一定非要使用不透明度关键帧来制作。

7.4 丝滑的变速效果

画面中有运动的景物时，如果运动速度过快，那么肉眼是无法清楚地观察到每个细节的。此时可以使用"变速"功能来降低画面中景物的运动速度，形成慢动作效果，从而令每个瞬间都能清晰呈现。而对于一些变化太过缓慢，或者单调、乏味的画面，则可以通过"变速"功能适当提高视频播放速度，形成快动作效果，从而缩短画面的播放时间，让视频更生动。

7.4.1 常规变速

常规变速是对所选视频素材进行统一的调速。在时间轴区域选中需要进行变速处理的视频素材，在检查器窗口中切换至"变速"模块，在"常规变速"选项卡下即可进行常规的变速调节，如图 7-172 所示。

常规变速调节很简单，可以直接调整倍数或时长，如图 7-173 所示。一般情况下，视频素材的原始倍数为 1x，拖动滑块可以调整视频的播放速度。当数值大于 1x 时，视频的播放速度将变快；当数值小于 1x 时，视频的播放速度将变慢。

图7-172

图7-173

同时剪映专业版也提供了"声音变调"功能，确保素材在经过变速后其自带的声音不会很奇怪。

提示 • 需要注意的是，当用户对素材进行常规变速操作时，素材的持续时间也会发生相应的变化。简单来说，就是当倍数数值增加（大于1x）时，视频的播放速度会变快，素材的持续时间会变短；当倍数数值减小（小于1x）时，视频的播放速度会变慢，素材的持续时间会变长。

7.4.2 曲线变速

曲线变速可以有针对性地对一段视频中的不同部分进行加速或者减速处理,而加速、减速的幅度可以自由控制。

在检查器窗口中切换至"曲线变速"选项卡,可以看到多种预设变速模板,如图7-174所示。

在"曲线变速"选项卡中,选择除"无"选项外的任意一个选项,可以实时预览对应的变速效果。下面以"自定义"选项举例说明。

首次选择该选项,预览区域将自动展示变速效果,此时可以看到"自定义"选项被点亮。选项下方就是曲线编辑栏,在这里可以看到曲线的起伏情况,该编辑栏上方显示了应用该速度曲线后素材的时长变化。

用户可以对曲线中的各个锚点进行拖动调整,以满足不同的播放速度要求。将锚点向上拖就是加快速度,向下拖就是减慢速度,编辑栏中的竖线则对应时间轴区域的时间线,如图7-175所示。

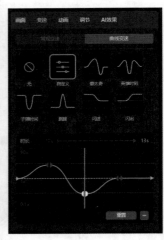

图7-174　　　　　　　　图7-175

在编辑栏中应用变速之后,时间轴区域的素材会出现相应的变化,便于用户将变速点与画面连接对应,如图7-176所示。

图7-176

7.4.3　6种曲线变速预设

剪映专业版提供了 6 种曲线变速预设，通过这 6 种预设可以快速做出引人入胜的视频变速效果。

1. 蒙太奇

当我们在检查器窗口中选择了"蒙太奇"曲线变速预设后，可以看到该预设的变速曲线如图 7-177 所示。

蒙太奇变速是电影中常用的一种变速，通常是两个片段衔接在一起，前一片段逐渐加快速度，在即将切换至下一片段时猛然降速，而后再回到匀速。这种变速极具电影感，能够渲染紧张等氛围。

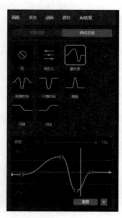

图7-177

2. 英雄时刻

"英雄时刻"曲线变速预设在旧版本中叫"高光时刻"，其变速曲线如图 7-178 所示。

从该变速曲线可以看出视频播放速度开始与结束时变化得都很快，到了某个时刻则放慢，通过这种变速效果可以让观众的注意力更多放在变慢的时间段内，该时间段的视频画面会给观众留下深刻的印象。

图7-178

3. 子弹时间

"子弹时间"曲线变速预设就像很多影视剧对打出的子弹的特写一般，开始时快，到了子弹即将打中物体时则变慢，然后再变快。"子弹时间"预设通过对素材播放速度的把控营造紧张的氛围，可以实现镜头特写效果，吸引观众注意力，其变速曲线如图 7-179 所示。

"子弹时间"的变速曲线和"英雄时刻"的变速曲线很像，但又有所不同，"子弹时间"的变速曲线是开始和结尾处都是高倍速，而"英雄时刻"的变速曲线开始和结尾处都是 0 倍速，"子弹时间"在视觉上给观众的变速感受会更加强烈。

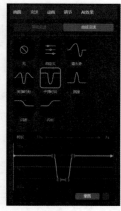

图7-179

4. 跳接

"跳接"曲线变速预设的变速曲线如图7-180所示。可以看到其开始与结尾处都是低倍速,到了某个时刻突然变成高倍速,紧接着又切换成低倍速。

应用"跳接"曲线变速预设可以突显主体,打造具有视觉冲击力的效果;也可以应用于转场,将素材与素材之间不重要的片段快速跳过。

图7-180

5. 闪进与闪出

"闪进"与"闪出"这两种曲线变速预设经常搭配使用,二者的变速曲线分别如图7-181和图7-182所示。

这两种曲线变速预设搭配使用可以制作无缝转场效果或是动接动的视频效果。

 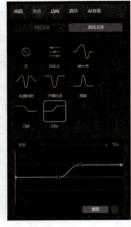

图7-181　　　　图7-182

> **提示** • 对素材进行变速后,视频画面难免会因为速度改变而出现丢帧的情况,这个时候可以开启"智能补帧"功能来确保画面的流畅度。

7.4.4　实战:制作丝滑慢动作效果视频

本实战使用剪映专业版的"曲线变速"功能制作一个丝滑慢动作效果视频,详细步骤如下。

01 导入名为"奔跑"的视频素材至素材管理窗口,并添加素材至时间轴区域,如图7-183所示。

02 移动时间线至14秒处,单击常用工具栏中的"分割"按钮■,分割素材,如图7-184所示。

图7-183

图7-184

03 切换至"转场"模块,在"转场效果"的"模糊"分类下找到合适的转场效果,并将其添加至时间轴区域内素材的衔接处,如图 7-185 所示。

图7-185

04 选中时间轴区域内的所有素材,右击,弹出快捷菜单,选择"新建复合片段"命令,如图 7-186 所示。

图7-186

05 在检查器窗口中切换至"曲线变速"选项卡,应用"蒙太奇"变速效果,并适当调整曲线,如图7-187所示。

06 在素材管理窗口中,切换至"音频"模块,在"音乐素材"的搜索框中输入关键词"敕勒歌"并按Enter键,搜索出合适的背景音乐并将其添加至时间轴区域,然后调整音频素材时长,使之与视频素材时长一致,如图7-188所示。

图7-187

图7-188

07 预览视频,画面效果如图7-189所示。

图7-189

CHAPTER EIGHT

第 8 章

剪映专业版的智能创作工具

随着互联网的高速发展,人工智能也走上了历史的舞台。剪映专业版更新了许多智能创作工具,在这些工具的帮助下,用户能够更高效地剪辑视频。

8.1 智能成片

剪辑视频时总会遇到灵感不够的情况,使用剪映专业版的"AI智能成片"功能可以快速制作视频。

8.1.1 智能剪口播

口播类视频以语言为传达信息的主要手段,制作成本低、实操难度小,但口播状态直接决定视频质量。

拍摄好口播视频之后,不能直接使用拍摄的素材,因为人在面对镜头时难免会紧张,录制时就会出现忘词、重复、停顿过长等情况。剪映专业版5.3.5推出了"智能剪口播"功能,用户导入素材后,单击时间轴区域上方的"智能剪口播"按钮■,如图8-1所示;剪映专业版会弹出提示框,并进行分析,如图8-2所示。视频长度越长,分析所用的时间也就越长。

图8-1

图8-2

分析完成后,剪映专业版整个界面会发生变化,原有工作界面的左侧会出现一个窗口,在该窗口中能够看到剪映专业版识别的字幕文案,可以在该窗口中像在线编辑文档那样编辑整个视频的字幕,也可以通过搜索框快速检索需要的部分。用户选中某部分文字时,可以看到时间轴区域中对应的视频部分也被选中了;同时,用户可以对被选中的部分进行删除或使用文字模板操作,如图8-3所示。

除此之外,剪映专业版还能自动识别并标记无效文案和视频片段,如停顿、语气词和重复等,选中标记的无效片段后,用户可以执行删除或取消标记操作,如图8-4所示。

例如,执行删除操作后,可以看到标记部分已经消失,时间轴区域的视频素材相应部分则做了分割删除操作,如图8-5所示。

图8-3

图8-4

图8-5

8.1.2 实战：应用模板

本实战使用剪映专业版的"模板"功能，通过替换模板中的原有素材制作一个视频，详细步骤如下。

01 启动剪映专业版，打开"模板"选项栏，在收藏的模板中找到合适的模板，如图 8-6 所示。

图8-6

02 单击该模板，预览模板效果，单击"使用模板"按钮，如图 8-7 所示，剪映专业版会自动生成一个剪辑草稿。

图8-7

03 进入工作界面，导入名为"素材 1"~"素材 4"的视频素材至素材管理窗口，如图 8-8 所示。

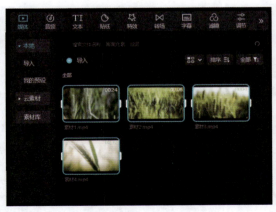

图8-8

04 拖曳素材至时间轴区域的替换部分，即可实现素材的替换，如图 8-9 所示。

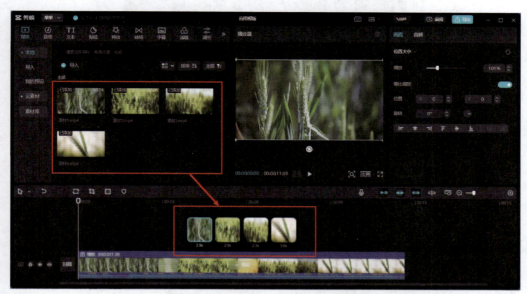

图8-9

05 预览视频，画面效果如图 8-10 至图 8-13 所示。

图8-10　　　　　　　　图8-11

图8-12　　　　　　　　图8-13

8.1.3　实战：图文成片

本实战使用剪映专业版的"图文成片"功能、"朗读"功能制作一个以杭州西湖旅游为主题的视频，详细步骤如下。

01 启动剪映专业版，单击"图文成片"按钮，如图 8-14 所示。

211

图8-14

02 进入"图文成片"功能界面,选择"旅行感悟"选项,输入关键词,选择视频时长,生成文案后适当调整文案内容,并选择合适的朗读音色,如图 8-15 所示。

03 单击"生成视频"按钮,选择"使用本地素材"选项,如图 8-16 所示。

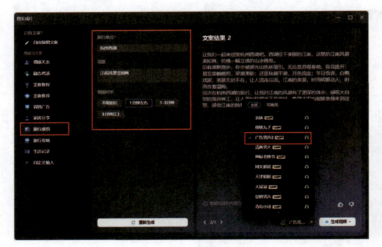

图8-15   图8-16

04 剪映专业版会自动生成一个剪辑草稿,并在时间轴区域内自动添加字幕、配音和背景音乐,如图 8-17 所示。

图8-17

05 导入名为"西湖1"~"西湖6"的视频素材至素材管理窗口,如图8-18所示。

06 添加名为"西湖1"的视频素材至时间轴区域,并调整"西湖1"视频素材的时长为8秒,如图8-19所示。

图8-18

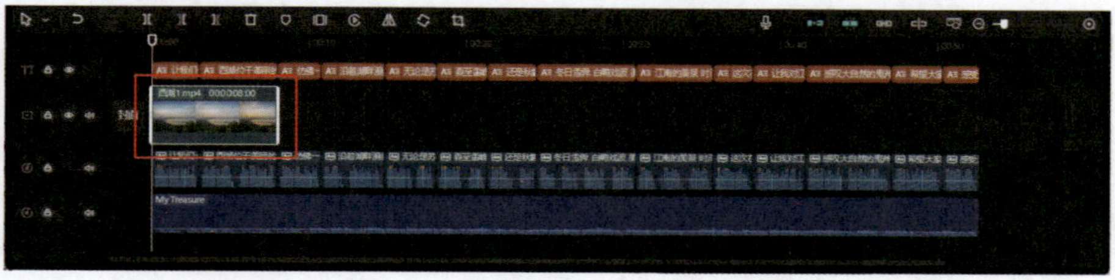

图8-19

07 添加名为"西湖2"的视频素材至时间轴区域,并调整"西湖2"视频素材的时长为6秒50帧,如图8-20所示。

图8-20

08 添加名为"西湖4"的视频素材至时间轴区域,并调整其时长为16秒,如图8-21所示。

图8-21

213

09 添加名为"西湖3"的视频素材至时间轴区域,并调整其时长为4秒55帧,如图8-22所示。

图8-22

10 添加名为"西湖5"的视频素材至时间轴区域,并调整其时长为5秒50帧,如图8-23所示。

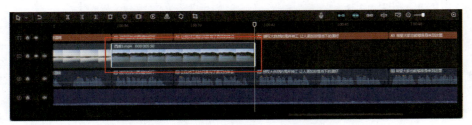

图8-23

11 添加名为"西湖6"的视频素材至时间轴区域,并调整其时长为11秒5帧,如图8-24所示。

图8-24

12 选中时间轴区域内的所有字幕素材,调整字幕素材样式,如图8-25和图8-26所示,让字幕效果更好。

图8-25

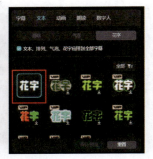

图8-26

13 预览视频，画面效果如图 8-27 所示。

图8-27

8.1.4 实战：智能镜头分割

本实战使用剪映专业版的"智能镜头分割"功能制作一个短视频，详细步骤如下。

01 导入一段名为"三伏天"的视频素材至素材管理窗口，并添加至时间轴区域，如图 8-28 所示。

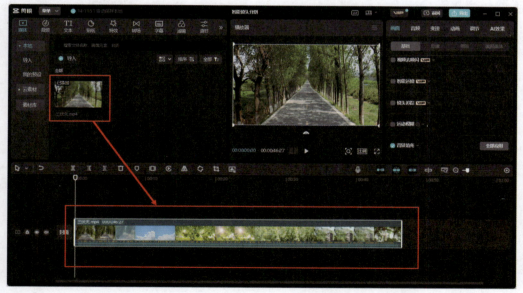

图8-28

215

02 选中时间轴区域内的素材，右击该素材，弹出快捷菜单，选择"智能镜头分割"命令，如图 8-29 所示。开始分割后，剪映专业版会弹出对话框提示进度，如图 8-30 所示。

03 分割完成后，效果如图 8-31 所示，可以看到时间轴区域的素材已经被分割好了。

图8-29

图8-30

图8-31

04 选中时间轴区域内保留下来的视频素材，右击，弹出快捷菜单，选择"分离音频"命令，将素材中的音频分离出来，如图 8-32 所示。

图8-32

05 删除音频素材，删除后效果如图 8-33 所示。

图8-33

06 在素材管理窗口中，切换至"音频"模块，在"音乐素材"的"众声万象"分类下找到合适的背景音乐，将其添加至时间轴区域，并调整音频素材时长，使之与视频素材时长保持一致，如图 8-34 所示。

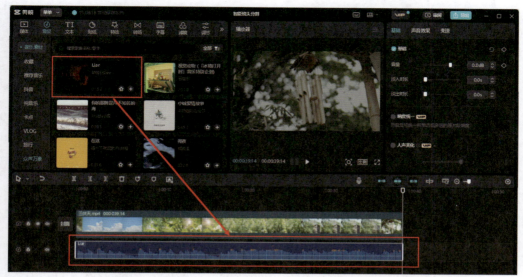

图8-34

07 切换至"滤镜"模块,在"滤镜库"的"风景"分类下找到合适的滤镜效果,将其添加至时间轴区域,并调整滤镜效果时长,使之与视频素材时长保持一致,如图 8-35 所示。

图8-35

08 预览视频，画面效果如图 8-36 所示。

图8-36

8.2 AI生成与编辑素材

目前剪映专业版推出了许多 AI 相关的功能，如 AI 生成贴纸、智能打光、智能搜索等。通过这些功能，用户可以更好地对视频画面进行调整，以获得良好的效果。

8.2.1 AI生成贴纸

剪映专业版的"贴纸"模块为用户提供了"AI 生成"功能。切换至"贴纸"模块，选择"AI 生成"选项，如图 8-37 所示。用户可以在参数设置中选择合适的画风，如"卡通风""3D 风""拼贴风"等，如图 8-38 所示。

除此之外，用户可以单击"灵感"按钮，打开"灵感"对话框，其中提供了多种贴纸样式供用户选择，如图 8-39 所示。

图8-37

图8-38

图8-39

在"描述画面"文本框中输入关键词后，单击"立即生成"按钮，剪映专业版就开始生成相关的贴纸样式，开始生成前，剪映专业版会弹出授权提示，如图 8-40 所示。用户允许后才会开始生成，生成后的样式如图 8-41 所示。

图8-40

图8-41

生成后用户就可以像使用正常贴纸那样将其添加到时间轴区域，并应用在视频画面中，如图 8-42 所示。同时，用户可以将这些生成的贴纸素材下载至本地，在其他剪辑项目中使用。

图8-42

8.2.2 智能打光

拍摄素材时，难免会遇到光线不够好的情况，这样拍摄出的素材往往达不到预期效果。剪映专业版的"智能打光"功能可以直接模拟现实中的打光效果，弥补拍摄时的不足。

在检查器窗口中勾选"智能打光"复选框，即可开启"智能打光"功能。剪映专业版为用户提供了多种打光效果，当用户使用某打光效果后，剪映专业版会根据使用的打光效果在预览窗口中用圆圈提示光源位置，用箭头提示打光方向，如图 8-43 所示。

选择某打光效果后，可以调整相应参数来调整打光效果，可调整的参数如图 8-44 所示。

图8-43

图8-44

8.2.3 超清画质

剪辑过程中有时会遇到素材画质不高的情况，这个时候用户就可以使用剪映专业版的"超清画质"功能对画面进行一定程度的修复，为观众提供更好的视觉感受。

导入素材后，选中时间轴区域中的素材，在检查器窗口中勾选"超清画质"复选框，即可开启"超清画质"功能。剪映专业版提供了两个修复等级，分别是"高清"和"超清"，默认使用"超清"，勾选后会在右上方提示处理进度，如图 8-45 所示。

图8-45

应用"超清画质"功能修复前后的对比效果如图 8-46 和图 8-47 所示。

图8-46

图8-47

8.2.4 智能搜索

用户在素材管理窗口中导入素材后，可以直接在搜索框中输入关键词，剪映专业版会根据关键词自动进行检索，如图 8-48 所示。

除此之外，剪映专业版还会根据素材画面自动识别人物，这样用户可以通过单击搜索框下方弹出的人物头像直接检索该人物出现的素材画面，如图 8-49 所示。

图8-48

图8-49

8.2.5 智能声音美化

剪映专业版还可以直接对包含了人声的视频或音频进行智能美化，开启"人声美化"功能后，软件会自动处理素材中的混响、喷麦、杂音等瑕疵。

导入素材后，选中时间轴区域内需要处理的素材，在检查器窗口中切换至"音频"模块，开启"人声美化"功能后，设置"美化强度"参数即可，如图8-50所示。

图8-50

8.2.6 克隆音色

剪映专业版的"朗读"模块提供了多种音色，极大地方便了视频剪辑工作。若用户仍对现有的音色不够满意，就可以使用"克隆音色"功能来模拟自己的音色为视频配音。

在剪映专业版中导入素材后，添加一段字幕素材，选中字幕素材，在检查器窗口中切换至"朗读"模块，在"克隆音色"选项卡下单击"点击克隆"，如图8-51所示。

图8-51

在弹出的对话框中同意隐私协议后,单击"去录制"按钮,即可开始录制,如图 8-52 所示。

随后剪映专业版会弹出录制对话框,并为用户提供了例句,如图 8-53 所示,单击底部的"点按开始录制"按钮即可录制声音。

图8-52

图8-53

录制 10 秒后,剪映专业版会自动生成克隆音色,用户可以使用克隆音色朗读各种文本,甚至是英文文本。

8.3 AI字幕

在剪映专业版中,AI 在字幕中也有所运用。本节将讲解剪映专业版中 AI 字幕的使用方法。

8.3.1 AI生成

在剪映专业版中，可以通过 AI 生成与文案风格更加匹配的文本效果，而 AI 生成文本效果的界面与前面 AI 生成贴纸的界面类似，如图 8-54 所示。

和 AI 生成贴纸一样，AI 生成文本时，用户只需要输入相关内容，剪映专业版便会根据输入内容自动生成文本效果，如图 8-55 所示。

图8-54

图8-55

如果用户对于当前样式没有好的灵感，也可以单击"灵感"按钮，打开"灵感"对话框，在其中寻找合适的样式，如图 8-56 所示。

剪映专业版会根据用户输入的内容推荐合适的字体，用户也可以对文本字体进行一定的调整，如图 8-57 所示。

图8-56

图8-57

8.3.2 文稿匹配

使用剪映专业版的"文稿匹配"功能，可以将文稿内容与视频素材相匹配，这样用户后续剪辑的工作量会少很多。

"文稿匹配"功能位于"文本"模块中,切换至"文本"模块后,即可在"智能字幕"选项栏中看到"文稿匹配"功能,单击"开始匹配"按钮,如图 8-58 所示。

在打开的"输入文稿"对话框中输入文稿内容,输入完成后单击右下角的"开始匹配"按钮,如图 8-59 所示,即可进行文稿匹配操作。

图8-58

图8-59

匹配完成后,时间轴区域会自动生成可调整的字幕素材,如图 8-60 所示。

图8-60

> **提示** • 文稿匹配的精准度不甚理想,用户在使用该功能后仍需进行校准。使用"文稿匹配"功能生成的字幕素材与其他字幕素材没有什么不同,用户可以在字幕生成后自行调整以获得更好的画面效果。

8.3.3 智能文案

文案创作需要灵感,但灵感不是时时刻刻都有的。剪映专业版的"智能文案"功能能够帮助用户快速创作出文案。

在时间轴区域中添加了字幕素材后,选中字幕素材,检查器窗口文本输入框的右下角是"智能文案"功能的入口,如图 8-61 所示。

单击"智能文案"按钮,可以看到该功能支持生成口播文案和营销文案,如图 8-62 所示。

图8-61

图8-62

输入要求后按 Enter 键即可生成文案，剪映专业版会提示生成进度，如图 8-63 所示。

生成后的文案如图 8-64 所示，用户可以选择将其自动拆分成字幕或者生成新的文案。

图8-63

图8-64

选择自动拆分成字幕后，时间轴区域如图 8-65 所示。对于生成的字幕素材，用户可以随意调整以改变字幕样式，使视频画面效果更好。

图8-65

8.3.4 实战：制作数字人口播视频

本实战使用剪映专业版的"数字人"功能、"智能文案"功能和"文本"功能制作一个数字人口播视频，详细步骤如下。

01 导入一段名为"长城"的视频素材至素材管理窗口，并将其添加至时间轴区域，如图 8-66 所示。

图8-66

02 切换至"文本"模块，单击"添加到轨道"按钮 ⊕ ，添加一段字幕素材至时间轴区域，如图 8-67 所示。

图8-67

03 选中字幕素材，在检查器窗口中使用"智能文案"功能输入要求，如图8-68所示，按Enter键开始生成口播文案。

04 生成文案后，选择合适的文案效果，并对内容进行适当修改，单击"确认"按钮，如图8-69所示。

图8-68　　　　　　　　　　　　　　　　　　　　图8-69

05 生成文案后会自动在时间轴区域生成拆分好的字幕素材，并删除之前添加的字幕素材，如图8-70所示。

图8-70

06 选中刚刚添加的所有字幕素材，在检查器窗口中切换至"数字人"模块，选择合适的数字人效果，单击"添加数字人"按钮，如图8-71所示，添加数字人效果。

07 添加后，时间轴区域会自动生成一段视频素材，如图8-72所示。

图8-71

图8-72

08 调整数字人视频素材所处位置，如图 8-73 所示。

图8-73

09 选中数字人视频素材，在检查器窗口中调整该素材的参数，如图 8-74 所示。

10 选中时间轴区域的所有字幕素材，在检查器窗口中调整字幕素材的参数，如图 8-75 和图 8-76 所示。

图8-74

图8-75

图8-76

11 切换至"音频"模块,在"音乐素材"的"国风"分类下找到合适的背景音乐,将其添加至时间轴区域,并调整音频素材时长,使之与视频素材时长保持一致,如图 8-77 所示。

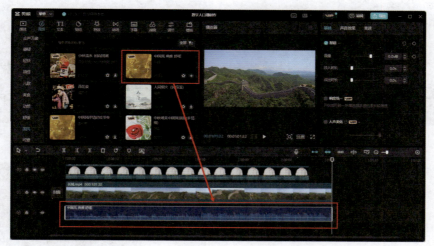

图8-77

12 预览视频,画面效果如图 8-78 所示。

图8-78

8.4 AI特效

剪映专业版还将 AI 运用到特效中,用户可以使用"镜头追踪""智能运镜""智能图片拓展"等功能制作不一样的画面效果。

8.4.1 镜头追踪

"镜头追踪"功能能够自动识别画面中的人物,并对人物特定部位进行镜头追踪。导入素材至时间轴区域,选中需要进行镜头追踪的素材,在检查器窗口中开启"镜头追踪"功能,并选择追踪部位,如图 8-79 所示。

选定追踪部位后单击右下角的"开始"按钮,即可开始智能追踪,窗口左上角会提示镜头追踪处理进度,如图 8-80 所示。

图8-79

图8-80

完成追踪后,用户可以调整镜头追踪的相关参数,改善画面,如图 8-81 所示。但通过软件进行的追踪会存在一定的瑕疵。

图8-81

8.4.2 智能运镜

"智能运镜"是剪映专业版的一个特色功能,它可以智能模拟运镜,为画面制作动感效果。用户选中素材后,在检查器窗口中即可开启该功能,如图 8-82 所示。剪映专业版提供了 4 种预设,选择某种预设并调整相关参数就能改变运镜效果。

图8-82

8.4.3 智能图片拓展

"智能图片拓展"功能能够根据导入的图片，使用 AI 算法拓展画面内容，满足用户的需求。

在检查器窗口中切换到"AI 效果"模块，勾选"玩法"复选框后，选择"智能扩图Ⅰ"或者"智能扩图Ⅱ"即可，如图 8-83 所示。

图8-83

图片拓展前后效果分别如图 8-84 和图 8-85 所示。

图8-84　　　　　　　　　　　　图8-85

8.4.4 实战：制作AI写真效果视频

本实战使用剪映专业版的"AI 写真"功能制作一个 AI 写真效果视频，详细步骤如下。

01 导入一张名为"女生"的图片素材至素材管理窗口，并将其添加至时间轴区域，如图 8-86 所示。

02 选中时间轴区域的图片素材，在检查器窗口中切换至"AI 效果"模块，开启 AI 玩法，并切换至"AI 写真"选项卡，如图 8-87 所示。

03 选择合适的 AI 写真效果，如图 8-88 所示。

04 在素材管理窗口中，切换至"音频"模块，在搜索框中输入关键词"异域"后按 Enter 键，找到合适的背景音乐，将其添加至时间轴区域，并调整背景音乐时长，使之与图片素材时长保持一致，如图 8-89 所示。

图8-86

图8-87

图8-88

图8-89

05 选中音频素材，在检查器窗口中适当调整其参数，如图 8-90 所示。

06 预览视频，画面效果如图 8-91 所示。

图8-90　　　　　　　　　　　　　　　　　　　　　　图8-91

提示 • AI写真效果仅能应用在图片素材上，不能应用在视频素材中。

8.4.5　实战：制作AI绘画效果视频

本实战使用剪映专业版的"AI 绘画"功能制作一个 AI 绘画效果视频，详细步骤如下。

01 导入一张名为"少女"的图片素材至素材管理窗口，然后将其添加至时间轴区域，如图 8-92 所示。

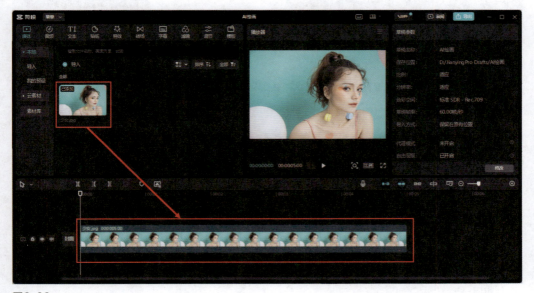

图8-92

233

02 选中时间轴区域的图片素材，在检查器窗口中切换至"AI 效果"模块，开启 AI 玩法，在"AI 绘画"选项卡中选择合适的绘画效果，如图 8-93 所示。

图8-93

03 在素材管理窗口中，切换至"特效"模块，在"特效库"的"光"分类下找到合适的特效，将其添加至时间轴区域，调整特效时长和图片素材时长，使它们保持一致，并适当调整特效的强度，如图 8-94 所示。

图8-94

04 切换至"音频"模块，在"音乐素材"的"众声万象"分类下找到合适的背景音乐，将其添加至时间轴区域，如图 8-95 所示。

05 移动时间线至 2 秒处，选中音频素材，单击常用工具栏中的"向左裁剪"按钮，如图 8-96 所示。

234

图8-95

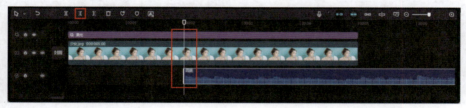

图8-96

06 调整音频素材位置，使音频素材时长与图片素材时长保持一致，如图 8-97 所示。

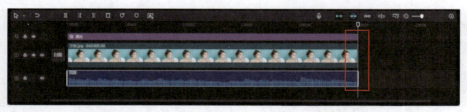

图8-97

07 预览视频，画面效果如图 8-98 所示。

图8-98

235

8.4.6 实战：制作AI特效视频

本实战使用剪映专业版的"AI 特效"功能制作一个 AI 特效视频，详细步骤如下。

01 导入名为"午后"的视频素材至素材管理窗口，并添加至时间轴区域，如图 8-99 所示。

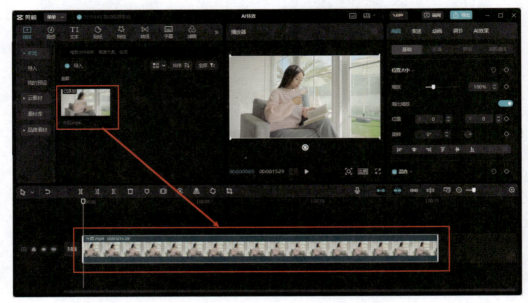

图8-99

02 调整时间轴区域的视频素材时长为 10 秒，如图 8-100 所示。

图8-100

03 选中时间轴区域的视频素材，在检查器窗口中切换至"AI 效果"模块，开启"AI 特效"功能后，选择合适的 AI 特效，在下方文本框中输入要求，单击"生成"按钮，如图 8-101 所示。开始生成后，剪映专业版会提示生成进度，如图 8-102 所示。

图8-101

图8-102

04 此时会生成多种不同的 AI 效果，示例如图 8-103 所示。

提示 • 该功能仅能根据10秒及10秒内的视频素材或图片素材进行生成。

图8-103

8.4.7 实战：制作AI古风穿越视频

本实战使用剪映专业版的 AI 玩法功能制作一个 AI 古风穿越视频，详细步骤如下。

01 导入名为"古风"的图片素材至素材管理窗口，并添加至时间轴区域，如图 8-104 所示。

图8-104

02 选中时间轴区域的图片素材，在检查器窗口中切换至"AI效果"模块，开启AI玩法，在"热门"选项卡下选择名为"古风穿越"的AI效果，如图8-105所示。

图8-105

03 在素材管理窗口中，切换至"音频"模块，在"音乐素材"的"国风"分类下选择合适的背景音乐，将其添加至时间轴区域，并调整音频素材时长，使之与主轨上素材的时长保持一致，如图8-106所示。

图8-106

04 预览视频，画面效果如图8-107所示。

图8-107

CHAPTER NINE

第 9 章
短视频综合实战

经过前面的学习，相信读者已经能够熟练使用剪映专业版来进行视频剪辑了。但制作一个好的短视频不仅需要高超的剪辑技巧，也需要短视频创作者的精巧构思。本章将结合实际案例讲解几种常见短视频的剪辑思路和流程，帮助读者更好地掌握短视频剪辑技巧。

9.1 口播视频制作

真人出镜的口播类视频是当下比较流行且比较容易拍摄的一种视频形式。本节将介绍如何制作口播视频。

9.1.1 口播视频的制作流程

一个口播视频的制作流程大致可以分为 9 个步骤，如图 9-1 所示。

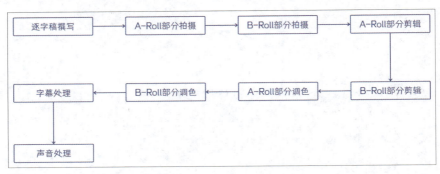

图9-1

提示 • A-Roll是指画面中有人物的视频素材，B-Roll是指画面中没有人物的视频素材。使用A-Roll和B-Roll分类能够更高效地进行剪辑，同时也能统一同类型素材的风格，从而制作出画面更和谐的口播视频。

9.1.2 口播视频案例解析

本小节将对口播视频的制作要点进行说明。

口播视频要有人物出场的画面，也要有空镜画面，同时要有配音和便于观众理解的字幕，当然配上合适的背景音乐也很重要，案例效果如图 9-2 所示。

图9-2

本案例制作要点

- 导入素材后，调整视频画面比例为 9:16，并设置视频素材的大小，使其符合观众的观看习惯。
- 根据素材类型进行分类，先剪辑 A-Roll 部分，再剪辑 B-Roll 部分。
- 完成剪辑后对 A-Roll 部分和 B-Roll 部分进行调整，让画面的表现效果更好，实现画面风格的统一。
- 添加合适的背景音乐，调整背景音乐和人声部分的音量，避免因背景音乐音量过大、人声部分音量过小，而听不清口播内容。
- 输入逐字稿，自动添加字幕，调整字幕样式和参数，将字幕和人声对应起来，便于观众理解。

9.2 电商短视频制作

随着短视频行业的发展，使用短视频宣传商品成了电商扩大销售的方式之一。很多商家会在短视频中对产品进行相关介绍，通过直观的画面激发消费者的购买欲望。

本节将介绍如何制作电商短视频。

9.2.1 电商短视频制作要点

电商短视频多为宣传短片或评测短片。与平面的宣传图文不同，视频能够较为直观、全面地对产品进行展示，包括产品的外形、功能、使用场景等。下面将对电商短视频的制作要点进行说明。

1. 突出产品

此类短视频的绝对主角就是产品，因此在制作视频时，重点需要放在表现产品上。

但这并不意味着只要将产品放在画面中进行展示就可以了，不同产品具有不同特性，而短视频需要做的是将此特性直观地表现出来。在制作此类短视频时，需要通过多种方式来突出产品特性，从而激发消费者的购买欲望，而这也需要更多思考、更多创意尝试。

2. 注重文字标签、文案内容

文字是对画面的补充，标签、字幕等文字内容对电商短视频来说非常重要。

一个合格的电商短视频既需要向观众展示产品的外观，也要让消费者能够直观地获得产品的名称、价格以及店铺名称、购买渠道、折扣优惠等信息，如图 9-3 所示。这样才有可能将观众转换为潜在的产品消费者。

3. 把握视频节奏

电商短视频需要在较短的时间内介绍产品，激发观众的购买欲望，节奏往往较快，画面转场也比较注重视觉效果。但此类短视频又与更为注重视觉冲击力的酷炫类短视频不同，它需要给观众留下足够的时间捕捉关键信息。因此，在制作此类短视频时，需要根据产品的具体情况，精心规划并设计整个视频的节奏。

图9-3

9.2.2 电商短视频拍摄注意事项

一个好的电商短视频在拍摄时要注意以下几点。

1. 素材镜头

一个电商短视频应该具有产品全貌、细节特写、主观使用视角，这三者缺一不可，少了任何一个都会影响视频整体质量。

2. 剪辑节奏

剪辑时不需要太过注意画面是否精美，而更应注意节奏切换，并具有分镜意识。

9.2.3 电商短视频案例解析

很多做电商的人都已经开始使用短视频进行宣传，以吸引更多消费者进入自己的店铺购买产品。本案例展示的是一个无线话筒的宣传视频，如图 9-4 所示。

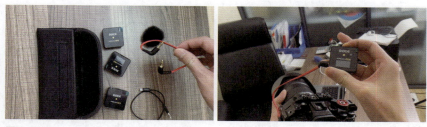

图9-4

本案例制作要点

- 调整视频素材画面比例为 16 : 9，便于观众观看。
- 剪掉视频素材中多余的气口，保持视频连贯、自然。
- 结合 1.3 节的景别搭配原则，合理安排视频中的景别，从而把握视频的节奏。

9.3 探店视频制作

探店类视频和 Vlog 一样，非常简单，甚至使用剪映 App 就可以制作。本节将介绍探店视频的制作流程和案例解析，帮助读者了解这类视频的制作过程。

9.3.1 探店视频的制作流程

探店视频的制作非常简单，只需做好拍摄前准备、到店拍摄、视频制作及上线 3 个环节，如图 9-5 所示。

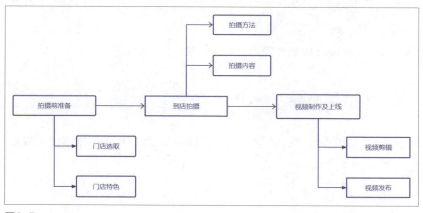

图9-5

9.3.2 探店视频案例解析

探店视频是很多人在选择美食前都会去看的一类短视频，如图 9-6 所示。观众通过这类短视频了解想去的店铺的情况，而后再做决定是否前往该店进行消费。很多商家也会拍摄探店视频为自己的店铺进行宣传。

图9-6

本案例制作要点

- 根据拍摄的素材撰写逐字稿，介绍门店情况、食物口味等。
- 导入逐字稿后自动添加字幕，使用 AI 配音，朗读逐字稿，便于观众理解。
- 剪掉 AI 配音中的气口，保持视频的连贯流畅。
- 结合景别搭配原则，合理安排视频素材。

9.4 日常Vlog制作

Vlog 又叫视频博客，其内容大多来源于生活。在这个人人都能拿起手机进行拍摄的时代，Vlog 能够使人随性记录、随性分享。

本节将介绍日常 Vlog 的制作要点，并结合实际案例进行解析。

9.4.1 日常Vlog的制作要点

相比其他形式的短视频，日常 Vlog 更注重表现视频制作者对生活的记录和阐述。日常 Vlog 制作要点如下。

1. 确定主题和内容方向

日常 Vlog 的内容来自生活中的零星小事，所涉及的领域非常广泛，因为每个人的生活各不相同。除了记录日常生活，还可以在自己擅长的领域挖掘主题进行有意识的创作。

日常 Vlog 也有很多不同的方向。例如，如果制作者喜欢烹饪，对美食也很感兴趣，那么既可以拍摄美食烹饪 Vlog，也可以拍摄美食探店 Vlog；如果制作者是一个厨房小白，可以制作周期目标 Vlog，对自己学习烹饪的过程进行记录，成为成长系美食博主。

2. 控制时长，增强表现力

抖音中短视频的时长一般在 60 秒以内，甚至还有 15 秒以内的。而一般日常 Vlog 的时长都在 3~5 分钟，还有 10 分钟乃至更长的。

因此，如果想在抖音这类短视频平台发布日常 Vlog，那么就需要控制视频时长，选取最精彩、最具有表现力的片段，这就需要制作者多观察、多尝试了。

9.4.2 日常Vlog案例解析

生活不止柴米油盐，用心寻找就能在细微处发现很多有趣的瞬间。用镜头记录生活的点点滴滴，用文字记录内心的感受，将两者结合起来，就是一个日常 Vlog 了，如图 9-7 和图 9-8 所示。

图9-7   图9-8

本案例制作要点

- 选择合适的背景音乐，并为其添加淡入、淡出效果，让音频入场、出场自然。
- 结合景别搭配原则在拍摄的素材中选择合适的素材。
- 撰写与画面相匹配的文案。添加字幕后调整字幕参数，使字幕表现效果更好。

9.5 热门音乐视频制作

本节将结合实际案例解析热门音乐视频的制作要点,如图9-9和图9-10所示。

图9-9

图9-10

本案例制作要点

- 添加一段合适的背景音乐至时间轴区域,并根据背景音乐选择合适的视频素材。
- 根据音乐节拍和"有松有紧"的景别搭配原则,调整视频素材的播放速度,让视频画面表现更好。
- 适当调整视频素材的各项参数,统一画面色彩风格。
- 添加字幕素材,并调整字幕参数,避免字幕影响视频画面(如遮挡等)。

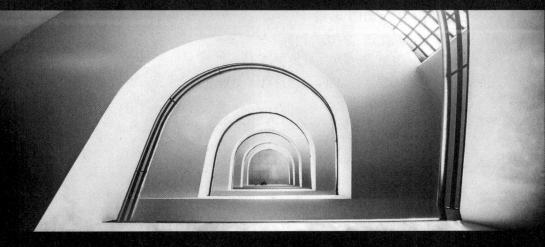

开源项目成功之道

图书在版编目（CIP）数据

开源项目成功之道 ／（美）约翰·梅尔蒂卡
(John Mertic) 著 ；孙振华，林旅强译. -- 北京 ：人
民邮电出版社，2025. -- ISBN 978-7-115-65575-2

Ⅰ．TP311.52

中国国家版本馆 CIP 数据核字第 2024H46X08 号

版权声明

Copyright © Packt Publishing 2024. First published in the English language under the title *Open Source Projects - Beyond Code:A blueprint for scalable and sustainable open source projects*. All Rights Reserved.

本书简体中文版由英国 Packt Publishing 公司授权人民邮电出版社有限公司出版。未经出版者书面许可，对本书的任何部分不得以任何方式或任何手段复制和传播。
版权所有，侵权必究。

◆ 著　　　［美］约翰·梅尔蒂卡（John Mertic）
　译　　　孙振华　林旅强
　责任编辑　秦　健
　责任印制　陈　犇

◆ 人民邮电出版社出版发行　北京市丰台区成寿寺路 11 号
　邮编　100164　电子邮件　315@ptpress.com.cn
　网址　https://www.ptpress.com.cn
　三河市中晟雅豪印务有限公司印刷

◆ 开本：720×960　1/16
　印张：18　　　　　　　　　2025 年 6 月第 1 版
　字数：231 千字　　　　　　2025 年 6 月河北第 1 次印刷
　著作权合同登记号　图字：01-2023-5766 号

定价：89.80 元
读者服务热线：(010)81055410　印装质量热线：(010)81055316
反盗版热线：(010)81055315

内容提要

本书全面深入地探讨了开源项目的生态,不仅揭示了开源文化的精髓,还提供了实践指南,帮助读者在开源世界中找到自己的位置并发挥影响力。本书共分为三部分:首先,介绍了开源的基础知识、历史背景和选择开源的动机等;其次,深入探讨了如何运营开源项目,包括建设社群、处理冲突和应对增长等;最后,揭示了开源项目商业化的途径和策略,分析了不同的商业化模式,并指导读者为开源项目设定清晰的商业方向。

本书不仅适合对开源软件感兴趣的读者、IT 从业人员以及致力于开源健康发展的人员阅读参考,还适合作为高等院校相关专业的开源教育读物。

特别感谢一直支持我的妻子 Kristy，以及孩子们——Mallory、Carter、Yin Bai 和 Zarah，感谢你们一直以来的爱和鼓励，尤其是当我从事各种古怪的事情时，如写这本书的时候。

——John Mertic

推荐序

自由软件运动发端于个人计算机及软件产业起飞的 20 世纪 80 年代初期，而"开源"这一术语出现在个人计算机及软件产业如日中天、新兴互联网产业泡沫蓬勃兴起的 20 世纪 90 年代后期。我们注意到，在个人计算机时代，开源创新很"煎熬"，而在互联网时代，开源创新很"光鲜"！这是为什么？从表象上看，在个人计算机时代，开源创新没有取得商业成功，而在互联网时代，开源创新造就了互联网产业的蓬勃发展。从深层次看，开源创新在互联网时代成为主流，我认为至少是以下 4 个因素共同作用的结果。

第一，开源是应对不确定性时代挑战的重要创新模式。面对互联网产业的巨大不确定性，创新者通过开放源代码，以更低的成本吸引更多创新同路人和"新潮"消费者参与到新技术新产品的迭代和传播之中，以寻求将边缘低端产品迅速转变为主流高端产品。第二，开源是挑战行业垄断者的重要创新途径。20 世纪 90 年代，微软是个人计算机时代的垄断者，并试图利用其在个人计算机上的垄断地位将其控制力延伸至新兴的互联网产业。然而，互联网时代的不确定性远非微软的闭源模式所能驾驭，以 Google 为代表的互联网挑战者坚持走开源发展路线，成功打破了微软的垄断企图，成为互联网时代的商业赢家。第三，开源是激发创新者及其社区创新活力的重要创新手段。通过开放源代码，开发者可以自由地参与开源项目，形成自组织的群体协作模式，正是这样一种开放协作机制，鼓励开源社区的广泛参与和贡献，最大化了创新的可能性。

第四，开源是保障软件安全发展的"阳光"创新机制。广大开源社区参与者成为发现和解决软件问题的主要力量，任何软件问题在无数开发者的"众目睽睽"之下都"无处遁形"。

相较互联网时代的开源成功，面对扑面而来的智能化时代，开源创新逻辑依然有效吗？我认为，开源创新仍是智能化时代全球技术创新的重要引擎，其成功的关键要素没有改变。第一，人工智能时代，开源作为应对不确定性挑战的创新模式，其内在逻辑没有变。有一种说法，在ChatGPT之后，大模型作为人工智能的主流技术路线就确定了，也就是说，人工智能技术路线的不确定性消失，开源发展的生态土壤不复存在。事实上，人工智能的不确定性依然存在。首先，大模型如何盈利尚未达成共识，多元探索势不可挡；其次，大模型能否实现通用人工智能尚存争议。第二，人工智能时代，开源作为挑战行业垄断的创新途径，其内在逻辑没有变。进入 21 世纪以后，Google 虽然被视为人工智能领域的先行者，但其开源意愿逐渐减弱。OpenAI 以挑战人工智能垄断者的姿态出现，却在取得大语言模型领先地位后转向闭源。Meta 为抗衡 OpenAI，重新扛起开源大旗，吸引了大量规模追随者。人工智能时代的开源与闭源之争将长期存在。第三，人工智能时代，开源作为激发创新者活力之创新手段，其内在逻辑没有变。越来越多的人工智能研究者更加倾向于开放自己的研究成果，从而获得同行的关注和参与。第四，人工智能时代，开源作为保障安全发展的"阳光"机制，其内在逻辑没有变。相较之少数人声称让他们负责人工智能的安全，人们更倾向于开源安全的"阳光"机制，即通过大众参与保障人工智能的安全发展。

开源创新给中国带来了什么？中国应该在智能化时代的开源实践中扮演什么角色？中国作为全球开源创新的学习者和参与者，是开源的受益者也是开源的贡献者。过去 30 多年，中国开源实践已经经历"学习借鉴"和"参与融入"两个重要阶段，正迈向"蓄势引领"新周期。在全球开源生态网络中，虽然随着技术时代的变迁，开源生态网络中的"超级节点"也随之变化，但新的"超级节点"几乎都是由美国或美国的行为主体主导。智能化时代开源生态网络中新的"超级节点"会不会出现在中国？这是中国科技界和产业界十分关注的问题。我认为，在智能化时代，全球开源生态网络一定会出现新的"超级节点"，中国的科技发展和产业发展环境具有孕育智能化时代全球开源生态网络"超级节点"的土壤，中国已经出现根植于中国实践的、有潜力的开源"根社区"。但是中国还没有将"根社区"运营成有全球影响力的开源项目和社区的成功案例，中国还需要继续学习、持续探索。

这正是本书翻译出版的现实意义。本书的作者结合其自身开源实践，系统地介绍了开源项目及其社区生态的运营和商业化策略。这本书不仅揭示了开源文化的精髓，还提供了实践指南，帮助读者在开源世界中找到自己的位置并发挥影响力。书中的内容涵盖了开源的基础知识、历史背景、选择开源的动机，以及如何运营开源项目，包括建设社群、处理冲突和应对增长等关键主题。更难能可贵的是，作者还分享了开源项目商业化的途径和策略，为读者提供了清晰的商业方向指导。

历史经验可以给我们启发，但应对新的时代挑战需要新的探索。他人的成功可以给我们激励，但应对我们自己的问题需要新的突破。让我们一起期待开源项目更加繁荣的未来，期待中国开源力量在全球生态中找准定位，发挥影响力。

王怀民
中国科学院院士
中国计算机学会（CCF）会士
CCF 开源发展委员会主任
中国软件行业协会理事长

贡献者

关于作者

John Mertic 是 Linux 基金会的项目管理总监。他领导并帮助 ASWF、ODPi、开放大型机项目和 R 联盟加速了开源创新和产业转型。John 的开源职业生涯跨越 20 年,他既是 SugarCRM 和 PHP 等项目的贡献者,也是 SugarCRM、OW2 和 OpenSocial 的开源领导者。凭借广泛的开源背景,他每年都会在各种 Linux 基金会活动和其他行业展会上发表演讲。John 还是一位作家,热衷于写作,他撰写了两本书——*The Definitive Guide to SugarCRM: Better Business Applications* 和 *Building on SugarCRM*,并在在线平台 IBM DeveloperWorks 和 Apple Developer Connection 上发表过文章。

我要感谢我充满爱心和耐心的妻子 Kristy,以及孩子们——Mallory、Carter、Yin Bai 和 Zarah,感谢他们在我写这本书的漫长过程中一直给予我的支持、耐心和爱。也感谢我在过去 20 年中有幸参与的所有开源项目,因为如果没有它们,我就不会有这些经历。

关于审稿人

Guy Martin 是英伟达公司的开源和标准总监,他与 Omniverse 团队合作，帮助他们利用和贡献重要的开放 3D 项目和标准，如通用场景描述（Universal Scene Description，USD）、材质定义语言（Material Definition Language，MDL）、PhysX（现实世界的 3D 物理引擎）等。他还担任英伟达公司其他部门开源和标准的内部顾问。

他为英伟达公司贡献了自己 30 年软件工程师和开源战略家的独特经验。此前，他曾担任国际公认的开源和标准联盟 OASIS Open 的执行董事，参与建立了从视觉效果到物联网等众多技术的开源和标准机构。

前言

开源不仅是主要的软件开发方法论，还是助力快速创新、分散协作、生态系统建设和职业发展的卓越战略。如今，无论在哪里，都离不开与开源的互动。开源存在于你的手机、汽车和冰箱中，它使你最喜欢的节目或电影的制作和发行成为可能，它保证了航班的安全运行，并让那些生活条件不好的人也能快速融入数字世界，享受现代科技的便利。开源甚至在我写这本书的时候帮了很多忙（谢谢 Neovim 和 Pandoc）。

随着开源的不断涌现，随之而来的是巨大的多样性。虽然这种多样性的一个重要方面是所使用的技术栈，但开源项目的运营方式也同样重要。知识产权战略、托管和治理模式、社群结构、商业参与和增长等方面都有非常丰富的内容。开源项目的技术栈像是一门科学，而项目运营则更像是一门艺术。没有两个项目是完全相同的，对一个项目有效的方法可能不适用于另一个项目。

这正是本书的重点：开源项目运营的艺术。第 1 章和第 2 章将介绍开源项目的基础知识，以及为什么要参与或创建开源项目、好的开源项目的特点等。之后我们将深入了解开源项目的多个方面，可以把第 3 章到第 14 章想象成一本烹饪书。与你所期望的烹饪书的一个很大的不同是，对于涵盖的所有主题，都没有一个关于"正确方式"的明确答案，但是你将通过许多成功项目（以及那些没有那么成功的项目）的例子进行学习。这些例子有望与你的开源项目产生共鸣，并为你提供更多的框架。

毕竟，开源是一门艺术，而不是一门科学。

目标读者

本书适合任何对开源感兴趣的人阅读，特别是那些希望启动开源项目或目前正在管理开源项目，并希望了解如何更好地运营项目或扩展项目以实现增长和可持续发展的人。

本书内容

第 1 章深入探讨开源是什么以及开源的历史。在此基础上，我们将了解如何运用开源，并展示一些开源项目开源的动机。

第 2 章明确开源项目的核心特征。在本章中，我们将了解"开源代码"与"启动开源项目"之间的区别，并探索开源项目中的各种模式和反模式。

第 3 章探讨许可证、知识产权管理、贡献签署以及品牌和标志管理的各个方面，尽管我并非律师。

第 4 章将帮助你让你的公司为开源作出贡献或启动开源项目。本章介绍一家公司希望开源代码的原因、如何获得支持并建立开源代码的商业案例，以及让开源落地的过程并衡量其是否成功。

第 5 章解释开源项目如何构建治理模式。在本章中，我们将了解各种治理和托管模式、开源项目中的角色、记录项目的治理结构，以及如何让项目获得财务支持。

第 6 章为创建一个包容性社群提供指导和最佳实践。本章主题包括为新人设置项目、有效支持最终用户，以及在社群发展超出项目范围时如何吸引新成员加入。

第 7 章介绍将贡献者发展为维护者的重要性，然后介绍如何识别可能成为维护者的贡献者，以及了解他们何时准备好成为维护者。

第 8 章旨在探索人类的思维方式和动机，以更好地处理开源项目中的冲突。在本章中，我们还将了解包容性决策，以及如何纠正项目中的有害行为。

第 9 章主要介绍衡量增长，评估项目中低增长的领域，并找出补救方法的内容。在本章中，我们还将了解如何增强和扩展项目的领导力，以便更好地管理时间并集中精力，这样当项目越来越大的时候，可以避免倦怠。

第 10 章回顾开源项目在商业中的重要性和价值。在本章中，我们将了解开源项目的商业化模式，以及如何为商用设置你的项目。

第 11 章着眼于开源项目和人才之间的交集。在本章中，我们将了解如何通过开源实现个人职业成长，如何通过开源寻找人才，以及如何认可为开源作出贡献的员工。

第 12 章讨论为开源项目营销的重要性。在本章中，我们将了解开源项目的基本营销方式，然后学习一些市场营销的技巧以便让你的项目能够吸引更多人参与。

第 13 章介绍处理开源项目领导者的继任计划。在本章中，我们将学习如何制定继任计划，以及领导者如何从容地退居幕后，让下一代领导者继续推进项目。

第 14 章将帮助你识别一个开源项目何时接近落幕。在本章中，我们将了解如何结束一个开源项目，包括结束前要做的工作和结束后的注意事项。

如何充分利用本书

本书不是一本技术图书，而更像是开源项目运营艺术的指南。虽然没有明确的先决条件，但在阅读本书之前，你最好对开源有基本的了解。注意，你不需要有技术背景就能充分利用本书。

资源与支持

资源获取

本书提供如下资源：

- 本书思维导图；
- 异步社区 7 天 VIP 会员。

要获得以上资源，您可以扫描下方二维码，根据指引领取。

提交勘误

作者、译者和编辑尽最大努力来确保书中内容的准确性，但难免会存在疏漏。欢迎您将发现的问题反馈给我们，帮助我们提升图书的质量。

当您发现错误时，请登录异步社区（https://www.epubit.com），按书名搜索，进入本书页面，单击"发表勘误"，输入错误信息，单击"提交勘误"按钮即可（见下图）。本书的作者、译者和编辑会对您提交的错误信息进行审核，确认并接受后，您将获赠异步社区的 100 积分。积分可用于在异步社区兑换优惠券、样书或奖品。

与我们联系

我们的联系邮箱是 contact@epubit.com.cn。

如果您对本书有任何疑问或建议，请您发邮件给我们，并在邮件标题中注明本书书名，以便我们更高效地做出反馈。

如果您有兴趣出版图书、录制教学视频，或者参与图书翻译、技术审校等工作，可以发邮件给我们。

如果您所在的学校、培训机构或企业想批量购买本书或异步社区出版的其他图书，也可以发邮件给我们。

如果您在网上发现有针对异步社区出品图书的各种形式的盗版行为，包括对图书全部或部分内容的非授权传播，请您将怀疑有侵权行为的链接通过邮件发送给我们。您的这一举动是对作者权益的保护，也是我们持续为您提供有价值的内容的动力之源。

关于异步社区和异步图书

"异步社区"是由人民邮电出版社创办的IT专业图书社区，于2015年8月上线运营，致力于优质内容的出版和分享，为读者提供高品质的学习内容，为作译者提供专业的出版服务，实现作译者与读者在线交流互动，以及传统出版与数字出版的融合发展。

"异步图书"是异步社区策划出版的精品IT图书的品牌，依托于人民邮电出版社在计算机图书领域四十余年的发展与积淀。异步图书面向各行业的信息技术用户。

目录

第一部分 准备开源

第 1 章 什么是开源,为什么要开源 3
1.1 什么是开源 4
1.2 开源简史 7
    1.2.1 将开源的根源追溯到大型机社群 7
    1.2.2 自由软件的出现 8
    1.2.3 开源作为一个术语被创造出来 10
    1.2.4 为开源提供一个供应商中立的家园 11
1.3 运用开源 12
    1.3.1 爱好者之间的信息分享 12
    1.3.2 基础技术 13
    1.3.3 构建技术生态系统 15
    1.3.4 提供高质量的免费软件 16
1.4 开源项目及开源的原因 17
    1.4.1 PHP 18
    1.4.2 Blender 19
    1.4.3 Zowe 19
    1.4.4 PiSCSI 21
1.5 小结 22

第 2 章 什么造就了好的开源项目 ... 23
2.1 开源项目的核心特征 ... 24
2.1.1 用户是开发过程的一部分 ... 25
2.1.2 早发布，常发布 ... 26
2.1.3 透明和动态的决策 ... 28
2.2 发布开源代码与创建开源项目 ... 29
2.2.1 智能代码转储 ... 30
2.2.2 开放核心 ... 32
2.2.3 以开源方式发布代码时的期望 ... 33
2.3 成功的开源项目的模式和反模式 ... 34
2.3.1 开放式沟通（和过度沟通）... 34
2.3.2 仁慈独裁与委员会领导 ... 35
2.3.3 分支 ... 36
2.3.4 过度治理 ... 38
2.3.5 欢迎竞争对手 ... 39
2.3.6 把一切都写下来 ... 40
2.3.7 拥抱你的社群 ... 42
2.3.8 关注你的优势，利用工具和其他资源来弥补你的劣势 ... 42
2.4 小结 ... 43

第 3 章 开源许可证和知识产权管理 ... 45
3.1 宽松许可证与非宽松许可证 ... 46
3.1.1 宽松许可证 ... 48
3.1.2 非宽松许可证或 copyleft ... 49
3.1.3 哪种类型的许可证对项目有意义 ... 50
3.2 版权和贡献签署 ... 52
3.2.1 CLA ... 53
3.2.2 DCO ... 54
3.3 品牌和标志管理 ... 57

3.3.1 确定项目的名称 58
3.3.2 品牌一致性 59
3.3.3 保护品牌 60
3.3.4 让其他人使用你的品牌 61
3.4 小结 62

第4章 向公司展示开源项目所带来的商业价值 64
4.1 为什么公司要将代码开源 65
4.1.1 降低开发成本 65
4.1.2 为客户添加新的特性或功能 66
4.1.3 更快推向市场 67
4.1.4 能够集中投资 68
4.2 在内部获得对代码开源的支持 69
4.2.1 回顾已经存在的项目 69
4.2.2 构建商业案例 71
4.2.3 获得盟友 73
4.2.4 设定预期 75
4.3 开源项目或代码仓库的检查清单 76
4.3.1 法律审查 76
4.3.2 技术审查 78
4.4 衡量组织在开源方面是否成功 79
4.4.1 设定（合理）目标 80
4.4.2 识别和展示组织所作的贡献 81
4.5 小结 82

第5章 治理和托管模式 83
5.1 什么是开源治理 84
5.1.1 行动至上 85
5.1.2 BDFL 85
5.1.3 技术委员会 86

- 5.1.4 选举 87
- 5.1.5 单一供应商 88
- 5.1.6 供应商中立的基金会 89
- 5.2 开源项目中的角色 90
  - 5.2.1 用户 91
  - 5.2.2 贡献者 91
  - 5.2.3 维护者 92
  - 5.2.4 领导者 93
- 5.3 记录开源项目的治理结构 93
  - 5.3.1 可发现性 94
  - 5.3.2 简单性 95
  - 5.3.3 灵活性 96
- 5.4 开源项目的财务支持 97
  - 5.4.1 小费 97
  - 5.4.2 众筹 98
  - 5.4.3 单一组织资助 99
  - 5.4.4 基金会 100
- 5.5 小结 101

第二部分 运营开源项目

第6章 让你的项目备受欢迎 105
- 6.1 为新人设置项目 106
  - 6.1.1 设置项目的基础设施 106
  - 6.1.2 创建入门指南 109
  - 6.1.3 欢迎新贡献者 111
  - 6.1.4 当新人产生影响时，要认可他们 113
- 6.2 有效支持最终用户 114
  - 6.2.1 管理问题 115

    6.2.2 社群和开发者管理 116
    6.2.3 商业支持 117
  6.3 参与到对话中去 118
    6.3.1 在线论坛和社交媒体 119
    6.3.2 区域聚会和活动 120
  6.4 小结 121

第7章 将贡献者发展为维护者 122
  7.1 将贡献者发展为维护者的重要性 123
    7.1.1 减轻当前维护者的压力 123
    7.1.2 为项目带来新的想法和能量 125
    7.1.3 使当前维护者退居幕后 126
  7.2 寻找贡献者并成为导师 127
    7.2.1 未来维护者的品质 128
    7.2.2 利用导师制度引入新的贡献者 130
  7.3 贡献者何时准备好成为维护者 131
    7.3.1 导师指导进展顺利的迹象 132
    7.3.2 如果贡献者从未准备好成为维护者怎么办 133
  7.4 小结 135

第8章 处理冲突 136
  8.1 理解人及其动机 137
    8.1.1 人类的大脑 137
    8.1.2 文化和生活经历 138
    8.1.3 开源项目中的互动示例 139
  8.2 包容性决策 143
    8.2.1 开放的沟通和协作 144
    8.2.2 决策的方法论 145
    8.2.3 做出决策 146
  8.3 纠正有害行为 150

8.4 小结 ... 153

第9章　应对增长 ... 154
9.1 衡量增长 ... 155
 9.1.1 增加项目的认知度 ... 157
 9.1.2 项目采用度 ... 158
 9.1.3 项目的多样性 ... 159
9.2 评估和补救低增长的领域 ... 161
 9.2.1 提交记录/提交者 ... 161
 9.2.2 项目使用度 ... 162
 9.2.3 多样性 ... 163
9.3 增强和扩展项目的领导力 ... 164
 9.3.1 从项目通才到项目专家 ... 165
 9.3.2 时间管理和预期管理 ... 168
 9.3.3 避免倦怠 ... 170
9.4 小结 ... 172

第三部分　构建和扩展开源生态系统

第10章　开源的商业化 ... 175
10.1 开源项目商用的重要性和价值 ... 176
 10.1.1 可以商用吗 ... 176
 10.1.2 可持续性循环 ... 178
10.2 开源的商业化模式 ... 180
 10.2.1 作为更大商业软件包的依赖项或组件 ... 180
 10.2.2 服务和支持 ... 181
 10.2.3 开放核心 ... 182
10.3 为商用设置项目 ... 183
 10.3.1 品牌和知识产权管理 ... 183
 10.3.2 认可和一致性计划 ... 184

10.4 小结 187

第 11 章 开源与人才生态 188

11.1 将开源作为你的作品集 189
    11.1.1 我的职业故事 190
    11.1.2 在开源中发展职业生涯 195

11.2 通过开源寻找人才 200
    11.2.1 参与社群 200
    11.2.2 赞助与项目相关的基础设施 201
    11.2.3 赞助或主办导师培训、黑客马拉松或其他活动 203

11.3 留住和认可来自开源社群的人才 205
    11.3.1 开源参与的衡量和管理 206
    11.3.2 设定年度目标 207
    11.3.3 创建内部奖励或激励计划 208

11.4 小结 209

第 12 章 为开源营销——宣传和外展 211

12.1 什么是开源营销，为什么它对用户很重要 212
    12.1.1 开源营销的案例研究——Mautic 213
    12.1.2 Mautic 的故事——开源营销的影响力和目的 218

12.2 开源项目的"营销跑道" 221
    12.2.1 网站和博客 222
    12.2.2 讨论渠道 224
    12.2.3 社交媒体 226

12.3 高级外展和促进参与度 227
    12.3.1 活动和聚会 227
    12.3.2 媒体和分析师 229
    12.3.3 案例研究和用户故事 230

12.4 小结 231

第13章　领导者的过渡 ... 233
13.1　为何要考虑领导者的过渡 ... 234
13.1.1　职业变动 ... 235
13.1.2　即将退休的项目领导者 ... 236
13.1.3　项目停滞不前 ... 237
13.2　制定继任计划 ... 238
13.2.1　记录项目的运营 ... 239
13.2.2　新领导者的时间安排和培养 ... 241
13.3　从容地退居幕后 ... 242
13.3.1　适当地做出后援 ... 243
13.3.2　为新领导者背书 ... 244
13.3.3　为新领导者建立广泛的支持网络 ... 245
13.4　小结 ... 246

第14章　开源项目的落幕 ... 247
14.1　如何判断一个项目正在放缓 ... 249
14.1.1　项目——当代码速度和社群参与度下降 ... 249
14.1.2　产品——处于正在衰落的技术领域 ... 251
14.1.3　利润——资金和投资枯竭 ... 252
14.2　结束项目的流程 ... 253
14.2.1　在社群中就项目落幕达成一致 ... 253
14.2.2　宣布项目落幕的意向 ... 255
14.2.3　帮助最终用户过渡 ... 256
14.3　项目结束后的步骤 ... 258
14.3.1　将代码仓库和问题跟踪器标记为归档状态 ... 258
14.3.2　为资产所有权找到归宿 ... 260
14.3.3　项目能从落幕中回归吗 ... 261
14.4　小结 ... 261

第一部分　准备开源

在第一部分中，我们将了解什么是开源，为什么选择开源，以及什么是好的开源项目。此外，我们还将介绍一些启动开源项目的重要部分，包括许可证和知识产权管理、向公司展示开源项目所带来的商业价值，以及开源项目的众多治理和托管模式。

本部分包含以下各章：

- 第 1 章，什么是开源，为什么要开源；

- 第 2 章，什么造就了好的开源项目；

- 第 3 章，开源许可证和知识产权管理；

- 第 4 章，向公司展示开源项目所带来的商业价值；

- 第 5 章，治理和托管模式。

第 1 章　什么是开源，为什么要开源

当我向不从事技术或非相关领域的人解释开源时，我经常发现自己处于这样的对话中。

他人："开源是什么呢？"

我："它是一种可以让多个人和组织公开协作构建软件的方式。"

他人："所以，它是免费的？"

我："是的，但涉及许可证，许可证规定了重用的条款。"

他人："这东西有价值吗？如果有价值，难道不会有人卖掉它吗？"

我："是的，它有价值，但它通常是人们构建产品的基础技术软件，或者是那种很多人强烈希望公开的软件。"

他人："好的，那么人们开发这个软件会得到报酬吗？"

我："通常是的，但有时人们只是因为想这样做，没有特别的原因。"

他人："那么，为什么有人会这样做呢？"

我："可能有很多原因。也许他们喜欢这项技术，也许他们希望与一群有趣的人一起工作，也许他们正在尝试进入软件开发领域。"

他人:"好的,听起来很有趣。"

这段对话可能与你和商业人士的对话一致;我曾经与朋友和家人也有过类似的对话,他们离开时对我的工作前景以及我如何养家糊口感到担心。

严肃地说,要想解释什么是开源,需要描述得更细致一些。它包括了部分许可证、开发方法论、文化和精神——并且随着时间的推移不断变化。尽管已经有数百万开源项目取得成功,但也有同样多(也可能更多)的开源项目没有成功,因此没有一种固定的正确方法——这就是本书的重点!

本章涵盖以下主题:

- 什么是开源;
- 开源简史;
- 运用开源;
- 开源项目及开源的原因。

我认为,要理解一个主题,就必须了解它的起源。在本章中,我们将学习什么是开源,它是如何产生的,以及如何开源,同时还会学习一些具体的开源项目来理解它们为什么要开源以及它们被用在什么地方。

1.1 什么是开源

维基百科对开源的定义如下:

开源是指源代码可以自由提供给他人进行修改和再分发。开源产品通常允许你使用源代码、设计文档或产品内容。开源模式是一种去中心化的软件开发模式，鼓励开放协作。

如果你在以下平台在线搜索开源的定义，你会发现许多不同的版本：

- Red Hat；
- IBM；
- Opensource.com。

虽然定义的具体内容不同，但有一些主题是一致的。

第一个主题是自由提供源代码的概念，允许任何人查看、修改并与他人分享源代码。人们对开源的最初认知是它是可以免费获得的软件。然而，现在开源早已更进一步，它不仅免费提供软件（也称为免费软件），还允许用户查看源代码，根据自己的需求对其进行修改，并与他人分享。

有一个很好的方式可以描述这个区别，那就是想象你有一辆汽车，引擎盖是密封的。当然，你拥有这辆车并且可以驾驶它，但是如果车坏了怎么办？如果你想升级一个零件怎么办？如果某些零件过时了，需要改变以适应未来需求（例如使用的汽油从标准汽油改为 E87 汽油）怎么办？密封的引擎盖意味着只有制造商才能更换零部件，而能开启的引擎盖意味着可以由用户来更换。这就是区别所在，正如人们常说的那样，它不是指"免费啤酒"的那种免费，而是指拥有自由或开放的使用权。

第二个主题侧重于开放协作，这意味着任何人都可以参与代码的构建。但是在开源领域中并不是所有项目都能做到这一点，许多由单个组织赞助的项目可能对贡献者来说有一些挑战，甚至由单个维护者维护的项目也会遇到一些困难。我经常看到这样的情况，原因要么是维护者不堪重负，没有太多时间投入项目中，要么是项目更像一个概念验证，最终被维护者所抛弃，也可能有时维护者也并不真正想要任何帮助。在后面的章节中讨论治理和发展时，我会更深入地探讨这个问题。但是当我们在本章中讨论什么是开源时，开放协作往往是我们期望的一个关键原则。

最后，还有一个去中心化社群的主题。这意味着开源项目真的是全球性的。虽然维护者可能会启动一个项目来解决他们遇到的问题，并吸引一些具有类似目标的人，但许可证模式（任何人都可以自由查看、修改和分享代码）和分发模式（谢谢互联网！）都意味着世界上任何找到并使用此代码的人都是社群的一部分。乍一看，这可能会让人感到畏惧和害怕，但这是开源的最大优点，它是一条跨地区、文化、性别、背景、年龄和能力的连接纽带。再次强调，我们将在后面的章节中深入探讨一个话题，这也通常是项目的一个难点。我们现在可以很容易地将全球的人们联系起来，但这也意味着我们有责任去帮助和支持他们。

开放源码促进会一直维护着开源的定义，该定义被视为衡量一段代码或项目是否真正开源的标准定义。

从许可证的角度来看，这个定义真正关注开源的概念，对许多人来说，这是开源定义的起点和终点。许可证被认为是开源的基本条件（我们会在第 3 章专门讨论许可证和知识产权管理）。真正使开源具有变革性的是开放协作和去中心化社群，它能将各种各样的人聚集在一起，共同构建个体无法完成的优秀作品。换句话说，许可证的选择使得建立社群和协作成为可能，这反过来又能够使开源项目获得成功。

现在我们已经定义了开源并了解了它的关键部分，下面让我们回顾一下开源是如何走到今天的。在 1.2 节中，我们将回顾开源的历史，追溯开源的根源。

1.2 开源简史

开源作为一个术语可以追溯到1998年2月3日，但其精神和理念可以追溯到几十年前。下面让我们一起回顾一下开源的历史。

查看、修改和分享，以及开放协作的概念，可以追溯到互联网和计算机出现之前。这在黑客和创客文化中很常见，两者都根植于工匠精神。数百年来，新的技术和创新都是在彼此分享思想的过程中诞生的，在每个发展阶段中都能看到前人所打下的基础。唯一的挑战就是思想的传播能力，古登堡发明了印刷机，加速了知识的传播，进而开启了文艺复兴时代。

协作精神和商业化之间一直存在着一种天然的紧张关系。15世纪和16世纪建立专利制度的初衷是保护发明者，但在许多情况下，这一行为也造成了扼杀开放协作的垄断。一个典型的例子是在汽车领域，George B. Selden 成功申请了两冲程发动机的专利。Henry Ford 挑战了该专利并获胜，这推动了发动机的创新，并形成了一个协会，使竞争对手可以共享汽车发动机知识（该协会也达成了最早的专利协议之一，成员们同意自由分享专利许可），这使得20世纪初的汽车业繁荣发展。

1.2.1 将开源的根源追溯到大型机社群

在计算机领域，开源可以追溯到1955年加利福尼亚州洛杉矶市的一个房间里。国际商业机器公司（International Business Machines Corporation，IBM）发布了被认为是第一台大型计算机的产品——IBM701电子数据处理机。该机器的早期用户聚集在一起，共同研究如何使用它，彼此分享信息、见解、代码和知识，这与如今开源社群所做的事情非常相似，只是不通过互联网分享，而是通过打孔卡片和磁带。因此，SHARE 社群诞生了——以其座右铭 SHARE 命名，SHARE 不是一个缩写，而是他们所做的事情。

这些用户的群体会议持续了多年,创建了一个名为 SHARE 操作系统的共享资源。这种共享文化已经超越了这些共享资源,人们需要一个地方来收集这些代码,不仅是为了共享,还需要一个中央存储库来跟踪它们。1975 年,当时在康涅狄格银行信托公司工作的 Arnold(Arnie)Casinghino 开始收集这些代码,并将其录制到磁带上,分发给任何有需要的人。此外,如果有人想要将某些内容添加到磁带上,可以将其发送给 Arnie,内容经过审查后会被添加进去。我们可以称之为开源项目的早期示例,其中包括维护者(Arnie)、开放协作和去中心化社群。有趣的是,这个项目至今仍在进行中;Arnie 早已退休,但大型机社群的其他人已经接手维护这个磁带了。现在可以通过互联网下载磁带内容,你也可以邮寄几美元给维护者,之后他们会给你寄一盘磁带。

在 20 世纪 50 年代和 60 年代,随着计算机技术的兴起,以及在学术界的应用,开放协作和去中心化社群成为常态。与此同时,随着计算机变得更加复杂,为这些计算机开发软件的成本也在增加。正是在这个时候,我们看到了软件公司的诞生,它们与 IBM 等硬件制造商的意见产生了分歧,后者免费将软件与硬件捆绑在一起,因为它们认为这是销售硬件的必要条件。美国政府对此有不同的看法,于 1969 年对 IBM 提起了反垄断诉讼。尽管该案最终在 1982 年被撤回,但它促使 IBM 将软件从硬件中分离出来,这对软件公司来说是一个福音。该过程得到了美国新科技应用版权著作委员会的帮助,该委员会在 1974 年认定软件是受版权保护的,在后来的苹果诉富兰克林案中,则认为目标代码是受版权保护的,就像文学书籍一样。由此,自由、公共领域和可共享软件的想法似乎已经成为过去。

1.2.2 自由软件的出现

20 世纪 70 年代末到 80 年代初,布告栏系统(Bulletin Board System,

BBS）开始兴起。爱好者们当时能够在家中使用计算机并相互分享软件，就像20世纪50年代和60年代那样。这个时期有两个人非常重要。

其中一个人是Richard Stallman，他于1983年启动了GNU项目，旨在编写一个完整的、不受软件公司源代码许可限制的操作系统。最值得注意的是，项目包括以下内容：

- GNU编译器套件（GNU Compiler Collection，GCC）；

- GNU调试器；

- GNU Emacs。

该项目直到今天都非常受欢迎。这也开启了最早的开源许可证之一——GNU通用公共许可证，它非常符合Stallman创建软件共同体的理想。随着时间的推移，Stallman一直直言不讳，有时甚至在自由和开源软件领域引起争议，因为他倾向于更自由的软件方法（意味着许可证应确保代码和衍生作品仍然是自由软件），而不是更宽松的许可证方法。

另一个人是Linus Torvalds，他在1991年发布了一个名为Linux的UNIX克隆版本。Stallman的工作为如今的开源项目奠定了基础，而Linus的工作则将开源和自由软件带入了主流。Linux还为像Red Hat和SUSE这样的Linux发行版提供商，推出商业应用的IBM、Sun和Oracle，以及今天的云和基础架构供应商，如VMware、亚马逊、谷歌（Google）、微软等，带来了价值数十亿美元的收入流和经济发展。Linux的独特之处在于，除了商业应用和成功，业余爱好者和技术爱好者社群也同样强大；Debian Linux和Slackware是早期的发行版，但至今仍拥有庞大的用户群。

1.2.3　开源作为一个术语被创造出来

1997 年，自由软件的主要影响者之一 Eric Raymond 写了一篇文章《大教堂和集市》（"The Cathedral and the Bazaar"），讲述了他作为早期自由软件项目维护者的经历以及他对 Linux 社群的观察。这是早期的关于业余爱好者和黑客文化及精神的文献之一，描述了当时两种自由软件的开发模式。其中一种模式被称为"大教堂"，软件在闭门开发后公开发布（如各种 GNU 项目）。另一种模式被称为"集市"，软件是在公众视野中通过互联网（当时仍然是一个新概念）公开开发的（如 Linux 社群的模式）。本书将深入探讨我从这篇文章中获得的见解和经验。

从历史的角度来看，开源被认为是促进网景通信公司在 1998 年 1 月发布 Netsuite Communicator 源代码并启动 Mozilla 项目的推动力。如今，公司发布其商业产品的开源版本是司空见惯的。然而，在那时，这一行为吸引了科技界的目光（这在第一次浏览器战争期间也发生过，因此还有其他吸引人的因素）。参与这些早期开发项目的人认识到他们有机会发起一个更大的运动，他们希望将开源的精神和做法在 20 世纪 80 年代的自由软件运动中推广开来，让更多人接受与使用。

1998 年 2 月 3 日，Todd Anderson、Chris Peterson（来自前瞻协会）、John"maddog"Hall 和 Larry Augustin（均来自 Linux International）、Sam Ockman（来自硅谷 Linux 用户组）和 Eric Raymond 参加了在帕洛阿尔托举行的一次会议。该会议致力于将自由软件运动与自由软件区别开来，并且更加包容商业软件供应商——自由软件运动的精神和许可被认为是不友好的，并且有些人对自由软件的商业用途怀有敌意。在头脑风暴和讨论过程中，Chris Peterson 提出将这种区别于自由软件的新型软件称为开源的想法，并且参加会议的每个人都一致同意这个想法，至此开源正式诞生了。

1.2.4　为开源提供一个供应商中立的家园

1994 年和 1995 年，当 Linux 开始在商业领域取得一些初步进展时，一些公司试图注册 Linux 这个术语的商标。Linus 尽其所能与他们抗争，并最终获得了 Linux 的商标。随后，Linus 与 Linux International 达成合作，使该组织成为持有 Linux 商标的机构。

这引发了一个重要的问题——开源项目如何得到最好的法律保护？我们将在第 3 章深入探讨这个话题，简单来说，就是让一些非营利实体（基金会）来帮助这些项目保管商标（在某些情况下，还包括版权持有者）。这些基金会的初衷是为商标、版权和其他关键法律资产提供信托管理，但随着时间的推移，它们逐渐发展为为这些项目提供专业服务，包括但不限于开发和协作基础设施、市场推广和外联支持、筹款和活动管理。

Apache 软件基金会（Apache Software Foundation，ASF）是早期的开源基金会之一，它成立于 1999 年，是一个依据 US 501(c)(3) 标准成立的慈善组织。Apache 软件基金会采用了接受企业和个人捐赠与赞助的资金模式，为项目提供法律支持，以及开发和沟通基础设施。ASF 的成功主要依靠志愿者的努力，并且引入了一项重大创新，即阿帕奇之道（Apache Way），它为托管项目制定了一个清晰的治理模式，该模式是根据 20 世纪 90 年代更具 Bazaar 风格的开源项目的经验而建立的。很快，许多其他重要的开源项目也开始成立基金会，包括 GNOME、KDE、Eclipse，以及围绕新开源的 Netscape Communicator 源代码成立的 Mozilla 基金会。

在接下来的几年里，人们认识到这些基金会的许多功能是重叠的，通过建立联合基础设施可以提升效率和节约成本。这就是 Linux 基金会通过创建基础基金会模型进行创新的地方，该模式也催生了一些关键的基金会，如云原生计算基金会（Cloud Native Computing Foundation，CNCF）。除了 CNCF，Linux 基金会支持了一些较小的基金会（如 Academy Software

Foundation、Hyperledger、LF Energy、Open Mainframe Project 等），为其提供顶尖的专业人员支持，以更高的效率支持不断增长的社群，同时减少了人员开销，这样可以将节省下来的资金投入社群本身。

了解了开源的历史后，下面让我们探讨一下开源的使用方式。

1.3 运用开源

开源有着漫长而曲折的历史，它的发展主要是由对技术充满热情的爱好者推动的，随着时间的推移，商业投资也逐渐融入开源，而这些开源社群则始终保持了其原有的理念。

经过多年的努力，人们尝试了许多成功和不太成功的开源模式。开源的概念不仅应用在计算机领域，还应用到了拼布图案、家酿啤酒、基因组模式研究等领域。通过大众的努力，我们发现了一些成功应用开源的模式，下面让我们来看看这些模式。

1.3.1 爱好者之间的信息分享

我们看到的最早的（也可以说是最普遍的）开源应用只是能够与他人分享信息和知识，以解决共同的问题。这通常是开源的基本动机，与开源基于黑客和创客文化的历史精神相契合。

信息分享的形式有很多种。虽然在开源领域中，我们通常会想到代码，但实际上，也可以通过设计、工具或流程的文档、图表、数据集以及其他类型的媒介进行分享。我将在第 3 章中介绍许可证在这些非代码环境中的运作方式，但是要知道，几乎每种类型的工作和社群都期望有相应的许可证存在。

一些专注于信息分享的开源项目包括以下 4 个。

- Ubertooth：该项目构建了一个用于蓝牙实验的开源无线开发平台。该项目不仅构建了硬件的软件堆栈，也开源了硬件的设计图，供其他人构建实际的硬件（并培养了一个独立社群，提供硬件套件以及完全组装好的无线接收器）。

- PiFire：该项目为烟熏炉或烧烤炉提供了一个支持无线网络的智能控制器，包括基于 Raspberry PI 平台的软件设计和硬件设计。

- SecurityExplained：该项目专注于为软件安全社群提供各种信息。

- Darwin Core：该项目是一个由 Darwin Core 维护兴趣小组维护的标准，标准中包括一个术语表，旨在促进生物多样性信息的分享。

"Awesome 列表"是社群合作的一种方式，它们汇集了特定主题领域内的一些最佳资源。我知道的一些很棒的"Awesome 列表"如下。

- Awesome 3D Printing：为 3D 打印的爱好者提供各种链接和资源。

- Awesome Interviews（工作面试问题列表）：可以帮助求职者更好地准备工作面试，同时也让面试官能够更好地筛选和评估申请各类职位的人才。

与编程语言和框架相关的"Awesome 列表"也有很多，如 NodeJS、Erlang 和极简框架。

1.3.2 基础技术

在基础技术中，有一个概念被称为 UNIX 方式或 UNIX 哲学，它描述了一种最小化和模块化的软件编写方法，这种方法是由 Douglas McIlroy

和 Peter H.Salus 等人最先阐述的，并在 Ken Thompson 和 Dennis Ritchie 的著作中被进一步推广。虽然对于 UNIX 方式有多种解释，但基本上可以归结为一个核心概念：专心做好一件事。因为开源软件社群成员大多有 UNIX 背景，所以开源项目也秉承了这一理念。我们所依赖的 Linux 和其他 UNIX 派生系统中的许多基本命令行工具的设计都遵循了这一原则，如以下 3 个工具。

- grep：一个命令行工具，用于在纯文本数据集中搜索匹配正则表达式的行。

- sed：代表流编辑器，用于解析和转换文本。

- cat：该工具用于从一个程序中获取输出并写入标准输出，以便作为另一个程序的输入。

现代软件具有多层库和框架，可以构建完整的解决方案，并且这些库和框架都是以同样的极简主义和以集成为中心的思维构建的。以下是我们经常看到的一些开源项目。

- 安卓项目：构建了一个底层操作系统，截至 2021 年，支持超过 30 亿台活跃设备。

- Ruby on Rails：推广了 Model-View-Controller（MVC）的 Web 开发方法，这对 Web 开发产生了重大影响，截至 2022 年，全球有超过 120 万个网站使用该框架。

- Pandoc：文档转换工具中的"瑞士军刀"，支持将文档转换为几十种不同的格式（在本书的创作中非常有用）。

- Memcached：这是一个分布式的高性能键值存储系统，可以通过减少访问数据不经常变化的数据库的方式来加速 Web 应用程序。

你会注意到这些项目主要是开发者工具，这不是巧合。开源大大降低了构建软件的成本，更重要的是，开源也使高质量的工具、编程语言和框架变得更容易获取，这帮助许多 Web 2.0 时代的公司成功启动，如 Google、Meta、Netflix（网飞）等数百家公司。

1.3.3　构建技术生态系统

有一些项目属于前面的基础技术类别，但开源项目的形成和动机在本质上与构建生态系统更相关。换句话说，构建这些项目的目的是，使得无论是开源解决方案，还是商业解决方案，都能够具有一定的兼容性和技能适配性。这背后有多种原因，例如在行业水平或垂直市场上建立标准，探索新的技术领域，或者整合竞争性解决方案。在这些解决方案中，投资会被集中在更高层次的栈上，而这个层次的技术已经变得商品化。

我们将在第 4 章中深入探讨通过开源构建技术生态系统的内容。以下是一些属于此类别的项目。

- Kubernetes：这是一个开源系统，用于自动化部署、扩展和管理容器化应用程序。它针对 Kubernetes 的解决方案构建了 Kubernetes 认证计划，目前拥有超过 130 种产品，同时 Kubernetes 认证服务提供商计划也已经有 250 多家供应商提供支持和服务。这些项目由 Kubernetes 社群构建并由 CNCF 工作人员管理。

- Anuket Assured：这是一个开源的、社群主导的合规性和验证项目，用于展示商业云原生、虚拟化产品和服务的准备情况和可用性，包括 NFVI、云原生基础设施、VNF 和 CNF，它们使用了 Anuket 和 ONAP 组件。

- The Zowe Conformance Program：该项目建立了与 Zowe 开源项目

构建或集成解决方案之间的互操作性需求。同样，这是一个由社群构建的项目，并由开放大型机项目工作人员管理，截至2022年，已经提供了70多种独特的解决方案和服务产品。

需要注意的一点是，虽然这些项目旨在构建技术生态系统，但它们对开源许可证和代码仓库的重用没有影响。真正确立代码重用和其他实现规则的是许可证的条款。这些项目纯粹是为了提供一个供应商中立和社群运营的程序，以识别和认可各种实现。

1.3.4 提供高质量的免费软件

虽然我们中的许多人都很幸运地出生或生活在一个能够轻松购买和获取软件的环境中，但并非所有人都如此。即使对于富裕地区的人来说，某些软件的高成本也会让人望而却步。想象一家创业公司，可能会努力控制成本，或者一个学校，可能需要成百上千份软件副本。但免费软件使得这个本来无法实现的目标成为可能。

然而，同等重要的一个方面是自由，并不仅仅是指"免费啤酒"的那种免费，而是指拥有自由或开放的使用权。拥有高质量的软件，用户就可以根据自己的需求和工作流程修改软件，或者可能在上游项目停滞不前时保持更新，这是自由软件运动的核心原则之一。

Linux 发行版，如 Debian、Fedora、Ubuntu、ArchLinux 等，为免费桌面环境铺平了道路，让用户在使用计算机时更加灵活；在许多情况下，这也让使用现代软件重用过时的硬件成为可能，这在那些难以获得现代硬件的地区很有价值。此外，我们还看到大多数主要的桌面应用程序都有活跃的开源替代品，以下仅是一小部分。

- LibreOffice：该应用程序提供了一个与 Microsoft Office 相当的完

整办公套件。

- GNU 图像操作程序（GNU Image Manipulation Program，GIMP）：该应用程序的图像编辑和操作类似于 Adobe Photoshop。

- Inkscape：这是一个开源矢量图形编辑器，很像 Adobe Illustrator。

- Mozilla Firefox：它源于 1998 年 Netsuite Communicator 的开源版本，提供了一个先进且安全的网络浏览器。

这个列表还在不断增长，当我们谈论开源软件时，都会认为它是一个被更广泛认可的领域。这也是社群增长不仅仅是开发者增长的一个例子；在上述列表中，你可以看到经验丰富的项目经理、用户界面专家以及具有特定领域知识和专业能力的个人汇聚在一起，共同构建用于专业环境的高质量软件。

现在我们已经了解了开源是如何实现的，下面让我们看一些项目，并了解他们选择开源的动机。

1.4　开源项目及开源的原因

既然我已经解释了开源的基本内容（what）及其历史根源和开源的方式（how），为了完成黄金圈（why-how-what）的解析，现在我们来看看为什么要开源（why）。

我听说 SUSE 的 Alan Clark 曾经将开源描述为"根本上是为自己挠痒的模式"，这意味着参与开源与参与者的动机息息相关。可以想象，这使得开源项目的管理变得具有挑战性（这是我们将在第 5 章中深入探讨的另一个主题，涵盖治理模式、引入新的贡献者以及将贡献者发展为维护者的方法）。尽管如此，这也使得回答"为什么要开源"这个问题没有一个明确、通用的答案。

要了解为什么要开源，最佳方式是查看一些项目并了解这些社群的动机。让我们来看一些项目，希望能让你了解开源项目的价值和动机。

1.4.1　PHP

如果你在 20 世纪 90 年代做过任何类型的 Web 开发，你一定会熟悉 CGI 脚本的概念（cgi-bin 目录万岁！）。网页大多是静态的，任何交互，如发送表单，都需要一个 CGI 脚本在后端进行处理。大多数脚本是用 Perl 编写的，还有一些是用 C 编写的可执行二进制文件。是的，那时的 Web 更加简单！

Rasmus Lerdorf 在滑铁卢大学读书时，为了维护自己的个人主页而写了很多相关的脚本。他将自己的实现作为个人主页/表单解释器（PHP/FI）发布。随着时间的推移，这些脚本不断扩充，并在 Zeev Suraski 和 Andi Gutmans 的帮助下，被重写与重命名，形成了一个首字母缩写词"PHP: Hypertext Preprocessor"（这是开源早期维护者在命名项目时极具幽默感的众多例子之一）。作为一个项目，这是 Web 开发的一个巨大转变，即从单独的表单处理网页上显示内容，到能够将数据库调用和复杂逻辑等直接嵌入正在处理的网页中。

这也让交互式网页更易于构建，使任何具备基本编程技能的人都能够构建网页应用程序（尽管 PHP 通常以使用所谓的"意大利面条代码"构建网页应用程序，但这可以被视为一种进步的代价）。

关于 PHP，我发现另一件有趣的事情是，Lerdorf 谦虚地承认他在开始使用 PHP/FI 时从未打算创建一种编程语言。我也听过他的访谈，他表示自己感觉作为单一维护者很有压力，因为许多人向他请求添加新功能或寻求帮助以使其正常运行。今天的开源项目维护者也面临着同样的压力，在第 9 章中我将进一步探讨该问题。

1.4.2 Blender

计算机图形学和其他交互式显示技术是开源的强势领域之一。事实上，你今天看到的大多数电影或玩的大多数视频游戏都有开源的基础。

Ton Roosendaal 是一位荷兰艺术总监和自学成才的软件开发者，他于 1989 年创立了自己的 3D 动画工作室 NeoGeo。他编写了一个软件工具 Blender，其组合了各种脚本和工具，用于构建 3D 作品和视觉艺术。Blender 专门面向所谓的创意人群，Roosendaal 理解他们在按照客户的复杂要求快速更改 3D 项目时所面临的困难。接下来的几年里 Blender 被转手多次，直到 2002 年，Roosendaal 成立了 Blender 基金会，并将代码发布在 GNU 通用公共许可证下，以确保创意人群永远可以使用该软件。迄今为止，Blender 被广泛应用于特效和视觉特效工作流程，以及其他进行 3D 模型动画开发的人群中。

Blender 备受关注的原因非常简单——它是为创意人士创建的工具，并由他们共同构建。Blender 的有趣之处在于它的模式，虽然有一个基金会赞助并管理项目自身的运营工作，并雇有一小部分员工，但绝大部分的开发工作都由世界各地的志愿者完成。在第 5 章中，当我谈论开源项目的治理模式时，将会更深入地探讨这一模式。

1.4.3 Zowe

大型机社群中有一个笑话，即今天被认为是非常新颖的每一项技术，早在几十年前就由大型机实现了。例如，虚拟化技术在 1972 年由 IBM System/370 首次引入，但直到 21 世纪初期才由 VMware 普及。正如我在本章前面讨论的，开源很大程度上都源于早期的大型机操作员和开发者。正如人们常说的，新的就是旧的！

大型机社群面临的一个挑战是，与大型机应用程序和数据进行交互的技术，与现代开发者习惯使用的技术截然不同。在 2018 年，开发者可能会使用 Java、Node.js 或 Python 来构建应用程序或集成各种应用程序，而大型机应用程序通常是基于几十年前的 COBOL 或 FORTRAN 代码构建的。一些接口可能使用描述性状态迁移（Representational State Transfer，REST），但其他接口可能是自定义编码的，或与 IBM 3270 终端交互。这在依赖大型机的组织中造成了分歧，分离了两组人员，其中一组人员维护大型机环境，而另一组人员则负责维护其他 IT 基础设施。

Zowe 是由 CA Technologies（2019 年被 Broadcom 收购）、IBM 和 Rocket Software 共同创立的项目，最初的代码贡献来自这些公司。Zowe 提供了一个框架，用于将大型机应用程序和数据与其他应用程序和工具集成，该框架采用了更常见于非大型机开发者的开发工具和方法。Zowe 的动机有两个方面：一方面，是因为他们需要不同的团队和方法来处理大型机应用程序和数据，这与他们处理其他计算机系统时完全不同；另一方面，是因为存在着不断增长的技能差距，即在大型机行业取得成功所需的技能与为其他系统开发软件所需的技能有很大的差别。

企业启动的开源项目通常会有一个学习曲线，因为他们需要适应开源的方法论。虽然最初的参与者对开源不太熟悉，但这个项目可能已经开始拥抱开源模式。我也经常在垂直行业项目中看到这种情况，我们将在后面的章节中深入探讨这个话题，就是如何让你的组织启动一个开源项目。

1.4.4　PiSCSI

我成长在一个苹果 Macintosh 计算机在学校中随处可见的时代。这些计算机在当时是非常先进的，不仅因为它们的性能好，还因为它们的标志性设计。有一个狂热的爱好者社群围绕着这些米色和铂金色的机器，他们费尽心思地修复这些机器，以保存计算机历史的重要部分。我恰好是其中一员，目前正在修复一台 1990 年左右生产的苹果 Macintosh IIsi，如图 1.1 所示。

图 1.1　我的 Macintosh IIsi

苹果 Macintosh 计算机和一些其他品牌的计算机使用的硬盘驱动器采用了当时流行的小型计算机系统接口（Small Computer System Interface，SCSI）。几十年来，硬盘驱动器的容量不仅从当时的 20 MB 或 40 MB 增加到今天的 1 TB，而且接口也从 SCSI 发展为并行 ATA，现在是串行 ATA，这意味着很难找到超过 30 年历史的替代硬盘驱动器。一位名为 GIMONS 的开发者为夏普 X68000 计算机构建了一个名为 RaSCSI 的解决方案，它可以使用 SD 卡和专门的适配器连接到树莓派，以取代

SCSI 硬盘驱动器。一群爱好者将该方法应用到其他计算机项目中，采用 SCSI 硬盘驱动器，并建立了 PiSCSI 项目。该项目旨在在已有工作的基础上进行扩展，并添加其他功能，如模拟以太网接口、为可以使用 Web 界面管理的计算机提供多个磁盘映像，以及其他有用功能，保证即使硬盘驱动器故障，这些计算机仍然可以使用。

这是一个由爱好者组成的社群试图解决共同问题的绝佳示例。通过使用常见的、低成本的组件来模拟 SCSI 硬盘驱动器，经过一段时间的发展，这个社群逐渐满足了这些爱好者在将老式计算机连接到现代网络方面的更多需求。它提供了专为树莓派运行的软件以及构建所需的自定义硬件的图表（如果不想那么麻烦，你还可以购买装配或完全构建的设备套件）。这一切都是以开源的方式进行的，开源有助于将这个庞大的社群聚集在一起，以改进并提供反馈，创造出每个人都可以受益的公共资源。

1.5 小结

开源是由许多不同动机和不同背景的热情爱好者推动的，他们有一个共同点，那就是倡导自由地与他人分享代码和知识，通过去中心化社群进行开放协作。开源建立在数十年协作精神的基础上，旨在通过共享信息推动人类进步。有人将开源描述为新文艺复兴时代的到来，这让人回想起大量推动社会进步的知识和创新的涌现。如果回顾过去三四十年，我们真的可以看到科技方面的进步让我们的社会有了很大的发展（当然，这也带来了新问题，但这是进步的结果，我们能够看到社会在不断做出回应并逐渐纠正这些问题）。

本章旨在为你提供关于开源的基础知识，让你了解什么是开源以及为什么要开源。下面我们将探讨一个重要主题：一个好的开源项目应该具备哪些特点。

第 2 章　什么造就了好的开源项目

我们在第 1 章中讨论了什么是开源和为什么要开源，并在现有开源项目的背景下探讨了如何开源。在本章中，我们将探讨好的开源项目应该具备哪些特点。我们将了解好的开源项目的一些关键特征，在没有建立社群的想法下创建开源项目的一些陷阱，以及开源项目的一些模式和反模式。

好的开源项目绝不是一个简单的概念。在类似下面的对话中，我经常被问到这个问题。

他人："我的项目与你参与的其他项目相比如何？"

我："这很难比较。"

他人："为什么？"

我："每个项目都是不同的，做的工作不同，参与者不同，开发速度也不同。"

他人："那么，我怎么知道这是不是一个好项目呢？"

此时我会暂停这个对话，以免在如何回答"什么造就了好的开源项目"这个问题上透露太多信息，但我想强调的是，并没有简单明了的答案。

本章涵盖以下主题：

- 开源项目的核心特征；

- 发布开源代码与创建开源项目；

- 成功的开源项目的模式和反模式。

在深入了解什么是好的开源项目之前，让我们退一步，先正确描述一个开源项目的核心特征。

2.1 开源项目的核心特征

在自由软件运动的早期，项目开放的特征仅仅与代码的许可证有关，即它是否在允许人们查看、修改和分发代码的许可证之下？当时，这个想法本身就是新颖的，而所面临的主要挑战是专有软件的增长与黑客和创客文化的背道而驰。

我在写本章的时候重读了"大教堂与集市"，在阅读过程中，我能感受到 Eric Raymond 在看到 Linux 的早期开发时的顿悟时刻。在那个时期，通常一个软件是由一个开发人员或一小群开发人员开发的，他们对代码有很高的要求，与你所认为的强迫症倾向一样；在精心构建的代码中，只有完美的代码会被发布，虽然他们欢迎别人提意见，但代码贡献门槛很高，要经过严格的审查。

在你怒视这个问题之前，请考虑一下时间和地点。当时许多软件的开发仍然在很大程度上依赖于学术的发展。由于硬件相当昂贵（1990年，平均成本接近 4000 美元），许多人仍然无法触及这些工具。学会编程不是参加六周的训练营就可以完成的事情，而是需要经历多年的高等教育。你不能责怪早期的项目维护者采取的方法，这在很大程度上是务实的，而且其中许多项目已成为当今自由和开源软件的基石。

然而，Raymond 看到了 Linus 在 Linux 中采取的一些新颖的方法，具体如下。

- 他不是从头开始写所有代码；相反，他从 Minix 中借鉴了相当数量的代码（以及概念和想法）。
- Linux 发布的第一个版本实际上是 Beta 质量的代码。
- 他公开鼓励他人提供反馈并参与工作。

如果你看一下 Linus 在 1991 年 8 月 25 日发布的关于 Linux 的帖子，就可以感受到他对待社群时的谦逊。如果你看一下目前一些受欢迎的开源项目，就能够发现它们都有意识地效仿了 Linus 在 Linux 上采取的方式；Linux 被视为开源项目的最佳案例之一。那么该项目有什么特征呢？下面我们将详细讨论。

2.1.1 用户是开发过程的一部分

"用户是开发过程的一部分"是我们在后面章节中深入讨论开源角色时会更深入研究的问题，但很明显，开源的意图是让用户参与到开发过程中。

回想一下我在第 1 章分享的关于汽车密封式引擎盖的轶事，这使得人们几乎不可能看到或修改汽车内部零部件。如果没有这种限制，用户就可以了解更多关于汽车的信息，例如，汽车是如何工作的，设计的弱点在哪里，以及哪些地方可能容易升级与哪些地方会更复杂。

在汽车爱好者社群中，我们经常可以看到用户参与开发的情形。我对别克 Grand National 的爱好者社群非常感兴趣，这款车在 1986 年和 1987 年最火爆（1989 年的庞蒂亚克 Trans Am Pace 车型也使用了这款车的传动系统）。此后的几年里，我们看到爱好者社群将这个车型推向了远超通用汽车预期的高度。他们认为这款车的进气口很局限，于是添加了更大的进气系统。同时他们认为涡轮增压器、喷油嘴和排气系统还有一些提升空间，于是为其制造了适当的配件。现在，他们正在使汽车能够适用于新型燃料，许多人将汽车从使用 93 号汽油改为使用 E85 乙醇汽油。这些行为都是由现实世界的需求推动的，无论是性能、适应现代需求，还是普通的技术改进，都是由那些拥有汽车的人以及供应商和机械师共同参与完成的。

开源中有句话叫"水涨船高"，这在用户参与开发的过程中得到了充分体现。虽然从目前的情况来看，这似乎非常常见，但在当时，这种让核心开发人员之外的人也能贡献新想法的方式还挺新鲜的，这正是 Linus 对待 Linux 的方式，并且几十年后我们仍然能看到类似的情况。

2.1.2　早发布，常发布

想让用户参与开发过程，首先需要一种能够让用户参与的方式。通常，在开源项目中，个人起初只是作为旁观者（或者有些人可能称之为潜水者，但我们还是保持积极的态度吧）。这些个人往往不会考虑成为贡献者，而是更多地考虑项目对他们是否有用，提出诸如"它能解决我的问题吗？""它与其他解决方案相比如何？""我该如何入手？"这样的问题。随着时间的推移，他们逐渐成为用户，然后在邮件列表和论坛上参与交流。然而，正如之前讨论过的，开源项目的意图不是让用户远离开发过程，而是使他们融入这个过程。

在我目前参与的开源项目中，我经常帮助设置它们的代码仓库。对我来说，repolinter 是一个非常有价值的工具，它可以检查代码仓库中常见的问题，例如，查找缺失的许可证文件，确保有贡献指南，还能在意外提交任何构建产物（如二进制文件、测试文件或构建日志）时进行提醒。

使用该工具时，我发现了它在检测拉取请求和发布模板时的一个错误（bug）。如果你使用单个文件，如 ISSUE_TEMPLATE 或 PULL_REQUEST_TEMPLATE，该工具会做得很好，但是 GitHub 也支持在命名为 ISSUE_TEMPLATE 或 PULL_REQUEST_TEMPLATE 的目录下添加多个模板，而 repolinter 却无法识别。因为这是一个开源项目，所以我很容易就能得到项目授权，不仅可以提交错误报告，还可以提交修复该错误的指南，对 repolinter 的拉取请求如图 2.1 所示。

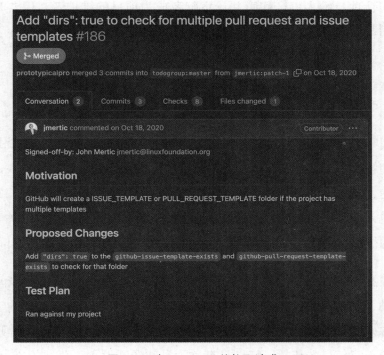

图 2.1　对 repolinter 的拉取请求

很快，一个项目维护者查看并批准了拉取请求，修复内容也随之包含在 0.10.0 版本中。

这就是"早发布，常发布"背后的模式和理念。该项目的版本号以

"0."开头，说明其仍在积极开发中，需要不断添加新功能。定期发布的新版本会将修复的内容捆绑在一起，并迅速交付给用户进行测试。此外，用户可以在代码仓库中的主分支（当时名为 master，现在名为 main）直接拉取最新版本立即开始测试（这正是我所做的）。这加快了反馈循环的速度，因为用户可以在发布之前测试这些功能，可能会发现广泛测试中出现的边缘情况和其他难以重现的问题。幸运的是，我的贡献相当简单，所以没有出现任何此类问题。

我们会在后面的章节中重点讨论如何将用户转化为贡献者，同时探讨如何让项目给人以亲切感并让贡献者成为项目的维护者，但要知道，这一切都需要建立在一个鼓励用户参与的开发模式中。

2.1.3　透明和动态的决策

我经常在与我合作的非开源组织里看到一个无意的趋势，那就是外人很难理解这个组织是如何运作的以及他们可以参与其中的方式。我说这是无意的，是因为当我与那些领导或参与这些组织的人交谈时，他们常常抱怨其他人不愿意加入或帮助组织，或者说认为从外人那里得到的关于组织的问题往往很简单，他们的回答是："嗯，这些问题每个人都知道！"

在我写这本书的时候，我正在自愿领导我们当地学区的学校举行征税活动，目标是重新征收所得税，该征收是学校校区运营预算的主要收入来源。学校管理人员和那些自愿参加征税活动的人所遇到的挫败感来自大量不实信息的传播，特别是有关为足球场铺设人工草坪的资金问题。有人质疑为什么这个项目的资金比其他项目更多，这是一个合理的问题。由于缺乏我所提及的透明度，许多谣言开始出现，如"这个城镇只喜欢足球，而不喜欢其他任何事情"或"学校董事会不知道如何花钱"。

事实是，旧足球场地的状况非常糟糕，非常不安全，几乎无法进行任何体育活动。在权衡修复和维护场地与铺设草皮的选择时，他们认为铺设草皮是更好的解决方案。此外，使用草皮可以在一年中地面更潮湿的时候在场地上举办更多的赛事，从而带来更大的收益机会。相关的资金不仅来自学区资助，还来自私人资助与筹款。另外，几年前建造新学校时，新建筑的一部分包括一个非常先进的体育馆，但至今学校也没有在体育馆里举办过任何体育比赛。

学校董事会认为他们是透明的，因为所有的决策都是在公开会议上进行的，财务状况也是公开的，但在分享"为什么做出这样的选择"背后的原因上缺乏透明度。

开源项目蓬勃发展既依赖有意的透明度，又依赖快速动态地做出决策的能力，这通常会使开发速度变快，并让项目保持活力。良好的开源项目通常具有强有力的书面文化，注重记录项目中的所有过程，例如发布的方式、进行代码贡献所需的条件以及决策的方式。

好的开源项目还应公开所有过去讨论的内容，并让当前的讨论透明化，以便让其他人看到决策的过程。对于他们来说，这能让他们了解组织的文化和动态，并影响他们是否想在未来更多地参与该项目。我们将在第 5 章、第 6 章和第 7 章中深入探讨这些概念。

开源项目既可以成为推动协作和创新的机制，也可能成为无意建立社群而仅仅推送代码的一种方式。下面让我们进一步了解以开源方式发布代码时应该有的预期。

2.2 发布开源代码与创建开源项目

NetSuite Communicator 源代码的发布验证了 Raymond 所描述的"集市"模式。这一事件也开启了开源的浪潮，但与任何新事物一样，总有人会尝试各种方法，试图探索如何让开源变得更好，哪些行为对开源是有害的。

有一种特别的趋势，那就是公司将开源代码视为一种使源代码可用的方法，但并不一定希望围绕它构建一个开源项目。这是一个重要的区别，尽管通常而言，这不是一个很好的开源策略，但在某些情况下还是值得讨论的。下面我们将进一步讨论。

2.2.1　智能代码转储

你可能听说过"代码转储"这个术语，它指的是那些之前可能是商业产品或其他不开源的代码，现在以开源许可证的形式被共享，但贡献代码的组织并没有打算继续维护它，更不用说构建项目或社群了。多年来，我见过一些公司采用这种策略，他们认为"如果我们发布代码，人们就会围绕它构建项目"，但实际情况并非如此。

话虽如此，也存在一些特殊情况，代码转储并不是件坏事，例如当微软公开了 MS-DOS v1.25 和 MS-DOS v2.0 的源代码时，这样做的理由更多的是促进操作系统研究，并使各种复古计算机社群更好地在较新的硬件和操作系统上运行较旧版本的软件。这就是所谓的"智能代码转储"，如果出于以下原因进行转储，是非常有用的：

- 帮助那些仍在使用较旧版本软件的公司，使他们能够继续运作；
- 允许其他人使用过时的文件格式构建转换器或连接器；
- 通过为社群的爱好者和发烧友提供过时的软件来表达善意。

对于"智能代码转储"来说，明确项目 README 文件的意图是非常重要的。微软在发布 MS-DOS 源代码时做得非常好，其 README 文件如图 2.2 所示。

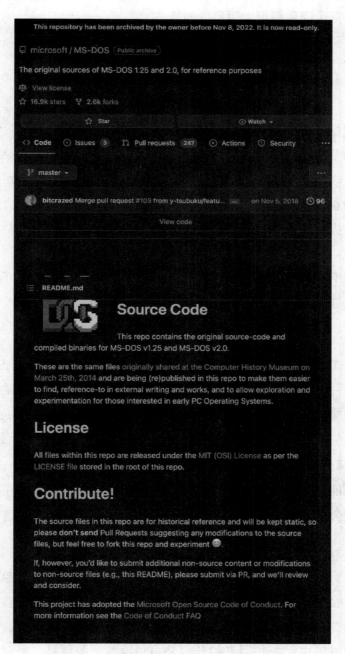

图 2.2　MS-DOS 源代码发布的 README 文件

有时，发布开源代码但不创建开源项目不仅适用于过时的软件，也适用于所有希望获得更大用户群的软件。

2.2.2 开放核心

早期的开源商业模式被称为"开放核心"，意思是公司发布一个基本的、精简的但功能齐全的产品版本进行开源，然后采用专有许可证发布一个功能更全面的商业版本。这是 20 世纪 90 年代开始的共享软件模式的扩展〔也称为"唠叨软件"（nagware），因为它们会弹出烦人的窗口，提示用户购买商业版本〕。你可以看到这与代码转储方法有一些类似之处，即主要的开发工作并不是在开源社群中进行的；相反，代码发布只是倾倒到社群中供人们使用。通常情况下，你可以为这些开放核心项目作贡献，但相当困难，因为这些补丁必须纳入公司的内部开发中。

开放核心作为一种模式在 21 世纪初达到了顶峰。软件公司 SugarCRM 选择了这种方法。他们拥有 Sugar 社区版，这本身就是一个功能齐全的开源 CRM（在当时市场上是新鲜的、令人兴奋的东西），还有 Sugar 专业版和 Sugar 企业版，它们是商业版本，尽管源代码也是向客户开放的。对于 SugarCRM 和类似的公司来说，他们的想法是增加市场份额——也就是说，尽可能扩大用户群体，其策略是随着软件在组织中使用量的增加，用户可能会考虑购买其商业版本。

许多开源社群认为开放核心的概念在历史上有点令人扫兴，坦率地说，确实有些理由支持这种观点。我一直关注科技和生活的趋势，发现它们通常会遵循钟摆模式，从一边摇摆到另一边，在吸取了教训、获得了经验后，最终停留在中间的某个位置。当开放核心出现时，开源商业模式仍在发展中，一些后来的开源公司领导的开源项目，通常是在供应商中立的基础上，将下游生态系统建设的概念视为帮助解决变现问题的一种进化方式。

2.2.3 以开源方式发布代码时的期望

随着开放核心这个模式的发展，有一件事情逐渐显现，那就是开源对下游用户和开发人员负有道德责任。Linux 基金会主持的项目 TODO Group 提供了一个合作论坛，名为开源项目办公室（Open Source Program Office，OSPO），它提供了一个很好的资源。这个资源是他们的 OSPO 指南，详细介绍了组织如何有效参与开源的各个方面。

这个指南专注于将开源项目作为组织来启动，它不仅谈到了组织在发布开源项目时需要考虑的责任和应尽的义务（其中大部分内容我们将在第 4 章中介绍），还提到了发布后的责任。一些关键考虑因素如下。

- 尽早让其他有兴趣参与或贡献的外部组织和人员参与进来。你会希望他们感觉自己是这个过程的一部分，并让他们为治理、开发标准和营销/外展活动作出贡献，这有助于建立社群文化氛围。

- 建立协作基础设施并将其公开。如邮件列表、聊天频道、代码仓库和问题跟踪器等公开的内容可以让人们了解项目的活动和周围的文化。此外，拥有社交媒体账户可以吸引更广泛的受众（这些受众可能会远程跟踪事项进展），并激励他们未来参与其中。

- 定期举行社群会议，并寻找自然的见面机会，例如参加活动或当地聚会。我非常建议定期聚会——这不仅为社群设定了预期，也为作为维护者的你设定了预期，让你始终牢记这些重要的事情。

再次强调，我们将在后面的章节中介绍其中的大部分内容，但这里要考虑的关键是，启动一个开源项目意味着你需要有意识地支持其成功。前期投资可能会很高，甚至比内部非开源项目还要高，但如果做得好，这种投资会得到回报，你能够以更低的投入获得惊人的技术回报（其他人也可以）。

2.3 成功的开源项目的模式和反模式

我在本章开始时思考了如何定义一个好的开源项目。这个定义的挑战在于，适用于一个项目的方案可能不适用于下一个方案，因为每个项目的人群、文化、行业动态和速度都不同。因此，我更喜欢用模式的方式来思考，我观察到了一些模式和反模式，它们是一些非常好的指南，能够帮助我们思考开源项目以及如何与这样的社群合作。

2.3.1 开放式沟通（和过度沟通）

我在开源项目以及生活中的其他领域中看到的最大挑战是沟通。正如我之前在当地学区征税活动中工作的故事中所描述的那样，沟通的缺失会导致混淆和误解，甚至有时事情本身会被误解。我经常听到这样一句话："如果你不在市场上为自己定位，别人就会替你做这件事。"开源项目也不例外，同样非常需要沟通。

我经常看到的一个沟通难题是，有时项目中的人会认为，有些事情应该是常识，如果别人不知道，他们会感到不解或沮丧。例如，他们可能会问："嘿！你的项目支持 CSV 导出吗？"作为项目维护者，你可能会回答："你看文档了吗？"根据我的经验，这绝对会让某些人失去贡献或提出其他问题的兴趣（我们将在第 3 章中介绍其他一些会让人对项目失去兴趣的行为）。

这并不意味着完全是维护者的错，我坚信沟通出现问题是双方的共同责任。所以我建议进行过度沟通，即以多次、多种方式以及在不同的地方（如通过邮件列表、论坛和聊天频道）进行沟通。作为维护者，你可能会认为这是一种迎合年轻人的做法，但实际上我建议你从贡献者或用户的角度进行思考。他们每个人都很忙碌，有很多优先事项，而且面对技术变革的不断加快往往感到不知所措（这还不包括他们个人生活中的因素）。作为维护者，你可能也能理解：待办事项永远不会完结，需求不断，用户经常给你"踢皮球"。对他们多一点宽容会有很大帮助，更重要的是，这为你提供了吸引贡献者和用户的最佳方式。

是的，过度沟通在前期需要做很多工作，但它可以节省你以后回答问题的时间，并有可能帮助你接触到你可能从未联系过的用户。保持沟通的开放性可以为用户和潜在贡献者增加透明度和洞察力。通常，你还可以吸引到所谓的"路过的观众"的兴趣。我们将在第 6 章和第 7 章中深入探讨这个话题。

2.3.2　仁慈独裁与委员会领导

在撰写本书时，Linux 已经由 Linus 领导了 30 多年，他是仁慈独裁领导风格的典型代表。无论是从项目管理的角度，还是从文化和道德的角度来看，仁慈独裁者模式都给个人带来了沉重的负担，这意味着个人必须能够推动项目向前发展，同时吸引贡献者和用户，赋予他们能力和权力并推动技术的发展。

除了 Linux，我们还看到其他项目在早期也采用了这种模式，例如，PHP 的 Rasmus Lerdorf，Python 的 Guido van Rossum，Blender 的 Ton Roosendaal。Linux 有点特别，因为它在整个生命周期中基本上保持了这种模式，但就像我刚才提到的其他项目一样，它正在慢慢转变，因为维护者正在寻找引入新维护者的方法，让 Linux 继续前进。

仁慈独裁作为一种模式通常属于"一般不起作用，但在某些情况下，有了正确的仁慈独裁者和正确的社群，它就会起作用"的狭窄类别。通常，在项目的早期阶段，这是一个不错的选择，因为在这个阶段需要做出一些基于个人意见的决策，从而为未来奠定基调。然而，这种模式的挑战在于需要正确的人来领导，他们需要有远见、有组织、有思想，能够将人们聚集在一起并发挥作用。这种要求相当高，可能会带来压力和消耗，这就是为什么你会看到这种类似初创公司的模式，然后随着临界点的到来，它会逐渐过渡到下一个阶段。

委员会领导解决了仁慈独裁者模式的问题，通过将决策和责任分散到多个人身上来提高项目效率，并随着时间的推移获得多样化的贡献者和贡献。同时，它也迫使项目进行更好的沟通；仁慈独裁者可以在自己的脑海中思考关键决策，而委员会的方法则迫使每个人都表达自己的想法以达成共识。

但这并不意味着由委员会领导是完美的。由于需要协调工作，这通常会减缓开发和项目发展的速度。从某种意义上说，这可能是一件好事，因为它使决策更加深思熟虑，但同时，它也可能导致过度思考和过多令人恐惧的琐事，从而使项目停滞不前。

在思考这两种方法时，最常见的情况是，初创项目更适合采用仁慈独裁者模式，而成熟项目更适合采用委员会领导模式。我们将在后面的章节中深入研究治理模式时对此进行深入探讨。

2.3.3　分支

分支是开源中每个人所拥有的基本权利之一，也是每个开源许可证的核心。它们让用户更加自由，使其根据自己的特定需求自行使用代码仓库，并将其定制化，用来解决独特的问题。分支的缺点在于用户必须承担一些成本，即对分支的持续维护成本，因为它可能会长期存在（可以持续多个项目版本，甚至是永久存在），而且随着时间的推移，需要将项目代码仓库中的更改持续引入分支的版本中。

这种额外的工作量通常是令人头疼的，这也是为什么长时间存在的分支通常是一种反模式。在上游工作是一种更好的方法，这意味着当对代码仓库进行更改时，你可以将它们贡献回项目中，而不是单独维护它们。在开源社群中，在上游工作通常是最好的方法，它能够使你的更改得到更广泛的测试，节省了将它们合并到后续版本中的时间，并展示了你作为代码仓库管理者的能力。当然也有无法实施上游工作的情况，可能是由于技术或许可证问题，例如，可能你正在修改的内容破坏了其他用例，因此无法进行上游反馈。另一个例子是更改包含代码的许可证和上游项目许可证不兼容。

其他时候，你会看到分支是指在项目方向上存在意见分歧，或者项目的发展可能已经放缓，某些人想要摆脱这种情况并加快其发展速度。另一种情况是发生文化或个人冲突。这些通常是有问题的分支。在开源中，几乎总是以下面两种结果之一结束：

- 一个分支最终获得了所有的动力，另一个分支消失了；
- 分支重新合并成一个项目。

社群中的冲突是健康的，因为它给人们提供了发表意见的机会，并确保社群内部存在凝聚力和不同的观点。然而，如果这种冲突升级到产生分歧的程度，就会留下长期难以修复的伤痕。在后面的章节中，我们将深入探讨如何处理冲突，以避免社群陷入这种困境。

2.3.4 过度治理

有人曾经告诉我，如果你遇到一条看起来有点疯狂的法律或规则，那么它的背后肯定有一个更疯狂的故事。这并不是说这些法律或规则没有价值，而是因为人们常常会忽略它们的背景，或是它们原本试图解决的问题现在已经不存在了。

在开源项目中，我常常看到治理被过度工程化。这并不是恶意的，但可能会过多考虑难以预测的细节。我最近遇到一个项目想要精确定义通过电子邮件投票应该开放多长时间。组成项目团队的初衷是好的，他们担心投票时间过长会拖慢进展，或者是使团队与项目脱节。然而，不灵活的规定可能导致几种情况发生。

- 如果一个人正在休假或度假，无法查看电子邮件怎么办？这将是一个明显的障碍。

- 如果需要对正在投票的项目进行更多的思考或需要公司内部的协调，该怎么办？一旦投票开始，无论项目内部是否已经协调好，都会迫使他们投票。

- 如果这个人有别的问题，在投票规定的时间内难以解决怎么办？

构建治理模式和考虑添加具体策略或规则时，应思考的是：项目的目标是什么？最简单的实现方法是什么？在之前的例子中，我们的目标是高效地进行投票。如果在一定时间内有人没有投票，那么前面提出的问题就会变得非常重要，我们也需要考虑这种情况发生的频率。通常，在项目的早期阶段，人们的参与度更高，所以我们可能不会遇到这个问题。

后来，这种情况可能会改变。我们应该始终知道治理不是一成不变的，也不是刻在维护者身上的。相反，它是一个活的文档，可以随着时间的推移而改变以适应项目的不同阶段。我在开源社群中看到的一个例子是，不要制定处理假设情况的规则，而是针对已知问题制定规则，并随着时间的推移重新审视它们，并予以修改。我们将在第 5 章中深入探讨这个话题。

2.3.5　欢迎竞争对手

开源的一个独特之处在于，合作是向所有人敞开的，因此即使是竞争对手也可以参与其中。这可能听起来有点吓人，但实际上，只要制定适当的基本规则，就可以使开源项目充满活力并且高速发展。

Kubernetes 是由 CNCF 托管的项目，在我看来，它是这方面的典型代表。请查看以下 Kubernetes 项目历程报告中展示的折线图，如图 2.3 所示，该图说明了项目前 5 年内贡献者的多样性。

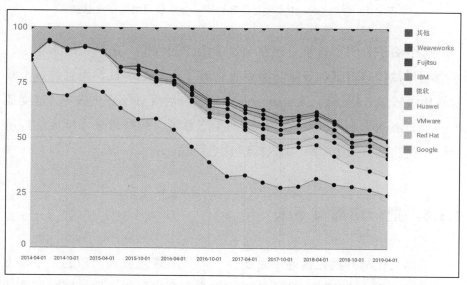

图 2.3　自 Kubernetes 项目启动以来，各家公司的贡献百分比分布

你可以看到，在项目启动时，Google 主导了对 Kubernetes 的贡献，贡献占比超过 80%，但在接下来的 5 年里，这种情况发生了戏剧性的变化，Google 的贡献跌落到占比不到 25%。我们可能会推测 Google 在那段时间退出了这个项目，但事实恰恰相反，如图 2.4 所示。

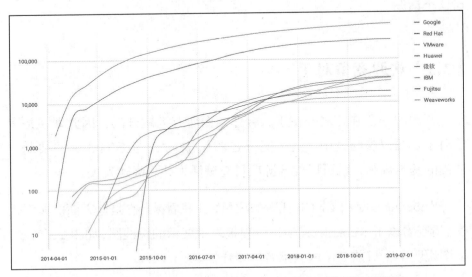

图 2.4　自 Kubernetes 项目启动以来，各家公司的累计贡献量

这个例子表明了竞争对手在项目中协作的价值，在最初的 5 年中，这个项目在代码贡献和贡献者数量上都有了巨大的增长，而且通过汇集所有顶级云服务提供商，Kubernetes 已成为一种无处不在的技术。这促成了一个充满活力和不断壮大的供应商生态系统，同时带来了巨大的经济价值。我们将在第 10 章中深入探讨这个话题。

2.3.6　把一切都写下来

书面文化与开放式沟通非常契合，因为实现开放式沟通的一个好方法是通过书面文字沟通。这也使得重复流程变得更加一致，同时还能找到提高项目效率的机会和需要解决的问题。

我有一个非常大的家庭，需要安排的事情也很多，包括学校、体育、工作方面的事务及其他团队的活动，安排好这些事是一项相当艰巨的任务。此外，我和我了不起的妻子已经不再年轻了，所以不能像以前那样轻松记下所有事情。像你们中的许多人一样，我们使用一个主流软件和硬件供应商提供的家庭日历解决方案建立了一个家庭日历，我们热衷于在日历上添加所有孩子的体育训练和比赛、所有工作活动或旅行、志愿者团体会议、活动和其他我们可能参加的事情。

当在日历上添加或更改事件时，它会向家庭中的每个人发送通知，并提前一天提醒他们，因为我们经常在人员不齐时添加日历事件，这样做能够确保其他人都知道这些事件。当然，这种方式并不完美，偶尔也会有活动冲突，因为有人忘记在日历中添加事件了，但总体上效果还不错。

这种书面文化赋予我们的，除了协调，还能够让我们知道某人是否超负荷了，或者还有没有能力做更多的事情。例如，我的大女儿承担了每周清洁房屋的责任，在我写这本书时，她作为一名高中三年级的学生，平衡了高中学业、大学课程的学习、全年的排球训练和社交生活。家庭日历已成为她展望何时可以进行清洁，同时将其计划到日程安排中的好工具，这有助于她平衡各类事情并更好地与我们沟通清洁房屋的时间（或帮助我们为她规划出何时有空闲时间清洁房屋）。

同样的概念在开源项目中也很有效，将事情写下来不仅有助于与外界进行沟通，还可以协调和确定活动的优先级。例如，如果一个项目目标是每月发布一次，那么写下发布流程可以确保不会在项目即将发布前匆忙地拼凑代码，同时还能够让贡献者和维护者在特定时间点前提交代码，以便包含在发布版本中。

把一切都写下来，虽然有时看起来很烦人，但有助于使项目更加高效和有条理。同时，这样做还能帮助社群扩大规模，使新的成员随时加入社群，接管这些职责并持续管理这些任务。在第 9 章中我们将会详细探讨这个主题。

2.3.7　拥抱你的社群

我认为创建开源项目的主要驱动力是让各种各样的人参与进来，提供反馈、贡献代码并帮助维护项目。我经常看到，软件工程师可能有些内向或有社交焦虑，不愿意参加太多活动。可能有些人心里有点自卑，觉得自己不如别人，所以那些维护者可能会对与社群成员接触持谨慎态度，甚至觉得有点怕他们。虽然我可以理解，特别是作为一个在职业生涯中必须克服这些困难并仍时常挣扎的人，但如果你想在项目中取得成功，拥抱你的社群是关键。

我不会在这个话题上过多深入，因为后面在第 6 章中，我会更详细地讨论这个话题，还会提供一些帮助的策略。

2.3.8　关注你的优势，利用工具和其他资源来弥补你的劣势

作为人类，我们最难做的事情之一就是接受自己的缺点和我们不擅长的事情。随着我们在职业生涯的其他方面取得成功，情况会变得更加糟糕，因为我们可能会认为在一个领域的成功可以转化为其他领域的成功。

在美国，我们在美式橄榄球文化中看到了这一点，一些教练会尝试以成功大学教练的身份进入美国国家橄榄球联盟（National Football League，NFL）中，以复制他们的成功经历。通常情况下，这并不容易成功。其中有很多因素，例如，球员的年龄和成熟度，大学生与职业运动

员所处环境的差异，以及在更长赛季中管理更有才华的运动员等各个方面的要求。类似的模式也存在于从大学篮球教练过渡到美国职业篮球联赛（National Basketball Association，NBA）的教练中。有趣的是，这些教练往往回到大学联赛后又能取得成功，这使我们推断，这不是一个缺少教练技能的问题，而是技能是否在一个环境中比在另一个环境中更容易转化的问题。

我经常看到开源项目试图自行组织活动、进行营销或处理其他运营任务。公平地说，我确实见过一些项目做得很好（有时这教会了我一些东西）。然而，更多时候，这些并不是软件开发人员所擅长的技能，坦率地说，这是可以理解的，因为软件开发人员有的技能也是活动经理、营销人员或律师所没有的。技术文档是一个很好的例子，大多数软件工程师觉得自己在这方面表现不佳，或者对技术写作没有太多兴趣，但是有些人在这方面非常擅长，可以为项目制作出出色的文档。

除了找对人，使用正确的工具也是一种提高工作效率，减轻工作负担的方法。以技术文档为例，有多种工具可以提取代码注释并构建 API 参考指南，或者处理普通的 Markdown 文件并生成可以以多种格式使用的美观文档。手动扫描文件以获取正确的许可证标题是一项艰巨的工作，但是像 FOSSology 这样的工具可以帮你完成这项工作，并同时生成报告和软件物料清单（Software Bill of Materials，SBOM）。同时还有多种工具可以跟踪贡献者的增长和项目健康状况，以及像 CHAOSS 项目这样的项目中的协作工作，它们根据过去几十年数百万开源项目的集体经验提供了衡量指标的准则。

2.4 小结

本章基于什么是开源和为什么要开源这两个问题，进一步探讨了如何进行开源项目的工作。此外，还介绍了一些我在各种开源项目中看到的模式和反模式。

我想要强调的一点是，并没有一种固定的方式来运营一个开源项目，也没有一个社群应该采用一种固定的工作方式；不同的文化、不同的行业领域、开发的速度和进度、项目的成熟度以及参与项目的人等诸多因素都会产生影响。用水果打个比方，虽然苹果和橙子都是水果，而且有一些共同点，但它们本质上是不同的，无法直接比较。

本章结束了所谓的入门级学习，之后的章节将更深入地探讨特定领域。在本章和第 1 章中，我特别提到了几个章节，如果你对其中某个主题感兴趣，可以直接跳到那些章节。对于刚开始开源旅程的人，请继续阅读下一章，我们将深入讨论开源中备受争议并且微妙的主题——许可证。

第 3 章　开源许可证和知识产权管理

关于开源许可证和知识产权管理,我最喜欢的幻灯片之一来自 Linux 基金会的同事 Mike Dolan,如图 3.1 所示。

图 3.1　通过车库图片类比良好和糟糕的知识产权管理

我喜欢这张幻灯片,不仅因为对比鲜明,还因为它强调了细节的重要性。地板的颜色延续到墙上的条纹,加油泵的软管有空间弯曲成一个近乎完美的圆形,所有的工具箱都很相配。即使是没有注意到这种细节的人,也肯定会认为右边的车库比左边的混乱车库更有吸引力。

一个好的软件开发者会沉迷于代码中类似的细节,如缩进、语句内的间距、括号的位置、注释和变量命名。这并不是说他们过于执着,而是因为他们认为,前期多做一些额外的工作可以节省后期查找错误或重构代码的时间。这与开源许可证和知识产权管理相似,它们旨在提供清晰一致的指导和文档，明确代码的使用方式，贡献代码的期望和义务，以及品牌使用的规范。代码样式指南的目的是为希望扩展代码的下游用户以及未来的项目维护者节省时间，许可证和知识产权管理也是如此，它们都为相关人员节省时间，使代码更容易在项目下游使用。

> **重要说明**
>
> 在我们深入探讨本章内容之前，我想先声明一下。虽然我有很多身份——丈夫、父亲、作者和开源专业人士，但我绝对不是律师。请不要把我说的任何内容视为法律建议；如果你需要法律建议，我建议你联系律师，最好是了解开源许可证的律师。

在本章中，我们将讨论开源项目的许可证和知识产权管理。

本章涵盖以下主题：

- 宽松（Permissive）许可证与非宽松（Non-Permissive）许可证——为什么选，选什么；

- 版权和贡献签署；

- 品牌和标志管理。

在本章结束时，你将对开源项目有关开源许可证和知识产权管理的重点领域有很好的了解。

3.1 宽松许可证与非宽松许可证

开源许可证的类型很多，如果我们归纳所有的许可证，就会发现有的许可证较为宽松，有的则较为严格（非宽松许可证，也称为 copyleft），规定了开源代码的用户责任和限制。

在定义自由软件时，自由软件之父 Richard Stallman 提出了几项自由度，这些自由度是定义自由软件期望的基石。经过一段时间的发展演变，确定了以下 4 项自由度（从 0 开始编号），它们是在 CC BY-ND4.0 许可证下修改的。

- 自由运行程序，无论出于何种目的（自由度 0）。

- 自由研究程序的工作原理并对其进行更改，以便让它按照你的意愿进行计算(自由度 1)。访问源代码是实现这一目标的先决条件。

- 重新发布副本的自由，以便你可以帮助其他人（自由度 2）。

- 将修改后的版本的副本分发给其他人的自由（自由度 3）。这样做你可以让整个社群有机会从你的更改中受益。访问源代码是实现这一目标的先决条件。

自由软件和开源许可证的哲学很大程度上是基于这些自由度建立的，这些自由度确立了人们对开源的一般期望。

从自由的基础开始，就涉及了诸多微妙的细节，这导致了大量许可证的出现。开放源码促进会是一个在第 1 章中提及的 1998 年的会议上创建的组织，并且一直维护着开源的定义，截至本书撰写时已经批准了 110 多种不同的许可证，自由软件基金会（Free Software Foundation，FSF）也是如此。软件包数据交换（Software Package Data Exchange，SPDX）项目截至本书撰写时已拥有超过 450 个许可证标识符。这还不包括针对特定项目的现有许可证的许多变体。开源有这些选择是一件好事，但是选择太多也会带来困惑。这种困惑可能以各种方式出现，但通常可以分为以下 3 类。

- 所选许可证的义务。当我们在下面探讨非宽松许可证或 copyleft 时，将看到许多许可证在关于如何履行义务方面的条款并不清楚。

- 一个许可证下的代码如何被另一个拥有不同许可证的项目利用或使用。根据许可证的不同，这可能导致代码需要获取新的许可证才能符合要求。

- 许可证变体的差异以及为什么你会选择其中一种。BSD 许可证系列是一个很好的例子，它有 4 种官方变体，还有许多衍生变体。每种许可证都有不同的小规定来解决不同的情况，但是对于一个项目来说，哪个最重要呢？

大多数在内部工具或项目中使用开源代码的组织都采用了与最常见的许可证一致的准则，以避免频繁的法律审查，从而能够使用更多的开源代码。当在第 4 章中讨论如何让你的公司允许你启动开源项目时，我们将对此进行更深入的探讨。

3.1.1　宽松许可证

顾名思义，宽松许可证通常是最简单的开源许可证类型，除了前面概述的 4 项自由度，还允许用户在最小的义务下使用代码。宽松许可证通常很短，例如，MIT 许可证内容如下：

版权所有<年份><版权所有者>

特此免费授予任何获得本软件和相关文档（"软件"）副本的人员无限制地处理本软件，包括但不限于使用、复制、修改、合并、发布、分发、再许可和销售本软件副本的权利，并且允许获得该软件的人员这样做，但需符合以下条件：

上述版权声明和本许可声明应包含在软件的所有副本或实质部分中。

本软件是按"原样"提供的，没有任何形式的明示或暗示担保，包括但不限于对商品性、适用性和非侵权性的担保。在任何情况下，作者或版权持有人均不承担任何索赔、损害赔偿或其他责任，无论是合同诉讼、侵权行为，还是与软件或软件的使用或其他交易有关的其他行为。

通常，宽松许可证会尽量避免对项目本身、授予的软件专利，以及任何其他保证承担责任。项目或代码的作者只想让代码公开并供人们使用。

Apache-2.0 许可证属于宽松许可证类别，但为下游用户提供了更多保证。首先，它是项目贡献者向每个下游用户授予的许可证，在版权许可方面较为明确，而像之前提到的 MIT 许可证等则更加隐含地授予了这个许可。此外，Apache-2.0 许可证还确保项目贡献者拥有的任何软件专利都被授予下游用户的许可证，这通常有助于解决在贡献者协议（我们将在第 4 章中深入探讨）或其他文档中明确专利使用的问题。基于这两个原因，通常在开源领域中，Apache-2.0 许可证变得非常受欢迎，因为它对企业更友好。

3.1.2 非宽松许可证或 copyleft

通常宽松许可证不会明确定义下游用户的特定责任，而非宽松许可证或 copyleft 则明确地设定了这些预期。在这类许可证中最著名的可能是 GNU 通用公共许可证，Linux 内核项目和许多作为开源构建的桌面应用程序（如 Blender、Inkscape、LibreOffice 等）都使用了该许可证。

copyleft 的目的是确保项目中的代码以及下游所做的任何改进都保持在与项目相同的许可证下。如果你回到 20 世纪 80 年代，当自由软件起步时，自由软件是对当时软件行业主流模式的一种反击，人们非常担心自由软件最终会被供应商吸收并变成专有软件。这种许可模式在 Linux 内核项目、GNU 工具链等越来越受欢迎的项目中起着非常重要的作用。

对 copyleft 开源代码的担忧，可以归结为将其整合到其他专有软件中的能力。根据合并方式的不同，有观点认为整个作品（包括开源项目和专有软件）都需要在项目许可证下获得许可。这通常促使产品供应商远离 copyleft 软件——无论是不将其整合到他们正在构建的专有软件中，还是完全不使用它。这仍然是一个不断演变的法律领域。

对于一些 copyleft，如 GNU 通用公共许可证第 2 版，关于如何在专有产品中使用此类许可证代码方面存在相当大的创造性。Tivo 就是一个例子，Tivo 机顶盒的软件将 Linux 内核和 GNU 工具链的代码合并到所使用的软件中。虽然 Tivo 遵守了 GNU 通用公共许可证第 2 版的条款，但他们的硬件中集成了数字权利管理（Digital Rights Management，DRM），使得无法在硬件上运行修改后的代码，这被称为 Tivo 化。虽然 Tivo 化在许可证的字面意思上是允许的，但违背了许可证的精神，它在很大程度上推动了 GNU 通用公共许可证第 3 版的出现。

另一个案例涉及云服务提供商使用开源软件。在这些案例中，该软件根本没有被分发，而是由用户在共享系统上使用，这个概念直到 21 世纪初才被普及。那时，copyleft 并没有涉及这个概念，但后来，像 GNU Affero 通用公共许可证和 Commons Clause 这样的许可证应运而生，解决了这些问题，它们要求提供在这些系统上运行的开源许可证软件。

3.1.3 哪种类型的许可证对项目有意义

在这里，我再次强调我不是律师，不能提供法律建议。

当我谈论项目许可证时，通常需要讨论几个问题，具体如下。

- 用户是谁？你希望用户如何使用代码？
- 是否需要设定将代码和开发推向上游（即项目的主要代码仓库）

的期望？或者这已经在社群文化中了？

- 你是否期望商业使用？作为项目维护者，你对此有何感想？
- 这是什么类型的项目？库？现成的应用程序？还是框架？

我故意忽略了维护者对自由软件的个人观点。虽然这些偏见将被纳入决策过程，但我通常建议不要让其成为考虑因素的一部分。一个好的开源项目会把用户放在第一位。

我通常看到的是开源项目和代码，它们是应用程序构建块的一部分，例如库、框架和集成层，在宽松许可证下它们可以工作得更好。其原因在于代码使用的意图，它将与专有代码混合在一起，因此 copyleft 的义务将是一个主要问题。通常，我们也看到这些项目的主要用户是软件开发者，在这种文化中，有一种参与上游的愿望，主要是因为实用主义——谁愿意在每次上游项目发布新版本时修补依赖项呢？

对于更多的终端用户应用程序，如桌面或 Web 应用程序，一般趋势是选择 copyleft。这主要是为了鼓励上游开发并使版本和发布节奏更加一致，同时也使希望构建商业模型的供应商不要太过关注销售副本，而应更多地提供支持和培训等附加服务。还有一个观点认为，在软件进入一个竞争激烈的领域，且存在多个商业解决方案时，使用 copyleft 是有帮助的。MySQL 是一个例子，当时市场被商业解决方案主导。我认为，如果开发主要由一个组织完成，这种方法可能演变为第 2 章中所描述的开放核心模式。

如果你的项目不符合这两种类型，那么可以从用户的角度开始思考——你对他们有什么期望，以及你想要建立多大规模的社群？如果你感觉社群文化自然会更具协作性，并且更多的软件工程会倾向于开源，那么可能不值得增加 copyleft 义务。如果不是这样，那么 copyleft 可能是一个更好的选择。

我想说的是，一旦你选择了一种许可证，要改变它就需要付出很多努力。最大的问题在于，要改变许可证，每个为该项目作出贡献的贡献者（除非事先有一份协议规定版权许可证——我们将在 3.2 节中介绍这个问题）都必须同意重新授权他们贡献的代码。如果只有 3～4 个贡献者，那么这相对容易。但是假设有 50 或 100 个贡献者，而且其中一些人已经很长时间没有贡献或很难联系，这将成为一个艰难的挑战。如果贡献者不同意重新授权，则项目必须删除该代码，可能还需要重写。所以，请明智地选择许可证。

现在我们已经讨论了许可证，下面让我们开始研究知识产权管理的下一个关键部分——如何管理开源项目的版权和贡献签署。

3.2 版权和贡献签署

当人们考虑许可证和知识产权管理时，谈话通常集中于出站许可证，也就是项目使用的许可证。但同样重要（甚至更重要）的是代码进入项目所遵循的条款，因为如果代码进入项目的许可证或条款与代码发布的许可证不兼容，那么下游用户就难以使用该代码。

在较小的项目中，这种情况经常被忽视，因为你通常只会看到代码仓库的几个贡献者，所以项目维护者往往不太关注贡献签署。但可能很快就会失控，特别是如果有人来到项目中说："嘿，这部分代码看起来像是从我的商业产品中复制的。"这时候情况就会很尴尬，因为项目会突然陷入混乱，需要尝试找出是谁添加了这段代码，希望有人认识这个人，而不只是一个随机的 GitHub 用户。还记得本章开始时的那张图片吗？不要成为左边那样混乱的项目。

在开源中，贡献者通常有两种方法表明他们对代码进入项目进行了签署或批准，在某些情况下两种方法可以结合使用。它们分别是签署贡献者许可协议（Contributor License Agreement，CLA）和开发者原创声明（Developer Certificate of Origin，DCO）。现在让我们来看看它们。

3.2.1 CLA

CLA 是由贡献者签署的法律文件，它在项目和贡献者之间就贡献者对项目所作贡献的条款和条件提供了一份协议。CLA 可以是与个人或组织达成的协议，分别称为个人贡献者许可协议（Individual Contributor License Agreement，ICLA）或公司贡献者许可协议（Corporate Contributor License Agreement，CCLA）。

就 CCLA 而言，通常需要涵盖组织中的一组指定个人或组织的所有雇员和承包方。这些协议通常只需要签署一次，就可以涵盖特定个人或组织的所有贡献。然而，如果 CLA 中的条款发生变化，则个人或组织需要在作出未来贡献之前重新签署协议。

项目通常会使用 CLA 明确规定贡献者的权利和义务。以下是一些例子：

- 允许组织为项目使用的任何软件专利提供许可；

- 让组织明确确定可能代表他们作出贡献的个人；

- 要求贡献者为项目提供版权或知识产权许可，或者在某些情况下，完全将版权和知识产权转让给项目。

CLA 的条款常常有点零乱，除非使用标准模板（如 Apache CLA），否则组织往往需要法律审核才能放心地为项目作出贡献。因此，即使在具有非常宽松条款的项目中，CLA 也可能带来一些摩擦。一些贡献者甚至会拒绝为带有 CLA 的项目作出贡献，有时这是理念问题造成的，但有时也可能是对实施 CLA 的项目存在一些担忧和不信任。

我们还注意到在第 2 章中描述的开放核心模式中使用了 CLA。这是因为组织需要在其非开源产品下以商业许可证重新授权代码的权利。但我们也看到这样的做法会将开源项目转变为专有产品，或增加更严格的许可限制。发生这种情况的项目示例包括以下 3 个。

- MongoDB 原来使用的是 GNU Affero 通用公共许可证第 3 版（AGPL v3），但后来因为担心云服务提供商利用 MongoDB 赚钱，而 MongoDB 公司却得不到任何收益，所以他们改用了新的服务器端公共许可证（Server Side Public License，SSPL）。
- Redis Labs 由于对云服务提供商有一些担忧，在其开源代码中添加了 Commons Clause。
- SugarCRM 最初在自己的 SugarCRM 公共许可证下提供其社群版，后来转向 AGPL v3，最后转向完全专有的产品。

我知道我介绍了 CLA 的一些负面情况，但并非总是如此。对于一些组织来说，使用 CLA 可以解决一些开源项目许可证可能存在的不明确之处。以使用 BSD 3-Clause 许可证的开源项目为例，该许可证不涉及组织授予其可能拥有的任何软件专利的许可。根据使用代码的行业和情况，CLA 可以弥补这些差距，同时允许项目使用一种更宽松的许可证（该许可证不会直接消除这些差距）。另一方面，像 Apache-2.0 这样的许可证通常会使 CLA 变得多余，从而消除对 CLA 的需求，这是它在商业供应商驱动的开源项目中受欢迎的一个因素。

3.2.2 DCO

在 Santa Cruz Operation 公司（很多人通过其首字母缩略词 SCO 来辨认该公司）对 Linux 内核项目中的代码版权主张提起诉讼的高峰期，人们讨论了如何在简化贡献签署流程的前提下不增加实施 CLA 所带来的明显摩擦。在 Linux 内核项目中存在一种贡献由集体共有而非个体所有的文化。自然而然地，这使得 Linux 内核项目的版权所有情况有点像蜘蛛网——但这是有意设计的，因为它确保了技术可以公开发展，没有特定供应商能够在未征得所有贡献者同意的情况下将项目引向某个方向。可以将该项目看作某种公共资源。

尽管 SCO 的诉讼在过去 20 年里大多都已被驳回，但对于该社群，将这一模式进一步简化到贡献工作流程中的概念是必要的。因此，DCO 应运而生，这是一个简单的声明，贡献者通过在其源代码提交消息中添加"Signed-off-by:"行来进行声明。此签署的声明如下：

DCO

版本 1.1

版权所有（C）2004，2006 Linux 基金会及其贡献者。

每个人都可以复制和分发本许可证文件的逐字副本，但不允许更改。

DCO1.1

通过为这个项目作出贡献，我保证：

（a）贡献的全部或部分是由我作出的，并且我有权根据文件中注明的开源许可证提交该贡献；

（b）该贡献基于先前的作品，据我所知，该作品已被适当的开源许可证所覆盖，根据该许可证，我有权依据文件中注明的相同许可证提交修改后的作品，不论该修改是否全部或部分由我做出（除非我被允许在不同的许可证下提交）；

（c）贡献是由其他做出（a）、（b）或（c）声明的人直接提供给我的，我没有修改它；

（d）我理解并同意本项目和贡献是公开的，贡献的记录（包括我提交的所有个人信息与我的签署）将无限期保留，并可能根据本项目或所涉及的开源许可证重新分发。

实际上，贡献者签署声明，是在确认他们有权为项目贡献代码，因为要么是他们创建了代码，要么是与他人一起创建了代码，或者从别人那里获得该代码，并且该代码使用了相同的许可证（或者他们有权将代码纳入贡献所使用的许可证）。此外，他们指出，随贡献提交的个人信息将无限期地与项目一起保存，并且可能像贡献者信息一样被重新分发——这解决了全球普遍存在的数据隐私法规方面的许多重要问题。

git 等版本控制系统通过在提交时使用 git commit -s 命令，使签署声明变得非常简单。GitHub 也提供了工具，可以自动签署声明。DCO 在开源项目中非常流行，因为其机制简单易用，已经有成千上万的项目使用 DCO。

尽管 DCO 简单易用，但也可能存在一些并没有被直接解决的问题，例如之前分享的软件专利问题，这可能使希望为项目作出贡献的组织有些担忧。有时，组织会认为实际使用的开源许可证能够解决这些问题。其他时候，可以将 DCO 与更轻量级的 CLA 结合使用。后一种方法被学院软件基金会托管的几个开源项目所采用，直到后来他们转向使用 Apache CLA。

选择适合你项目的正确方法在于了解下游用户和组织。在过去的几年中，我们已经看到了代码来源的重要性——这意味着组织希望了解他们使用的代码的出处。截至本书撰写时，软件供应链攻击有显著增加的趋势。如果一个项目无法证明代码的来源，那么可能会对使用代码的每个用户构成风险。此外，正如我们所讨论的，对软件专利的敏感性持续存在，这使得与风险管理相关的严格程度提升到了另一个维度；换句话说，你希望在新贡献者参与项目的工作量和为项目及其用户提供适当的法律保护之间取得平衡。

有一些非常好的问题，有助于指导你作为项目维护者走哪条路，具体如下。

- 项目的用户是谁？他们在哪个行业？有哪些监管或其他考虑因素？

- 项目的贡献者是谁？大型企业、初创企业，还是个人？

- 项目使用的许可证是什么？许可证是否有关于版权或专利许可的具体条款？

- 你在项目中使用代码的意图是什么？（和之前在选择许可证时问的问题相同。）

一般来说，作为一个项目，建议采用最简便的方式进行贡献。即使使用 CLA，也可以使用自动化工具（如 LFX EasyCLA）执行，坚持使用标准模板可以降低摩擦。

管理项目的知识产权不仅仅是代码，因为品牌、项目名称和其他资产对开源项目的成功也非常重要。下面让我们看看品牌和标志管理的最佳实践。

3.3 品牌和标志管理

最后要考虑的因素（可以说这是项目中的关键因素之一）是品牌管理。对于一个较小的项目，这可能看起来不是什么大问题，但对于一个较大的项目，则可能对其成功至关重要。

我们已经在开源中多次看到这样的例子。首先浮现在我脑海中的是 PHP 项目，它在 21 世纪初开始成为首选的 Web 开发语言。从那时起，各种各样的项目都是使用 PHP 构建的。其中一个项目是 phpMyAdmin，它目前仍然是一个流行的 Web 应用程序，用于管理 MySQL 数据库。现在我们看到了各种各样的项目都以 PHP 命名，但这些项目的差别很大，有的是指开发工具，有的是最终用户应用程序或库。它们之间唯一的共同点是它们都是用 PHP 编写的。

一方面，这种宣传使 PHP 更受欢迎。但另一方面，也带来了困惑，例如，phpMyAdmin 是不是 PHP 项目的一部分？如果这是一家产品公司，一个优秀的产品营销人员会立即认识到这是品牌混淆。但作为一个开源项目，这种势头可能会超出维护者的掌控范围，并且在某些情况下超出他们的专业能力范围。

那么，在品牌管理的范畴中，项目维护者应该考虑什么呢？

3.3.1　确定项目的名称

一个项目应该先确定自己的品牌是什么。这在很大程度上涉及它对用户的独特性，也就是说，名称是否与项目的目的有关？像 OpenEXR 这样的项目清楚地表明了这一点——它提供了 .exr 文件格式的规范和参考实现。有时，项目使用的名称也可能通过一个故事与项目所在的领域、项目创建的时间和地点相关联。Debian 的名称是一个组合词，该名称将项目创始人 Ian Murdock 当时的女友 Debra Lynn 的名字与他的名字 Ian 结合在一起。Apache HTTP Server 之所以被命名为这个名称，是因为它是原始 NCSA Web 服务器的补丁（或者更确切地说是一组补丁）。

一些项目在命名上也可能带来一些问题。在为写这本书做研究的时候，我看到了一篇关于开源项目 Twisted 的文章，Twisted 是一个用 Python 编写的事件驱动的网络引擎。虽然项目解决的领域和问题使得这个命名非常合适，但它确实导致了一些糟糕的笑话（例如，有人说 Twisted 这个名字挺扭曲的），同时这个名称也可能有一些只在特定地区有意义的隐喻（例如，命名一个包为 twisted.spread.jelly），同时项目的名字还与一支流行重金属乐队（twisted.sister）重名了，这可能涉及版权问题。

在考虑给项目命名时，确保没有其他人在使用它非常重要。如果有人在使用同样的名字，那么不仅会造成混淆，还可能涉及商标侵权问题。一个好的方法是在 Google 和 GitHub 上搜索这个名字，看看有什么相关内容——如果出现了一些项目或商业产品，通常不建议继续使用这个名字。下一步是检查各种商标数据库，包括美国专利商标局和欧盟知识产权局的数据库。如果没有找到结果，或者没有找到与你的项目相关的商品和服务，那么一般情况下是比较安全的。如果有结果，要么换一个新名字，要么与律师进一步讨论。

3.3.2 品牌一致性

一旦项目有了一个名字，下一步就是建立品牌。一个品牌通常包含几个不同的方面，如项目名称、标志，以及可能的口号或描述词。在这个阶段，最重要的是确保一致性，让我们以一个名为 Zeus 的虚构项目为例，你可能会有以下疑问。

- 项目名称是 Zeus，还是 ZEUS 或 zeus（注意大小写的差异）？

- 是 Zeus 项目吗？Zeus 框架？Zeus 套件？

- Zeus 有标志吗？它是独特的，还是只是 Zeus 拼出来的单词？

在这个阶段最重要的就是保持全面的一致性。如果一个人称它为 Zeus，另一个人称它为 Zeus 框架，这就会让人困惑它们是不是同一个项目。

标志也是如此。它应该具有相同的颜色、比例和设计元素。可以参考 Linux 基金会标志使用指南中的例子——它给出了 Kubernetes 标志的正确和错误用法，如图 3.2 所示。

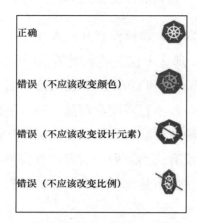

图 3.2　正确和错误使用 Kubernetes 标志的例子

这看起来可能是次要的细节，但却在品牌管理中至关重要，不仅有助于减少混淆，还可以为项目塑造一个专业的、运行良好的形象。

3.3.3　保护品牌

通常来说，保护品牌的最佳方法就是始终保持一致性。即使项目经过商标注册或标志注册，如果使用不一致，它们也会变得难以维护。这是谚语中"防患于未然"的经典例子，在项目使用名称和标志时有意识地保持一致性，可以为项目的成功打下基础。

之后，保护品牌的下一个层次是商标注册。美国专利商标局将商标的用途描述为"用于区分一个卖家或提供商的商品/服务与其他卖家或提供商的商品/服务，并指示商品/服务的来源。"默认情况下，有效使用商标的项目会得到商标普通法的保护，通常会被全球各地的商标机构认可为合法的商标所有者。再下一步是注册商标，这取决于所使用的术语、项目的知名度以及所在行业，注意注册商标是一个明智的做法。但是，注册和维护商标的成本可能比较高昂。通常项目会寻求转向中立供应商实体（如 Linux 基金会、Apache 软件基金会或软件自由保护协会等）的领域，他们在管理商标方面拥有丰富的经验和专业知识。在稍后的章节中，当我们谈到基金会在开源治理中的角色时，会更详细地讨论这个问题。

3.3.4 让其他人使用你的品牌

Apache Hadoop 是一项重大的技术，在 21 世纪头十年催生了整个大数据产业，吸引了数十亿美元的风险投资和产品投资，同时，有许多下游产品利用了该技术。由此，我们看到术语 Hadoop 被用于多个产品命名中，术语 Hadoop 发行版也变得很常见。用户面临这种情况时可能会有一个问题——Hadoop 发行版意味着什么？它是指特定版本的 Hadoop 吗？特定的配置？一个 Hadoop 发行版与另一个兼容吗？设计用于 Hadoop 的产品是否适用于任何 Hadoop 发行版？这类细节看起来可能不重要，但在企业软件领域，它们对于生态系统的发展至关重要。

就像本章前面的 PHP 例子一样，确保你的品牌能够以一种与下游用户清晰沟通的方式使用，这对于项目生态系统的发展至关重要。这也是需要提前考虑的事情，许多项目都建立了商标和品牌指南来帮助澄清这一点。一个例子是开放大型机项目，它有配套的品牌指南来帮助明确如何引用其项目，包括如何确定组织在项目中的角色。

回到 Hadoop 的例子，一个项目建立其下游生态系统，以及与上游项目的兼容是非常重要的。在这方面，建立一个一致性计划是很有价值的。一致性计划允许项目社群基于或利用该项目来制定产品和服务的标准，以发展一个生态系统。一些例子包括：

- 经过认证的 Kubernetes，确保每个供应商的 Kubernetes 版本都支持所需的 API，开源社群版本也是如此；

- Zowe 一致性计划，旨在让用户相信，当他们使用基于 Zowe 的产品、应用程序或发行版时，可以期待更好的通用功能，各个部分能够很好地协同工作，以及获得高水平的用户体验。

通过参加这样的计划，项目将授予产品或服务一组特殊标志来表示其一致性。计划使用客观标准进行管理，通常第三方将参与评估过程，以确保没有供应商偏见。

请注意，一致性计划不会侵犯其他人使用代码的能力——代码在项目许可证下仍然可用。这只是增加了一种解决最终用户担忧的方法，即明确使用 Hadoop 发行版这个术语的产品应该具备什么条件。有了一致性计划后，不仅有了具体的标准，还能够明确项目的品牌。

3.4　小结

本章从开源的角度简要介绍了许可证和知识产权管理的基本知识，旨在为你提供足够的洞察力和知识，以便理解这些概念。

有一些资源（如 FOSSMarks，以及来自 Linux 基金会的一些法律文章和软件自由法律中心的一些文章）可以帮助你了解这个主题。对于项目的许多基本需求，本章能够提供帮助，但我总是鼓励项目在涉及更广泛的疑问和问题时寻求法律建议。正如我在本章开头所说的，我不是律师，无法提供法律建议。

你会注意到，我没有提到依据许可证维权——这是有意的。虽然在一些特殊的情况下，对许可证违规者采取法律行动是明智的，但在绝大多数情况下，与他们联系是更好的解决方案。我曾经听到过一个引起共鸣的评论："想让一个人不再为你的项目作出贡献的最佳方法是向他们发送终止函。"

此外，依据许可证维权是项目维护者或作者应该关注的焦点，毕竟他们是直接受到影响的人。我不经常在社交媒体上发帖，但几年前我曾针对这个话题发过帖子。

我认为这篇文章涵盖了 Linus 的观点，提供了一个非常有洞察力的对比……

总之，我对 GNU 通用公共许可证合规性的关注程度远不如那些开源合规性的作者。

既然我们已经讨论了许可证和知识产权管理，你现在已经具备了足够的能力运用你所学的知识让你的公司开始参与开源项目。在第 4 章中，我们将会帮助你让你的公司开始或者参与一个开源项目，以及帮你更好地衡量投资和认可贡献。

第 4 章　向公司展示开源项目所带来的商业价值

如果你已经阅读了第 1 章和第 2 章，你大概希望能有一些具体的动机来使用开源并启动一个开源项目。如果你已经读到这一章了，你可能在想："我们公司有一些很棒的代码，我们应该开源！"这种态度是正确的！

然而，当公司考虑为开源项目作出贡献时，事情远比表面上看到的要复杂得多，更不用说启动一个开源项目了。作为一个决定为开源项目作出贡献或启动一个开源项目的个人，理由通常很简单：你拥有一些有趣的东西，你希望其他人从中受益，或者你正在使用一个项目，你看到了一些你想要修复或改进的东西——这通常被称为"为自己挠痒"的模式。你也可能发现一个项目对你正在做的工作很有帮助，你只是想帮忙——如写一些文档或对拉取请求提供反馈——以解痒。

对公司来说，仅仅满足自己的需求是不够的——他们还需要看到这对他们的整体业务有什么好处，这通常被称为"开明的自我利益"。在许多组织中，软件开发者被认为缺乏商业头脑，由于这种观念，关于开源的讨论就只停留在了技术层面。这表明需要将开源的价值与商业价值联系起来，在过去的几十年中，我们已经看到了两者的结合。有时将商业模式与开源结合是一条崎岖的道路，这与过去的颠覆性技术需要时间找到合适的商业模式没有什么不同。

在这一章中，我将做一些基础工作，来帮助你将公司融入开源社群，无论是为开源项目作贡献还是启动一个新项目。

4.1 为什么公司要将代码开源

要想在组织内获得对代码开源的支持，首先需要了解开源的动机。这需要你用商业思维来思考，其实归根结底都是成本和收入的问题。有时，我们可以从更长远的角度考虑问题，但如果想推动开源，也需要提出一些短期利益。下面让我们看看开源的主要动机是什么。

4.1.1 降低开发成本

底线是每个公司都会考虑的问题，这往往是关注开源的主要动机。在软件开发中，无论是最初的开发还是维护，都需要付出成本，其中包括新功能的开发、修复错误和解决安全问题。要做到这一点可能相当艰难。

公司在开发成本方面通常不会考虑软件开发涉及的专业化。如果你回到 21 世纪初或之前，最常见的软件开发者是所谓的"全栈开发者"，这意味着他们在不同技术和语言方面拥有广泛的知识和专业技术。例如，一个全栈开发者能够使用 HTML、JavaScript 和 CSS 编写网站的前端代码，使用 PHP、Python 或 Ruby 编写业务逻辑，并使用 MySQL 或 PostgreSQL 管理数据库后端。如果你是一名软件开发者，就应该知道这些技术之间不仅存在技术差异，而且在可扩展性、性能、安全性和可维护性方面也存在差异。对于今天的软件开发者来说，这些层次已经变得更加复杂，已经从简单的 JavaScript 调用发展到像 Bootstrap 这样的复杂框架，从单体应用程序发展到微服务，而且通常不仅涉及一个数据库后端，还可能涉及多个后端，同时这些后端还可能涉及不同的方法和方法论。

对于今天的组织来说，即使是一个中等规模的软件开发公司，雇用在每个领域都有专长的软件开发者也是一项艰巨的任务。在某些情况下，可能只有少数几个人拥有特定工具的专业知识。例如，如果你需要构建一个大部分为静态的网站，该网站需要一些模板逻辑来保持页面的多个区域同步，你可以定义一种模板语言并构建一些脚本来自动化处理，或者你可以使用像 Jekyll 或 Hugo 这样的工具，它们已经具有完备的功能。这样，你就不需要一个开发者来持续维护自己构建的脚本（因为这个脚本毫无疑问会在某个时间点出现故障，或者模板语言需要为不同的数据类型进行更新），而是使用 Jekyll 或 Hugo 的构建功能和模板语言。这不仅节省了公司的时间和精力，还意味着他们不需要雇用专业知识深厚的员工，只需要有人懂得如何使用工具即可。通过查看项目相关的技能来简化招聘过程，还可以使公司更灵活地利用开发者资源。

4.1.2　为客户添加新的特性或功能

假设你的公司正在开发任务管理工具，客户提出了以下需求：如果用户的所有任务都可以列在日历上，就能帮助他们提前计划并协调日历上的其他会议。第一种方法是探索如何将其集成到单一日历工具中，如 Microsoft Outlook 或 Google Mail；第二种方法是编写一个实现 iCalendar 标准的自定义 iCal 服务器；第三种方法是你可以寻找一个能够处理整个 iCal 标准的库。你会选择哪一个？

这正是开源的最佳切入点，它能够提供解决特定问题的特定功能。你可以说这来源于 UNIX 和自由软件的传承，每个工具都解决一个具体的问题（而且解决得很好），并且被设计与其他工具配合使用。就像前面提到的降低开发成本一样，公司不需要员工去了解这些库或工具的方方面面，他们只需要会使用库和工具即可。

开源的另一个方面是能够改进库和工具，以使集成或客户体验更好。例如，可以看一下 iCal 的例子，也许公司的开发团队识别出某个使用 iCal 端点的特定日历客户端存在兼容性问题（如果你以前没有使用过 iCal，请注意客户端在诸如空格和换行符等方面可能非常挑剔）。他们不仅可以报告问题，还可以提供测试用例，甚至进行修复。如果该项目不是开源的，他们将不得不考虑供应商的时间安排和支持团队，这可能需要几周、几个月甚至几年的时间，而在开源中，这只是提交一个补丁并将其合并到主代码仓库的问题。作为一个额外的好处，公司也不需要维护修复后的工具版本，这被称为上游工作（在第 2 章中讨论过），并且可以更容易地为公司的产品引入新的特性和功能，而不需要你做任何工作。

4.1.3　更快推向市场

前面描述了关于公司开放源代码的两个动机，侧重于开发者协同的角度，即将开源作为优化公司开发者投资的一种方式。优化的另一方面是速度——或更确切地说，公司如何更快地构建软件。

如果我们看一些经典的案例，Facebook（现在是 Meta）、Apple（苹果）、Amazon（亚马逊）、Netflix 和 Google（以上公司统称 FAANG），它们的差异化因素都是在开源的基础上构建解决方案。Meta 在崛起的过程中大量使用 PHP，苹果在构建 Mac OS X 时使用 FreeBSD 和 Mach 内核项目的许多部分，我们也看到亚马逊、Netflix 和 Google 都使用了开源，并为更大的开源社群构建了大量的开源项目，以供大家使用和贡献。同样的模式在其他科技公司也多次出现，许多初创公司都是从开源社群中成长起来的，或者开创了自己的开源社群以推动创新。

对于那些不了解开源的人来说，一个常见的问题是："为什么要把这样的技术公开给任何人使用？开源这些代码难道不会激发竞争对手吗？"这是一个合理的疑问，但公司会认为这是一种权衡——是拥有所有代码和知识产权更有价值，还是快速地将解决方案推向市场更有价值？此外，技术堆栈的哪些层具有价值？

在从经典 Mac OS 转向 Mac OS X 时，苹果意识到价值在于用户体验层面，所以构建自己的操作系统内核并没有太大意义（这也无助于他们摆脱 Copland 项目，这被认为是软件开发史上失败的项目之一）。其中一个重要的动力是苹果需要快速实现更先进的操作系统，因为经典 Mac OS 已经过时，并且没有包括多个关键功能，如抢占式多任务处理、受保护内存、访问控制和多用户管理，所以使用已经拥有这些功能的内核和操作系统可以更快地将它们推向市场。

正如我们在前面的章节中所看到的那样，开源的价值在于构建生态系统，还有一个次要的好处，即不仅可以更快地进入市场，还可以更快地建立市场。Cloud Foundry 起源于 2011 年 Pivotal Software 启动的一个开源项目，其初衷是将项目打造成适用于任何构建多云平台即服务（Platform as a Service，PaaS）应用程序的一个标准。这个想法确实实现了，在 Cloud Foundry 上有多家供应商和云服务提供商提供支持，不仅帮助解决方案更快地进入了市场，同时也更快地确立了将 Cloud Foundry 作为标准——并且通过代理，Pivotal Software 成了市场的领导者。

4.1.4　能够集中投资

当公司考虑开源一些代码时，我经常与他们聊天，当讨论转向开源代码的价值时，我会将开源与他们可能为其业务提供的其他服务进行类比。

例如，你很少看到公司 CEO 清理办公室周围的垃圾桶。通常，我们将清理垃圾桶视为一项外包服务。倒垃圾是一项普通工作,很多人都可以做。通常,这种服务本身的成本很低,因为规模经济会发挥作用。例如,如果一家公司与其他 4 家公司共享一个办公空间,那么一个人就可以清空所有办公室的垃圾桶,而不是找 4 个不同的人分别打扫不同的办公室。

这样的想法也同样适用——正如我之前提到的,你不必为应用程序的每一层都配备专家,只需为业务至关重要的特定部分配备专家。这类似于云计算减少了每个公司对数据中心管理员的需求,如果你在 Cloud Foundry 等框架之上构建应用程序,则只需要 Cloud Foundry 的专家而不是为每个基础组件配备一个专家。这使得公司更容易集中投资,吸引人才,并更好地执行业务。

了解了为什么公司会参与开源生态系统的背景后,现在让我们谈谈如何在内部获得对代码开源的支持。

4.2　在内部获得对代码开源的支持

现在你知道了为什么一家公司会开放源代码,下面让我们来看看在提议开放源代码的过程中需要考虑的事项。值得注意的是,每家公司的工作方式可能有所不同,所以我要讨论的许多要点都是站在更高的层面上,但其中的基本概念是任何公司都需要了解的。

4.2.1　回顾已经存在的项目

开源项目的资源一直都很紧缺。即使有足够的开发者,这些开发者也可能没有足够的资源来编写测试、构建文档、筛选传入的问题、回答问题和处理安全问题。与孤军奋战相比,相互合作有助于提高项目的效率，产生更大的影响，并完成更多的功能和用例。

在开始一个新的开源项目之前，可以研究其他可能解决同样问题的项目。在审查它们时，请考虑以下问题。

- 该项目是否涵盖与我的项目相同的用例？
- 它是使用相同的语言、框架或者技术堆栈构建的吗？
- 有多家公司为该项目作出贡献，还是只有一家？
- 该项目是否有及时接受社群贡献的记录？
- 该项目使用什么许可证？项目有哪些知识产权政策？它们是否与我们的需求兼容？

如果你对所有这些问题的回答都是肯定的，那么为该项目作出贡献可能比启动一个新项目更好。

即使有些答案是否定的，也不一定意味着已经存在的项目不能为现有项目作贡献，而非要开启一个新项目。例如，如果你想分发一个产品并将开源项目作为该产品的一部分使用，而该项目使用 GNU 通用公共许可证，这可能被认为是一个阻碍因素。在这样做之前，请联系维护者，看看他们是否愿意更改为更宽松的许可证；通常，维护者在开源许可证方面并不精通，或者可能没有意识到许可证方面存在的问题。例如，我以前曾联系过使用 GPLv3 许可证的项目维护者，并说"有没有可能更改为 Apache-2.0？"而维护者回复说"当然可以！"我要指出的是，如果项目只有一个或几个贡献者，这个方法往往更容易实现，但在较大的项目中可能不那么容易实现。

4.2.2 构建商业案例

从 4.1 节中讨论的主要动机出发，首先，你需要构建一个商业案例，说明为什么要开源特定的代码。原因可能有很多，主要包括以下 3 点。

- 代码并不都是公司特有的，也不是核心代码，而且如果让外部人员参与，可能获益。

- 开发者正在寻求扩展代码或遇到具有挑战性的问题，希望利用更广泛的专业知识。

- 代码与公司正在使用的开源项目相关，可以基于该项目构建，也可以从中派生，并且用例可能适用于其他人，因此将其推到上游对公司和项目都有好处。

开始构建一个关于开源的商业案例与一般情况下建立商业案例非常相似，通常包括以下 3 点。

- 问题陈述。公司面临的挑战是什么？例如，可能是团队维护代码的时间有限，或者缺乏继续开发的专业知识，或者可能缺少机会，如发现市场上存在的空白或在面临多个解决方案时使用通用集成框架的挑战。

- 概述解决方案。这可能涉及启动一个新的开源项目或为现有的开源项目作出贡献——我们将在本章后面深入探讨这个主题。在这个阶段，关键是确保你能够简洁地将问题与解决方案联系起来，并展示解决方案如何提供一种方法来简单地解决提出的问题。

- 确定实施的步骤和实现目标需要做什么。考虑内部战术部分（法律审查、工程审查和市场审查——我们将在本章后面深入探讨这个话题），但也要考虑预算需求、简报并与外部合作伙伴保持一致,以及调整所需的内部资源支持。

现在让我们来看看如何更实际地构建商业案例。

一家公司开源代码的商业案例

让我们来看一个商业案例。我过去参与过一个项目,是 COBOL 编程课程,由开放大型机项目于 2020 年 4 月推出,虽然这不是他们确切的商业案例,但我可以想象他们的思考过程是这样的。

- 问题:COBOL 是一种在金融、保险、医疗保健、政府等关键应用中大量使用的语言。COBOL 的新人才库比即将退休的人才库小得多,COBOL 作为一种语言,其开发工具不同于今天软件开发者使用的工具。

- 解决方案:为 COBOL 开发一门编程课程,该课程使用 Microsoft Visual Studio Code 和 Zowe Explorer 教授 COBOL 开发,并将其作为开源项目,以便个人可以使用它来学习 COBOL,公司可以使用它来进行内部培训。

- 接下来的步骤:首先,我们需要获取有关 COBOL 的各种学习材料,并资助建立一门课程;可以与可能对这些材料感兴趣的学术机构合作完成,当作他们的课程。然后,我们需要联合几个行业合作伙伴组成一个指导委员会,建立一个 GitHub 网站,与大型机领域的其他组织(如开放大型机项目)合作,提供一个中立的家园,发布公告,并启动工作。需要 2~3 名全职员工(Full-Time Employee,FTE)资源以及持续的兼职资源来支持和推动工作。

前面概述的层次较高,既可以避免本章过长,又能够更简洁地思考这个想法。在早期阶段需要注意的一件事是,你要留下一些空白的地方,让别人填补并提供支持。在开源项目中,人的价值大于资金的价值,因为人对项目的成功（或失败）起着关键的作用。

下面是另一个更适合为开源项目作贡献的例子，一家不愿透露名称的公司正在争论是继续开发自己的数据库接口层，还是利用并贡献给另一个接口层。

- 问题：我们已经建立了自己的数据库接口层，多年来一直很好地为我们服务，但它变得越来越难以维护。此外，我们希望能够支持额外的数据库后端，但现有的设计实现不了这一点。

- 解决方案：回顾现有的数据库接口层，看看哪一个最符合我们的需求。虽然我们知道它不会是一个直接的替代品，但我们可以为这些项目贡献一些想法，同时可以将其嵌入我们的产品中，这样我们的产品也能从中受益。

- 接下来的步骤：召集一个架构委员会来审查开源数据库接口层，并就推进哪一层提出建议。然后，我们需要对缺失的功能进行差距分析，并与上游社群合作，将这些功能贡献回项目（这可能需要对许可证兼容性进行法律审查）。起初，我们可能需要2~3个全职员工资源，这比维护该部分的团队的规模略大，但我们预计，一旦过渡完成，我们将能够大大减小团队规模。

这个例子的好处在于它明确了前期投资可能会更高，但随着时间的推移，投资会不断减少。在这个阶段，适当地设定预期是真正的关键，特别是给自己留出空间，因为你难免遇到挫折。

4.2.3 获得盟友

现在，是时候开始在组织内推广你的商业案例了。在这方面，每个组织都有所不同，因为每个组织内都会有各种各样的人，还会有其他关键人物影响决策。你最了解你的组织，因此请将此作为指导，确定你需要的盟友类型。

首先，是预算盟友，他可以帮助资助开源项目所需的费用，并投入时间和精力。开源项目涉及很多方面，包括法律审查、工程工作、市场营销/公关和社群管理，这些都需要个人投入时间和资金。预算盟友需要看到这些投资如何在长期内获得回报。

一个精心设计的商业案例将起到事半功倍的效果，预算盟友也能够就你可能看不到的事情提供观点。例如，他们可能知道有团队成员即将退休，并对重新招聘存在一些担忧。也许有一些关于调整重点和目标的讨论正在进行，而关于开源的讨论正好非常及时。或许这个人和你有一些共同的直觉，甚至可能有开源方面的经验，可以在开源过程中给予你支持和建议。组织在很大程度上是由成本驱动的，所以预算盟友虽然不是唯一的关键利益相关者，但要想取得成功，他们必须站在你这边。

其次，是技术盟友。这些人可以是软件工程师、架构师或管理者，他们目前正在参与代码相关的工作，并有望在未来参与或受到开源提案的影响。通常，这些技术人员熟悉开源，成为项目一部分的想法会让他们感到兴奋（或者他们可能有过不好的经历，也会对开源感到反感）。你也可能遇到一些对开源不熟悉，或者只是听说过开源并持怀疑态度的人，就像我们在第 1 章中讨论的例子一样。

无论如何，你都需要他们的支持，因为最终需要他们进行技术工作。此外，你还需要设定在开源社群中的工作预期，这意味着设计和功能讨论应该公开进行，在社群内发布计划，并且像 bug 跟踪器这样的简单工具应该是开放资源。我经常看到公司开源代码，但所有开发会议和敏捷开发（Scrum）都在公司内部进行。在开始阶段确立一个良好的模式不仅可以确保项目的成功，还可以为内部开发团队建立良好的习惯。在第 5 章中，我们将深入探讨这个话题。

最后，是执行主管，可能并不是在所有情况下都需要这个角色。执行主管也可能和预算盟友是同一个人，但最大的区别是，主管的重要作用是确保开源能够在公司内保持较高的战略优先级，这使得未来更容易得到更多资源和预算。

另一个机会在于，随着时间的推移，这位主管可能有机会在公司内建立一个更正式的开源团队。这个团队通常被称为开源项目办公室（Open Source Program Office，OSPO），一般都是跨职能团队，在公司内支持开源工作。让主管尽早参与到公司的第一个开源项目中，可以帮助他们了解已经完成的工作，并使他们成为一个有力的盟友，在将该项目发展为一个成熟计划的过程中提供建议和指导。

4.2.4 设定预期

一旦你得到了大家的支持，通常就可以开始着手准备开源了。然而，要想成功，我建议你再走一步，那就是设定预期。

对于所做的任何努力，无论是公开源代码还是其他的商业举措，利益相关者（如前面列出的那些）都会抱着很高的预期——有些情况下，他们的预期甚至可能是不切实际的。也许他们以为一个月内会有 100 个贡献者加入，也许他们以为自己会成为 Hacker News 上的热门话题，甚至觉得可以在一夜之间减少工程开发的工作量。虽然有时候会有这样幸运的事情发生，但现实情况并非总是如此。

在设定预期时，请考虑以下方面。

- 时间预期，无论是开源的过程，还是建立贡献者基础。如果这是公司第一次开源代码，前者的时间可能比你预期的要长，因为除了与 4.2.3 节中描述的利益相关者进行协调，还需要进行大量的法律审查。

- 内部影响，有时所开源代码可能没有你想象得那么能被广泛应用，或者在一段时间内贡献不会很大。很少有开源项目能达到 Linux 或 Kubernetes 的级别，大多数都是小规模、低增速的项目，它们本身有价值，但可能不是大规模的。

- 努力，开源需要很大的努力，但是人们通常会有一个"如果我们构建开源项目，大家就会来参与"的想法。建立社群需要时间，也存在困难。我们将在后面的章节中深入探讨这个话题。

请确保你的公司和利益相关者不按季度衡量开源项目的成果，否则你永远无法看到成功。可以设立一些阶段性的目标，但要小心不要受到时间限制，因为开源项目会随着时间的推移而波动，而公司也需要时间来建立内部文化。在后续章节中，我们将深入探讨项目的增长、规模和文化，同时建立基础层，并在此基础上构建一切。

希望你现在已经获得了公司内部对开源代码的支持并达成了共识。下面让我们看一下将代码进行开源的检查清单。

4.3 开源项目或代码仓库的检查清单

如果你已经走到了这一步，说明你的公司支持你为开源作出贡献。给自己一个赞——你所做的并不容易，许多人没能到达这一步。

要实现这一目标，你需要审查几个关键要素，下面让我们来看看。

4.3.1 法律审查

即将开源的代码实际上是公司的知识产权，因此在为项目作出贡献或在其中启动新的开源项目之前,需要让法律团队对其进行审查。对于该代码仓库,法律团队还会想到其他注意事项,例如以下内容。

- 代码中是否有第三方授权的代码?如果有,公司是否有权利重新授权和重新分发这部分代码?

- 公司是否有在代码仓库中涉及的软件专利?如果有,根据该专利在项目中的使用情况,公司需要考虑是否要向其他公司和个人提供该专利的许可。

- 项目使用的许可证是什么?该许可证是否允许以与现在相同的方式重复使用该项目(例如,如果该项目是产品的一部分,公司是否可以重新分发带有该项目代码的产品)?

- 从法律角度来看,作出贡献需要哪些要求?贡献者是否需要提供版权许可?贡献者是否需要明确授予软件专利许可,或者项目的给定许可证是否充分涵盖了这些方面?

- 公司是否需要遵守所选许可证的其他法律要求?例如,如果一家公司选择 GNU 通用公共许可证,可能需要为被视为衍生作品的产品提供部分源代码。

法律审查,尤其是在公司第一次考虑为开源作出贡献或启动开源项目时,通常需要提前进行大量的教育工作。幸运的是,在开源法律领域有一些出色的专家可以提供帮助。实际上,从法律角度看,公司需要决定承受多大的风险取决于机会的可接受程度。换句话说,公司通过开源公开拥有的代码,是从某种意义上将其知识产权交给了全世界,但对公司而言,问题在于这有多大价值。它能够帮助竞争对手启动相关业务吗?它与其他解决方案有很大区别吗?它是不是公司独特的一段代码,并且将其公开可以创造比内部保留更多的价值吗?最后一个问题在开源中变得越来越常见,因为公司越来越意识到,尽管这段代码有可能让竞争对手更快地将产品推向市场,但也可以让公司自身在市场上播种这项技术,并在竞争对手追赶之前抢占先机。

我过去参与的一个项目 Zowe 就曾经面临这个问题,合作的公司包括 Broadcom(当时是 CA Technologies)、IBM 和 Rocket Software。他们都知道自己开发了一些非常有趣的代码,可以彻底改变我们与 z/OS 应用程序和数据的交互方式。他们也都意识到彼此拥有的部分可以成为他们自己的产品——因此有很高的知识产权价值,但他们决定联合起来,因为他们意识到将这些解决方案合并为一个开源项目可以获得更大的价值,可以使他们把重点放在与 DevOps 工具集成、应用监控和部署等方面的投资上。这是来自法律审查的权衡,但更广泛地说,也是将法律战略与公司整体战略相结合的产物。

4.3.2 技术审查

最后,在你发布任何代码之前,需要让技术团队对其进行审查。其中有 4 个部分。

- 团队应该对代码进行审查,以确保代码有效。如果一个项目的代码无法使用或缺少大块功能,那么这个项目从一开始就会失败。

- 代码应该有文档支持。文档不需要从头到尾 100% 完整地记录,但应该足以让你启动并运行代码,了解它的使用方式,并能够在代码仓库中导航。

- 清除可能与未开源的内部项目或工具相关的任何代码或注释。常见的例子是带有粗俗语言的注释,指名道姓地提及员工,或者提及内部服务器的 IP 地址和密码。

- 应该测试代码以验证其是否能够正常工作。在开源中，人们会获取代码并对其进行修改，因此测试可以确保预期的工作持续进行。对于像 C 语言这样需要编译的代码，测试也很有帮助，有助于确保生成的二进制文件符合预期。

技术团队在此阶段可能会遇到一个陷阱，那就是"完美主义是优秀的敌人"。我经常与计划开源的公司交流，他们告诉我："在将代码作为开源发布之前，我们需要构建所有文档，修复所有错误，实现 100% 的单元测试覆盖率，并满足任何功能需求。"我赞赏这种高尚精神，但同时，这可能会给社群留下一种印象，即该项目更像是一个产品而不是一个项目，意味着它是已完成的工作，不需要任何帮助或代码贡献。在项目中留下一些未处理完的部分（不是会导致代码无法运行的部分），是给他人留下为代码仓库添加内容或进一步开发的空间——这是培养贡献者基础的绝佳机会。我们将在第 6 章和第 9 章中深入探讨这个话题。

此时，你可能已经启动了一个项目或为一个项目贡献了代码，但是你如何判断这对公司是否有价值呢？下面让我们来看看如何衡量一个组织在开源方面是否成功。

4.4　衡量组织在开源方面是否成功

开源的成功真的很难定义。它不像构建产品那样简单——在构建产品时，成功取决于用户或客户的数量以及由此产生的收入，而在开源领域，成功除了涉及使用情况，还包括对组织可能产生的其他潜在影响。因为开源项目往往不直接与收入挂钩（毕竟你是免费提供代码），所以很难简明地定义总投资收益率（Return On Investment，ROI）。

但是，还有其他一些衡量成功的方法。

4.4.1 设定（合理）目标

我们之前提到过这一点，正在启动的开源项目或为开源项目作出贡献的团队应该设定目标。我们谈到了开源是长期而非短期的行为，因此目标规划必须考虑到这一点。但是，知道如何展示渐进式进展是继续让公司投资该项目的关键，同时也能够让你了解项目是否在正轨上。

有明确性、可衡量性、可达成性、相关性和时限性（SMART）的目标是一个很好的目标设定框架。这既可以帮助你明确公司的预期，又可以让你保持专注。

下面是一个可用于前面提到的 COBOL 编程课程的目标。

- 在 1 个月内，课程将完全上传到 GitHub 仓库，同时我们所有的治理和贡献指南都已经到位。

- 在 6 个月内，我们将有 20 个人完成课程学习。

- 在 9 个月内，我们将有 10 个来自非课程初始贡献者的贡献。

- 到第 1 年结束时，我们将有 5 名组织外的固定贡献者，以及有 40 个人完成课程。

关于这些目标我有两点看法。首先，它们关注成功的两个指标——贡献和使用，而没有追求 GitHub 克隆或星标数、开放的问题数或在 Hacker News 帖子上的评论数量。这是一件好事，因为该组织对产业影响的概念深信不疑（使用更先进的工具让更多人学习 COBOL），而且也相信产业合作与协同（让人们为一个课程而不是其他一堆课程作出贡献）。

其次，这些目标并不是太过苛刻，只要对项目有足够的关注，实现这些目标就不会太困难。这也为项目提供了一些余地来处理开源项目可能遇到的问题，例如，如何处理贡献、让人们适应工作流程，并让内部团队与社群的工作保持一致。这本身并不是无关紧要的事情，但有助于为项目的成功创造更好的机会。

4.4.2 识别和展示组织所作的贡献

公司面临的一个重大挑战是如何认识开源项目的影响，因为它不像商业产品和服务那样与收入或客户数量等有形结果相关联。然而，这并不意味着无法评估所产生的影响，事实上，组织可以利用开源的动机来衡量进展，并确定取得的成果和影响。

以下是组织需要考虑的一些事项。

- 采用可以跟踪多个贡献领域的测量工具：对于较小的项目，GitHub 社群指标可能很有用，同时集成了代码提交、开放问题、拉取请求和讨论。随着项目的发展，更复杂的工具（如 Bitergia 或 LFX Insights）将变得有用，两者都能够让你更好地自动将贡献与组织关联，并利用来自不同协作工具的各种数据源。

- 通过将开源贡献与年度目标或 KPI 挂钩来激励团队：这将使开源贡献从"有时间就去做"转变为"这是我的工作的一部分，公司以此为标准评估我"，注意不要将其定位为负面的，而是要作为一个机会，因为没有人喜欢在感觉像苦差事的事情上被评估。

- 制订开源贡献的内部表彰计划：这可以是非常简单的事情，例如，给团队发一封电子邮件，表彰某个时期的新贡献者或顶级贡献者。也可以是对一个时期内贡献最多或最重要的贡献者进行奖励。在开源的早期，我听说有一家公司会给任何将代码合并到 Linux 内核项目中的人发放即时奖金，这激励了许多人，不过从我的理解来看,一个贡献者必须经历的法律审查非常繁重,以致相对于奖金来说,往往不值得那些贡献者付出时间(但这是一个很好的尝试)。

所有需要考虑的主要问题是,将认可与项目旨在实现的目标保持一致,如表彰解决最多问题的贡献者,这可能是一种有趣的衡量标准,但这样的指标有助于实现增加用户和提高行业采用率的目标吗?正如前面提到的,当你有了可衡量的目标时,设定奖励就会容易得多。

4.5 小结

本章重点介绍了公司首次走上开源之路所必备的许多基础知识。每家主要参与开源的公司都会经历这个过程,并且需要经过相当一段时间的学习才能在开源方面取得成功。幸运的是,有一些很出色的团体,如TODO Group,他们由来自不同行业和领域的开源办公室的领导人组成,可以为你提供资源,帮助你了解如何才能取得成功。

启动一个开源项目是一种挑战,而且确实值得骄傲。但是运营一个开源项目……又是另一种有趣的挑战。在第 5 章中,我们将从启动一个开源项目入手,根据你所在的社群和行业来学习如何最好地管理项目。

第 5 章　治理和托管模式

如果你有 1 万条法规，就会破坏人们对法律的所有尊重。

——温斯顿·丘吉尔

如果我们回想第 1 章，就会发现在讨论开源时谈论治理总是很有趣的。开源的理念源自黑客社群，他们看到了现有软件生产和使用方法中的问题。你可以称他们有点反主流，但这是自由和开源软件社群多年来一直存在的一个特征。

随着时间的推移，你很快就会意识到，拥有有效的治理模式是长期成功和可持续发展的关键。几个世纪以来，这一直是人类历史的一部分。公元前 1755 年的《汉谟拉比法典》致力于为巴比伦人制定一套标准的法律和正义。尽管这个法典以"以眼还眼，以牙还牙"的原则而闻名，但它确实实现了将之前松散的文件和著作编纂成法典的目标，从而为社会的正常运作奠定了基础。开源治理旨在为社群提供类似的清晰度，并为项目的运作奠定了基础。

本章将讨论在开源项目中如何进行治理，并探讨几种考量项目运营和组织的方式。首先，你应该了解项目治理的所有方面。然后，我们将讨论维护者和贡献者之间的角色和关系，以及如何获得财务支持、如何更好地记录治理结构。

本章涵盖以下主题：

- 什么是开源治理；

- 开源项目中的角色；

- 记录开源项目的治理结构；

- 开源项目的财务支持。

在谈论开源项目之前，让我们先深入探讨开源治理的定义。

5.1 什么是开源治理

简单来说，开源治理就是开源项目需要具备的流程和政策，以使开源项目能够正常运行。这可能包含很多方面。

- 项目如何接受代码？

- 项目如何发布代码更新？

- 由谁决定哪些代码可以进入项目，哪些代码不可以？

- 需要做什么才能为项目贡献代码？

- 项目如何处理问题？

- 如何解决和披露安全漏洞？

- 谁可以作为项目代言人？

- 谁拥有项目的名称、作品和其他资产？

开源治理有几种模式，每种模式都有不同的利弊。关于开源治理要知道的一点是，它不是放之四海而皆准的，因为每个社群都有各自的特点。让我们来看一些常见的选项。

5.1.1 行动至上

最基本的治理模式是由实际做工作的人驱动的，这通常被称为"行动至上"。过去，这种治理模式被称为"精英治理"，但后来我们发现这个术语被误用了，因为"精英"通常与歧视和不包容性联系在一起。如果你剖析这种治理形式的概念，就会发现它更符合那些实际做工作的人做出决策的精神。

"行动至上"，虽然只是一种治理模式，但也是我们在本章中描述的大部分治理模式的基础。在第 1 章中，我提到 Alan Clark 将开源称为"根本上是为自己挠痒的模式"。开源通常是由其用户和贡献者驱动的。虽然许多人是有偿从事开源工作的，但他们的报酬是由那些希望看到特定项目成功的人支付的。

当有太多做工作的人时，"行动至上"的治理模式可能会出现裂痕。这并非出于恶意，更多的是由规模扩展导致的。这些行动者需要解决各自的问题，可能会存在冲突。或者你可能会看到行动者在做事效率上有些起伏不定，导致代码仓库中的某些部分发展得更快，而其他部分则停滞不前。从外部看，"行动至上"的项目往往看起来像是封闭的俱乐部，这会给新加入者带来挑战。当项目发展到一定程度后，你可能会开始考虑不同的治理模式。接下来要讨论的是终身仁慈独裁者（Benevolent Dictators for Life，BDFL）模式。

5.1.2 BDFL

当项目陷入冲突或困境时，我们经常看到他们回头寻求创始人的指导。这与创业公司的运作方式类似，即使创始人不是 CEO，人们仍然认为公司是他们的孩子，并且在关键决策方面也会尊重他们的意见。有时，项目的文化从一开始就与创始人的愿景一致。这两种情况都与 BDFL 的治理风格完全一致。

BDFL 可以是项目从一开始就采取的一种治理模式，也可以从前述的"行动至上"模式演变而来。我们通常看到的是前一种情况，如 Rasmus Lerdorf 于 PHP，Linus Torvalds 于 Linux，Guido van Rossum 于 Python。你可以把 Lerdorf 和 PHP 视为起初是以"行动至上"为基础的，因为 Lerdorf 根据用户的反馈发布各种脚本并接受社群其他开发者的贡献，逐渐发展为了 PHP/FI 2。尽管项目中有许多开发者，但社群在关键决策上仍然征求了 Lerdorf 的意见，他在 PHP 社群中仍然广受认可和尊重。

在 BDFL 中，治理是一把双刃剑。许多成功的项目都有谦虚、包容和富有创造性的创始人领袖，他们帮助设定了社群运作的积极基调。而有一些项目则存在分歧，导致项目出现分支。

即使有最好的 BDFL，仍然会面临所有决策都要通过一个人的瓶颈问题。Linus 也意识到了这一点，因此他在 Linux 中设立了几个关键维护者来分担工作，毕竟 Linux 内核每天都有数千行代码的改动。很多项目中的开发者认识到需要一定的形式来引导项目的方向，这就是我们要介绍的下一个类型的开源治理模式——技术委员会。

5.1.3 技术委员会

创始人的角色充满挑战，问问任何一个创建过公司的人就知道了。同样，创始人也很难判断何时该下放权力。创始人通常对公司的运营和形象塑造有着敏锐的眼光。然而，在某些时候，创始人会意识到他们需要让其他人来处理组织中的一部分工作。

在我参与的开源项目中,我做的第一件事就是帮助项目建立一个技术指导委员会(Technical Steering Committee,TSC)。这个委员会可以作为一个团队来领导项目,而不是仅仅依赖一个人。这样做有一个挑战,就是如何让人们能够主动承担领导角色,因为与我一起工作的许多技术人员更热爱技术本身,而对领导的官僚作风不太感兴趣。所以,作为创始人和领导者,需要吸引更多人参与进来,通常也包括社群中那些愿意主动承担领导责任的人。这也是自我任命的委员会治理的核心意义。

你可以认为,技术委员会实际上是"行动至上"这一概念的直接演变。毕竟,两者都由实际做工作并希望带头领导工作的人推动。技术委员会是"行动至上"理念的正式化,旨在构建一个可持续发展且没有独裁领导的项目。Apache 软件基金会、学院软件基金会、LF AI 和 Data 基金会以及 LF 能源基金会中的许多项目都是如此。最初开发者对一个项目产生兴趣,然后挺身而出逐步领导项目。

当技术委员会的领导者开始失去兴趣,或者领导者与社群之间脱节时,技术委员会的治理就会出现问题。同样,这是开源项目成长过程中很自然的一个阶段。当这种情况发生时,社群会开始寻求更加民主的方式来治理,这就引出了选举类型的治理模式。

5.1.4　选举

选举治理模式是从技术委员会模式演变而来的,其中相应角色是选举产生的而不是自我提名的。这通常发生在项目中个人和公司之间出现利益冲突时,并且项目需要确保决策是公正和公平的,为了解决这个问题,项目成员会进行选举。

选举可以基于多种原因。它可以用来选出领导者,他们将在一定期限内任职。CNCF 的技术监督委员会(Technical Oversight Committee,

TOC）就是这样做的，并制定了正式的选举程序和时间表。他们的想法是确保领导者定期轮换，这不仅有助于为项目带来新的想法和观点，还有助于确保避免领导者因为觉得无法离开项目而筋疲力尽。

我们也经常看到选举被用于项目社群的决策过程中。ApacheWay 的一个关键原则之一是共识决策。采用 ApacheWay 的项目（以及许多其他项目）使用所谓的懒惰共识方法。就是通过针对一个问题征求-1、0 或+1 的投票来实现，如果有人投了一个-1 的票，就需要他们提出一个替代解决方案，或者详细解释为什么他们投反对票。这样做的好处是它为建设性的分歧意见提供了空间，并帮助形成了一个包容各方反馈的建议。

之后我们从更受公司利益驱动的项目中看到了另一种治理模式，它分为单一供应商治理模式和供应商中立的基金会治理模式。下面让我们从单一供应商开始，看看这两种模式。

5.1.5　单一供应商

单一供应商治理模式通常与第 2 章中描述的开放核心模式一致。这种治理模式根植于单个组织创建的开源项目，该项目可能是组织现有产品的衍生品，或者可能是他们想要开源发布的一些内部工具。

下面我们看一下单一供应商治理模式的 3 个示例。

- 第一个示例通常是实用型项目。供应商有一些代码想通过开源发布，并在开源过程中尽可能减少麻烦。这通常只是为了将代码发布出去，如果得到了贡献，组织可能会认为这是一种意外收获。通常来说，组织没有获得大量贡献者的强烈愿望，只是想帮助用户或其他可能有类似示例的个人。这些项目往往比较小。一个例子是由 Netflix 发布的 dispatch。在我撰写本书时，该项目的顶级贡献者是两个 Netflix 的员工，而下一个贡献最多的贡献者只有少量的提交。

- 第二个示例是前面提到的开放核心模式，这在第 2 章中有所描述。在该模式中，开源的原因是希望提供一个产品的免费版本，目的是让用户在生产中试用该项目，然后寻找商业支持的版本。MySQL、Elastic 和 MongoDB 等公司都使用过这种方法，正如我之前谈到的，这种方法引起了开源社群的批评。

- 第三个示例是公司使用单一供应商模式来激发兴趣并评估项目的可行性。Kubernetes 于 2014 年夏天由 Google 发布，在获得了积极反馈后，他们借由该项目启动了 CNCF。我们将在 5.1.6 节中深入探讨这种治理模式。

5.1.6 供应商中立的基金会

我们在第 1 章中讨论了开源基金会如何成为开源项目的中立家园。通常，一个成功的开源项目也会遇到天花板，原因是该项目可能具备以下特征。

- 不清楚项目的资金来源或运作方式，或者人们认为它主要惠及单一供应商。

- 没有中立的资产所有者，包括项目名称、标志、域名、社交账户和其他资产。

- 项目的版权所有者是单一的实体，他们可以单方面更改许可证和知识产权政策，而无须社群的参与。

- 利用该技术的供应商认为他们没有公平合作的空间，特别是当他们之间存在竞争关系时。

- 项目的法律、信托和财务方面由一个组织管理，没有透明度或既定的流程。

当出现任何或全部上述特征时，最好的解决方案是寻求供应商中立的基金会治理。

开源项目要想走供应商中立的基金会治理模式有两种选择。第一种是建立自己的基金会，如 Rust 基金会、Python 语言基金会、PHP 基金会、Ruby Central 和 GNOME 基金会。这些团体通常是非营利组织，由捐赠或企业赞助支持，并雇用员工进行管理和运营。为开源项目建立一个基金会需要大量的工作和成本，但选择这种方式的社群通常具有非常独特的需求和考虑因素。

如果项目不太愿意成立自己的法人实体，还有第二种选择，就是选择像 Apache 软件基金会、Eclipse 基金会、Linux 基金会或 OASIS 开放组织这样的现有基金会。这些基金会拥有建立基金会支持治理的基础设施和专业知识，比开源项目自行尝试做这件事的成本更低。我提到的每个基金会都有不同的领域和优势，所以需要根据开源项目及社群的需求进行考虑。

了解了各种类型的开源治理模式后，让我们看看开源项目中的角色如何影响整体项目治理。

5.2 开源项目中的角色

正如我在本书中反复提到的，每个开源项目都是不同的。话虽如此，但通常开源项目中应该包含以下角色。

5.2.1 用户

开源项目中的每个人都是从使用项目开始的。这是开源"为自己挠痒"的模式的起点。如果一个项目对你有用,你就会投入其中。

顺便提一下,在第 6 章和第 7 章中,我们将深入探讨为什么要将重点放在用户如何使用项目上。同时,我们也要认识到,并非每个用户都会成为贡献者,这是可以接受的。然而,用户数量增加不仅会提高用户转化为贡献者的可能性,还能提升社交方面的影响,从而向潜在贡献者展示成为贡献者的价值和机会。

但是,我们的目标是至少有一些用户来帮助形成社群,这需要通过贡献来实现。下面让我们来看看贡献者的角色。

5.2.2 贡献者

当你为一个项目做了一些有益的事情时,你就成了一个贡献者。这可能非常简单。例如,一个人发推文说:"刚刚尝试了 X 项目,它太棒了!"也可以是某人在论坛上回答关于该项目的问题。他们可能会提出一个 bug 报告,或者可能通过向朋友或同事推荐该项目来提供支持。这类贡献通常很难追踪,但对于推动项目的发展至关重要。

通常,开源项目认为贡献者是那些直接向项目提供代码的人。对于普通用户来说,这通常是一个很高的门槛,比仅仅告诉别人"看看项目 X"要严格得多。当有人向一个项目提供代码时,这意味着他们不仅关心该项目,而且有认真使用该项目。在第 2 章中,我谈到了我对 repolinter 项目的贡献。

我之所以作出这个贡献,是因为我在多个所参与的开源项目中使用了它，在使用过程中我发现有些问题非常烦人，觉得有必要修复它。这是一个很高的标准，这意味着我不仅是一个用户，而且作为用户，我很愿意在其他项目中推荐它，并且当我发现了一些不正常的地方时，我希望修复它。如果你看到这样的贡献者，要心存感激。我们将在后面的章节中深入探讨这个话题。

当有贡献者能够为项目提供高标准代码时，你就可以看出他们对项目的深切投入。这些人是项目的维护者，下面让我们来看看什么是维护者。

5.2.3 维护者

作为一名维护者，有时也被称为提交者，既是一份承诺，也是一份信任。这种承诺来自个人对项目的持续关注和推动项目向前发展的兴趣。这类人认为项目对他们有价值，可以解决一些问题，并能够帮助他们完成任务。

然而，信任也是成为维护者的重要组成部分。维护者可以更改项目中的代码，这是巨大的信任。你要相信维护者对代码仓库非常了解，包括哪些代码合适，哪些代码不合适。维护者可以帮助贡献者完善代码，给予他们建议和指导。维护者也了解代码仓库的所有细微差别和细节，维护者知道代码哪里好，哪里还可以，哪里需要改进。他们还知道如何关注可维护性问题并解决安全问题。总体来说，维护者责任重大！

在较小的项目中，维护者是首要角色。我参与的项目只有 3~4 个维护者和几十个贡献者，这个结构是非常健康的。保持这些项目的可持续性涉及一些管理工作，我们将在第 7 章中深入探讨。然而，对于较大的项目，我们通常会看到一部分维护者或被指定的一些社群成员担任领导者的角色，现在让我们看看这个角色。

5.2.4 领导者

开源社群的领导者不是独裁者（除了前面提到的 BDFL，但请注意我们在那里使用了仁慈这个词）。是的，开源项目的领导者会确立方向、解决冲突、帮助平衡优先事项，但更重要的是，他们为社群服务。

在本章前面概述的所有治理模式中，开源项目的领导者意味着必须确保项目和社群中的每个人都能成功。这通常被称为服务型领导者，意思是成为一个为他人提供支持、资源和指导的领导者。是的，领导者需要做出决策，但决策不是孤立地做出的，而是在考虑（通常是咨询）更大的社群的意见后做出的。毕竟，如果领导者做出社群不喜欢的决策，未来他们可能难以持续获得支持与信任，从而影响领导效能。

在更好地了解了开源项目中涉及的角色之后，下面让我们深入探讨如何记录治理结构。

5.3 记录开源项目的治理结构

随着年龄的增长，我越来越意识到把事情写下来的重要性，主要是因为我很容易忘记事情。是的，我就是那个经常忘记接孩子放学、送他们去学校没带午餐或因忘记签一张表格而不得不去一趟学校的家长。这是人类的一部分，也是记录治理结构如此重要的原因。

记录治理结构很重要，因为理解过去的决策有利于在未来做出更好的决策。美国宪法修正案就是基于这个理念形成的。开国元勋们知道社会会发生变化，技术也会进步，所以在起草美国宪法时，他们确保了记录下来的理念保持完整，但未来的领导者也有能力在时代变化中加以拓展。开源项目也是类似的，一个拥有 10 个贡献者的项目与一个拥有 1000 个贡献者的项目的需求有很大不同。

Rust 项目就是一个很好的例子。当它还是 Mozilla Research 的开源项目时，就有来自公司的支持与治理，这使得维护者更容易在功能和方向上达成一致。然而，随着它吸引了来自多个组织的贡献者并成立了自己的基金会，原本简单的治理模式就需要更结构化，因此 Rust RFC 流程应运而生。

在记录开源项目治理结构时，有几个关键属性需要考虑。让我们先看第一个——可发现性。

5.3.1　可发现性

简单地说，就是要让治理的源头容易被找到。从一个好的 README 文件开始通常是很好的方式。一个好的 README 文件会回答以下问题。

- 这个项目是什么？它能够做什么？
- 如何安装和使用该项目？
- 如果你有问题或疑问，应该去哪里寻求帮助？
- 如果你想为项目作出贡献，应该怎么做？
- 项目将走向何方（也称为路线图）？

最终，README 文件可能会很长，因此建议将内容分解为多个文件。通常你看到的 README 文件应该包括以下内容。

- 许可证（LICENSE），详细说明项目的开源许可证。
- 贡献文件（CONTRIBUTING），使人们知道如何为项目贡献代码。
- 发布文件（RELEASE），使人们知道新版本是如何发布的。

- 支持文件（SUPPORT），使人们知道去哪里寻求支持。

再次强调，确保人们能够找到项目的治理信息很重要，因此坚持使用常规名称（如前面的名称）非常重要。

现在让我们看看记录治理结构的下一个关键属性——简单性。

5.3.2 简单性

我有时会参与一些需要制定很多规则的项目。但是，当我们分解思考过程时，通常会发现这其实是出于恐惧（与选择许可证一致，正如我们在第 3 章中讨论的那样）。我一直给出的反馈是，大量的规则会使事情更难完成，正如我们在本章前面提到的，因为很难预测每一种情况。

每个开源项目的治理都需要一些核心要点，具体如下。

- 如何为项目贡献代码？

- 项目的许可证是什么？

- 发布（或同等操作）是如何发生的？

- 决策是如何做出的？

- 角色有哪些？如何获得角色？

- 如果你有问题或疑问，可以与谁沟通？

如果一个开源项目能回答这些问题，那它们往往从一开始就是相当不错的。

我有时会和项目开玩笑，说我们不会在手臂上纹上项目的治理，不仅因为这是一个非常无聊的文身，还因为好的治理结构是不断发展的。下面让我们谈谈这个属性——灵活性。

5.3.3 灵活性

我们在本章中讨论了很多关于开源项目如何发展的问题。为了有效地发展，开源项目需要能够随着时间的推移轻松地进行调整。这就是灵活的治理模式发挥作用的地方。

一个很好的例子是我之前提到的 Zowe 项目。在项目的早期阶段，主要的领导者是产品经理而不是开发者。这既有实际原因，也有文化原因。务实地说，来自 3 家公司的代码汇聚在一起是非常复杂的，而从文化角度来看，在该行业中，产品经理往往是软件开发的主要推动者。

随着时间的推移，人们逐渐发现开发团队与产品管理之间脱节了。此外，由单一组织推动发布的事情对于产品管理来说更为自然；然而在开源项目中，由于有多个组织参与，这变得更加困难。在评估这种情况时，他们发现加强技术领导力将有助于更好地执行工作，因此他们转变了流程，赋予维护者更多的控制权和领导权，让产品经理在支持和咨询角色中发挥作用。这使项目变得更加稳定，同时也能够更加开放地接受贡献。这一切都得益于治理模式的灵活性。

关于灵活性的一个重要注意事项回到了 ApacheWay 中关于推动共识的观点。灵活意味着理解社群，并与他们合作寻找解决方案。最重要的是，当有分歧时，应该理解他们的担忧并努力适应他们。

最后，我们来看看治理如何得到财务上的支持。

5.4 开源项目的财务支持

你可能听过一句俗语，即开源的"自由如同言论自由，而不是免费啤酒"。开源的自由部分指的是你可以自由使用代码，而不仅仅是开发或所有权的免费。开发软件，无论是开源的还是专有的，都有经济成本，而这个成本必须由某人承担。

开源的成本往往由维护者承担，因为他们投入了时间和精力运营一个广泛使用的开源项目。现代应用程序堆栈有很多依赖，有的依赖很快就会成为一个关键的依赖，而人们却没有意识到维护者的负担有多大。

我们之后会深入探讨你在用户和维护者之间看到的细微差别和紧张关系，以及为什么倦怠现象如此普遍。

有一些常见的开源资金来源模式。下面让我们看看第一种模式，就是小费。

5.4.1 小费

小费资助模式与街头艺人演奏乐器类似，他们把乐器箱打开，希望路人能投钱进去。这种模式背后的心态是："这是我写的一些代码，如果对你有价值，请随意捐赠。"一些项目维护者会提供 PayPal 或 Venmo 账户来接收捐款。还有些人可能会提供亚马逊愿望清单，指导他人将资金添加到他们的星巴克礼品卡上，或是请求捐赠给他们心仪的慈善事业。一些开源项目（包括 Transmission、Conversations 和 Armory）采用了这种模式。

小费资助模式最大的挑战是它不可持续，这意味着收入时高时低。另一个主要挑战是，如果你看一下支持一个用户的成本，往往可能超过他们给出的小费。例如，一个用户提出了 3 个问题，共需 5 个小时的开发工作。乐观地说，用户给了 5 美元的小费。假设一个开发者的工作价值为每小时 20 美元（这是一个较低的估计），那么支持这个支付 5 美元用户的付出就是 95 美元。

此外，小费资助的方法会让用户感觉他们当下的贡献是用小费来资助项目，而他们其实可以提供更有益的贡献。就前一段中的例子而言，作为维护者，你更愿意收到 5 美元还是让那个人帮助更新 3 个报告问题的文档（可能总共需要 1 小时的工作）？算下来还是很明确的。尽管小费资助是一种贡献，但用户可能会采取更有价值的贡献方式，这对维护者来说也更有意义，同时也可以将贡献者引入项目中。我们将在第 7 章中更详细地阐述这个概念。

还有另一种比较正式的小费资助模式，就是众筹。

5.4.2 众筹

众筹可能是一个许多人都熟悉的概念，因为它已经通过 Kickstarter、Patreon 和 GoFundMe 等网站成为我们社会的一部分。在开源中，众筹已经从非正式的小费资助模式过渡到更为结构化的模式。

众筹和小费资助的一个关键区别在于，众筹可以为特定的开发筹集资金，有两种方式。其中一种方式是维护者为特定问题或功能发布资金请求，一旦所需的资金到位，维护者就会进行开发。这不仅是帮助维护者筹集工作资金的一种方式，还有助于维护者评估工作对社群的价值。

通过众筹，你也能够看到捐赠者会得到一定程度的认可，就像各种剧院或艺术项目会对不同级别的捐赠者表达感谢一样。Blender 就是一个很好的例子，它根据每月捐赠金额向不同级别的捐赠者提供徽章，在更高的级别上，Blender 甚至会在网站表达对捐赠者的认可。

关于众筹的一件很重要的事情是，通常需要一个合法的组织来接受捐赠。许多捐赠者根据自己所在地的相关法规，希望能够享受某些税收优惠，如果项目不具有非营利性质，这可能会增加接受捐赠的间接成本。因此，我们经常看到一些项目采用基金会资助模式，稍后我们将对此进行探讨。下面让我们看一种替代路径，即单一组织资助。

5.4.3　单一组织资助

如果一个组织认为开源项目对他们的业务有价值，通常会寻求为其提供资金支持，可以通过捐赠、提供资金让开发者能够参加相关会议或活动，或者雇用那些关键开发者成为他们的员工，使其全职投入项目的开发与维护中。

请注意，该资金类型的措辞可能让人误以为治理也是由单一供应商负责，但事实并非如此。许多围绕 Apache Hadoop 的项目，如 Apache BigTop、Apache Ambari 和 Apache Spark，尽管采用了基金会的治理模式，但最初都是靠单一组织提供资金启动的。随着这些项目迅速获得用户认可，它们很快就发展壮大，吸引了多个供应商提供开发资源，同时还会有其他需求，如市场推广、专业基础设施或活动组织，这些需求通常由一个主要的组织提供资金支持。

单一组织资助面临的挑战与单一组织治理模式的挑战类似。该组织成为确保项目继续推进的关键。例如，Mozilla 在 2020 年解雇了许多 Rust 核心部分的员工，这被视为对该社群的一次重大打击。幸运的是，由于很多其他组织也大量使用 Rust，这些人才很快被其他公司聘用，但这件事确实在社群中引起了摩擦。

从 Mozilla 裁员事件中诞生了一个确保项目能够获得可持续资金的基金会。下面让我们看看基金会的资助模式。

5.4.4 基金会

基金会资助模式背后的主要思想是将所有资金投入一个单一的、供应商中立的实体,并由多个利益相关者监督,由一个独立的组织管理日常财务。在过去的十几年里,对于大型项目而言,这已成为一种趋势。它有助于自然地分离公司利益与社群利益,并有助于汇集各种各样的组织来共同资助一个项目。

有单个项目的资助模式和伞形项目(一整套相关项目)的资助模式。资金运作的方式也有所不同。我们来看两个例子。

- 首先是 Python 软件基金会(Python Software Foundation,PSF),它是一家美国 501(c)(3)非营利公司,是单个项目基金会的一个例子。PSF 为社群服务发挥 3 个作用:第一,运行和管理北美的年度 PyCon 活动,并支持全球其他区域性 Python 活动;第二,管理 Python 项目的法律事务,包括许可证和商标保护;第三,为 Python 开发提供资助。

  PSF 以 Python 项目为中心,但也帮助管理其他相关项目,如 PyPi 打包服务。有一些员工帮助管理后端操作,并帮助筹款。还有一个管理委员会提供监督。委员会和员工都不会参与项目本身的技术开发或优先事项。

- 伞形项目基金会的一个很好的例子是 LF 能源(LF Energy,LFE)基金会,这是一个专门针对能源行业的开源项目家园,由 Linux 基金会托管。PSF 和 LFE 之间有许多相似之处,两者都由员工和委员会来管理日常工作并进行监督,但员工和委员会都不参与项目本身的技术开发或优先事项。两者还为活动、基础设施、法律方面和外联提供资金,并为特定的发展需求提供资金。

- LFE 和 PSF 之间的区别之一在于法人实体类型不同。PSF 的法人实体类型是美国 501(c)(3) 实体，而 LFE 的法人实体类型是美国 501(c)(6) 实体。美国法人实体类型的差异可归结为两个：一个是，501(c)(6) 实体被美国国税局视为"贸易组织"，这意味着它由会员资金驱动；另一个是，向 501(c)(6) 实体的捐赠在美国是不可免税的，而对 501(c)(3) 实体的捐赠通常是可以免税的。

主要的差异在于，托管多个项目时，需要在项目之间进行一些监督和协调，同时确保每个托管项目具有自主权。这意味着没有外部团队参与发布计划、任命维护者、批准代码提交和确定方向。这种协调工作由技术咨询委员会（Technical Advisory Council，TAC）处理，该委员会为项目成熟度设定了生命周期，并与每个项目建立联系，以帮助支持其发展并将其与其他行业计划和托管项目联系起来。TAC 拥有指导原则来帮助他们确定哪些项目适合，哪些不适合。

5.5 小结

在撰写本章时，我偶然发现了温斯顿·丘吉尔的名言，并将其作为本章的开场白，这对开源项目来说确实是一个很好的建议。

如果我可以给开源项目一个建议，那就是根据现在的需求构建治理模式，而不是为未来的假设情况构建治理模式。项目的需求和社群的文化会随着时间的推移而改变，调整治理模式以支持这些需求能够确保得到支持并提升参与度。

通过本章，我们已经了解了构建开源项目的大部分基础工作。当我们进入第 6 章后，将进一步探讨更多软技能和社群发展，以帮助社群成长和多样化，这是一个成功的开源项目的关键部分。

第二部分　运营开源项目

在第二部分中，我们将重点介绍一些有意义的主题，这些主题将帮助你了解如何运营一个成功的开源项目。首先，我们将了解如何创建一个受欢迎的开源项目。其次，我们将学习如何在开源项目中将贡献者发展为项目未来的维护者。最后，我们将学习处理开源项目冲突的策略和经验，以及应对增长的最佳方式。

本部分包含以下各章：

- 第 6 章，让你的项目备受欢迎；
- 第 7 章，将贡献者发展为维护者；
- 第 8 章，处理冲突；
- 第 9 章，应对增长。

第 6 章　让你的项目备受欢迎

在美国，当一个家庭搬进一个新地区时，通常会有所谓的"欢迎马车"来表达对他们的欢迎。"欢迎马车"并不是指真的有一辆马车（至少在俄亥俄州的多伊尔斯敦不是）。相反，它是社群中的一个团体，聚集在一起并向搬入该地区的人赠送欢迎礼物，以帮助他们增进与新邻居之间的了解。

"欢迎马车"的想法是帮助新邻居克服结识新朋友的尴尬。作为成年人，认识和结交新朋友可能很有挑战性，所以像"欢迎马车"这样的当地习俗有助于打破僵局，帮助新来的家庭融入社群的活动和社交圈中。

很多时候，开源项目创始人会审视自己并说："为什么没有人为我的项目作出贡献？"这可能有多个方面的原因，可能是别人找不到作贡献的方法，可能是对作贡献感到害怕，也可能是他们认为自己无法作出任何有价值的贡献。就像社群中的"欢迎马车"一样，好的开源项目一定有亲切的氛围。它可能不像"欢迎马车"那样赠送一篮子饼干或一盘砂锅菜，但它可以简单到在拉取请求中对贡献者说声谢谢，在发行说明中提及贡献者，或者给贡献者寄一张纪念贴纸。

倦怠是开源项目面临的头号挑战，因此本章将重点关注如何确保你的项目对新的贡献者保持友好。我们将介绍项目应该具备的一些基本要素、如何最好地支持最终用户以及拥抱社群驱动的协作。

本章涵盖以下主题：

- 为新人设置项目；

- 有效支持最终用户；

- 参与到对话中去。

让我们从基础——为新人设置项目开始。

6.1 为新人设置项目

拥有一个受欢迎的项目的第一步，是要让维护者展现出欢迎新人加入的态度。这听起来可能有点轻率，但通常情况下并非如此。第一印象至关重要，项目会被如何看待往往取决于第一印象。个人和组织都只会使用、参与并投资他们认为运行良好的项目。

让我们从基础设施的基础要素开始，看看如何让项目更受欢迎。

6.1.1 设置项目的基础设施

当你第一次接触开源项目时，可能会有一些预期。

首先，你可能想找到项目代码。我们现在看到大多数项目都使用 GitHub 或 GitLab 等服务，它们为开源项目提供免费的代码托管服务。此外，靠近其他开源项目还有一个优势，就是可以让项目更自然地被发现。当你进入一个项目时，你通常会首先寻找 README 文件。如果你正在寻找关于设置 README 文件和其他与治理相关文件的指导，请查看本章后续内容。

然而，一个好的开源项目不能仅仅只有一个好的 README 文件，还需要有不同的沟通渠道，具体如下：

- 邮件列表：电子邮件始终是任何人都能轻松使用的最基本的媒介。邮件列表是与项目中的其他人进行异步对话的方式，它可以让在世界不同地区的人进行协作，而不必担心人们是否有空。邮件列表还能够保存过去的消息，这是跟踪过去的决策和对话并在未来的讨论中引用它们的好方法。开源项目通常使用 Google 群组、groups.io 或 GNU Mailman 等服务。

- 论坛：许多社群会从使用邮件列表演变为使用论坛，与邮件列表相比，论坛往往更容易被发现并且具有更好的搜索功能。同时，它们也会带来更多的开销，因为社群成员可能需要主持讨论线程及频道或帮助协调讨论。但是，可以同时讨论多个线程是论坛的一大优势。一些社群利用自托管或第三方管理（如 phpBB、Discourse 或 vBulletin）的托管解决方案，它们为项目提供了高度的控制权，但也可能在无意中创建一个"围墙花园"。一些项目试图使用 Reddit 或 Stack Overflow 等工具获得更大的可见性，其中多个社群汇聚在一起，但也有一定程度的分离。使用这些工具的好处是使项目更容易被发现，但缺点可能是缺乏对项目内容和服务的控制。因此每个项目都需要权衡利弊。

- 即时沟通渠道：在开源的早期，你经常会看到项目成员在 IRC 频道上闲逛，这是一种很好的方式，不仅能快速获得帮助，还能在社群中结识其他人并了解不同的文化和沟通风格。随着时间的推移，我们看到开源项目开始使用其他工具，如 Slack、Discord、Rocket.Chat 和 Mattermost，每个工具都使用不同的平台和客户端提供类似形式的即时沟通和社群互动。

- 会议：无论是虚拟网络电话会议还是面对面的聚会，都是项目参与者实时交流的机会。我倾向于将会议视为参与的第一步，尤其是对于那些代表大公司作出贡献的人。就像即时沟通渠道一样，会议也是了解项目文化和沟通风格的好方法。

并非所有项目都使用这些媒介，尽管好的项目倾向于使用其中的几种。以下是一些好的经验法则。

- 至少选择一种易于发现的异步通信方法，如邮件列表或论坛。这不仅使来自不同时区的人们更容易进行协作，还能方便那些只能在晚上为项目作出贡献的人。这样还能够建立一个知识库，虽然在原始论坛中可能不容易被发现，但至少可以将内容记录下来，以后也更容易构建文档或指南。

- 设置定期会议，并尽量确保有线上加入的选项。定期设置会议很关键，因为一方面，这使日程安排更容易（即每个人都知道我们在每月第一个星期四的中午 12 点开会），另一方面，可以使项目上的联系更有规律，有助于推进工作。我们都很忙，但如果我们知道有一个定期会议，这至少会使我们有意识地为会议的讨论做准备（或者直接说"没有什么新消息要报告，我们跳过今天的会议"）。

- 保持会议的条理性，同时保持轻松的氛围。举行正式会议可能会给人一种会议非常专业的印象，但也可能被视为僵化和难以参与。然而，没有结构或议程的会议出席率会很低，因为人们不知道为什么要参加。良好的会议应该做好会议计划——提前发送议程，坚持议程主题，留出时间进行公开讨论，并在之后分享笔记，同时讨论下一步行动。

- 要明确不同的沟通类型所适用的沟通渠道。通过即时沟通渠道很难达成共识，而使用邮件列表又很难获得即时帮助。

现在你已经有了一个良好的项目基础设施，下面让我们拿出"欢迎垫"并看看如何构建一个出色的入门指南。

6.1.2 创建入门指南

在用户体验设计领域，人们普遍认为用户使用应用程序的前 5 分钟很重要。如果用户在前 5 分钟内能够成功使用应用程序，通常意味着他们将成为长期用户。另一方面，如果用户在前 5 分钟内无法成功使用应用程序，你通常会失去他们。开源项目也是如此，即使是更面向开发者和黑客群体，如果有人不知道如何快速使用项目代码，他们就会转向另一个项目。

入门指南可能因项目和技术而异。对于命令行工具，使用--help 命令行开关或使用 man 应该能够触发使用指南。以下是 asana-cli 项目的例子，代码如下。

```
$ asana --help
Usage: asana [OPTIONS] COMMAND [ARGS]...

  Examples:

  asana list workspaces
  asana list projects --workspace="Personal Projects"
  asana list tasks --workspace="Personal Projects"
    --project="Test"
  asana list sections --workspace="Personal Projects"
    --project="Test"
  asana list tasks --workspace="Personal Projects"
    --project="Test" --section="Column 1"

  asana delete tasks --workspace="Personal Projects"
    --project="Test" --section="Column 1"

  asana mark tasks --workspace="Personal Projects"
    --project="Test" --section="Column 1" --completed
  asana mark tasks --workspace="Personal Projects"
    --project="Test" --section="Column 1" --not-completed

  asana move tasks --workspace="Personal Projects" --from-
    project="Test" --from-section="Column 1"
    --to-section="Column 2"Commands:

Options:
  --help  Show this message and exit.
```

在这个例子中，入门指南将一些常见用例与使用的命令连接起来，然后提供了可用的全套命令选项。对于习惯于使用命令行界面和 asana 的人来说，这种详细程度正合适。asana-cli 项目有一件事做得非常好，就是将入门指南融入该工具的使用流程中，这意味着用户在命令行界面中即可了解如何使用它。

对于具有不同用例的更复杂的项目，配备更深入的指南往往效果更好。让我们以 ONNX 的 GET STARTED 页面（如图 6.1 所示）为例。

图 6.1　ONNX 的 GET STARTED 页面

此页面假定用户已经了解机器学习模型，并且有一个模型可以配合此工具使用。因此，用户看到的第一个任务是将该模型转换为部署选项所需的正确格式，如果无法成功转换，则该工具没什么用。这对目标受众来说是一个完美的方法，也是确保用户在前 5 分钟内取得成功的重要组成部分。

我们从这些例子中看到，在创建入门指南时要牢记以下两个主题。

- 了解你的用户，并为他们提供合适水平的指导。对于 asana-cli 项目，试图解释项目管理不是很有用，因为用户一定已经对这个主题非常了解，否则他们也不会寻找配套工具。

- 专注于让用户在前 5 分钟内取得成功。在 ONNX 的例子中，如果用户可以转换获得 ONNX 格式的机器学习模型，那么他们将获得成功。

入门指南是欢迎人们加入项目的数字界面。尽管如此，随着人们希望更深入地参与，他们将开始与维护者和贡献者建立联系。对于想要继续参与的人来说，这种经历非常关键。让我们看看欢迎新贡献者的一些策略。

6.1.3 欢迎新贡献者

正如我们在第 1 章中了解到的，在自由软件的早期，通常情况下，软件是在"幕后"开发的，最终用户的参与非常有限。这有很多原因，其中之一是用户对领域知识或项目设计的了解程度不够，无法提供帮助。我们也偶尔会在今天的开源项目中看到这种情况，这可能会成为一种障碍，不利于将贡献者发展为维护者。我们将在第 7 章中讨论更多关于这方面的内容。

贡献者常常对参与项目感到畏惧。项目中可能有他们不认识的人，这些人来自不同的地区，他们的种族、文化程度与性别也都不同，甚至可能是某个特定领域的高级专家。许多软件工程师不擅长处理这些社交动态，所以时刻关注这些问题是缓解这种担忧的好方法。hyper 项目在这方面做得很好，他们提供了贡献者指南，如图 6.2 所示。

Contributor's Guide

If you're reading this you're probably interested in contributing to `hyper`. First, I'd like to say: thankyou! Projects like this one live-and-die based on the support they receive from others, and the fact that you're even *considering* supporting `hyper` is incredibly generous of you.

图 6.2　hyper 项目贡献者指南

最棒的是，这份贡献者指南不是从讲解规则和流程开始的，而是始于向贡献者表达感谢。这立即表明了 hyper 项目非常有亲和力。

第一次积极的互动是成功的另一个关键。我们来看一下 just-the-docs 项目中的一个例子，看看它是如何响应用户（该用户就是我）的第一个拉取请求的，如图 6.3 所示。

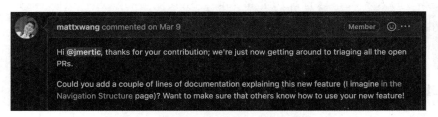

图 6.3　项目响应用户的第一个拉取请求

在这里，项目领导者最初就很谦虚，维护者意识到我在 5 个月前作出了贡献，并对我表示感谢。从贡献者的视角看，首先，这让我知道了他们不是故意忽视我，只是常规工作太多导致了延迟，他们仍然感谢我的贡献。其次，维护者的回复是要求我添加文档，而不是以"你显然没有阅读贡献指南，否则你就会知道要这么做了"的方式表达。相反，维护者从价值的角度（希望确保其他人了解新功能）提出要求，并指导我在哪里添加文档。如果阅读了整个拉取请求，你将看到维护者继续对我进行了帮助，以确保文档的位置和形式是正确的。

你会看到"乐于助人"和"谦逊"这两个主题在以上两个例子中都有所体现。当我与项目领导者交谈时，我认为开源中的领导力是"服务型领导力"，这意味着项目领导者的存在是为了确保贡献者和用户社群拥有成功所需的一切。对所有贡献保持这种心态，即使是具有挑战性的贡献，也有助于为项目如何看待其贡献者设定正确的基调。更多信息请参见第 8 章。

表示欢迎是让新人想留下来的第一步，但是为了让新人留下来，项目必须展示他们对新人贡献的重视。下面让我们看看如何在新人产生影响时快速和有意义地对他们表达认可。

6.1.4 当新人产生影响时，要认可他们

新人通常认为为开源项目作出贡献是为潜在雇主建立自己作品集的一种方式，因为这些代码贡献有助于展示开发者所拥有的技能。我们将在第 11 章中深入探讨这个话题，但是你要知道，除了向新人展示项目非常欢迎新贡献者，认可贡献者对他们自身的职业发展也很重要。

每个项目都有认可新人的方法，即使没有资金预算。一个简单的方法是在发行说明中表达感谢。以下是 just-the-docs 项目中的一个例子，它不仅认可新功能，还认可贡献者，如图 6.4 所示。

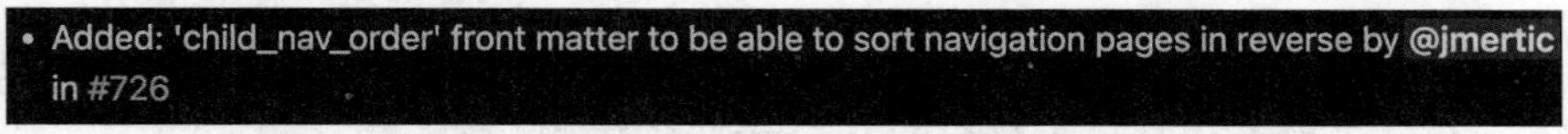

- Added: 'child_nav_order' front matter to be able to sort navigation pages in reverse by @jmertic in #726

图 6.4 项目在发行说明中表达对贡献的认可

作为贡献者，我可以在 GitHub 中搜索到该内容，并且将其链接到我的个人资料中，这是一件好事。

如果你有预算，那么可以选择其他一些选项，具体如下。

- 有的贡献者在亚马逊等网站有一个愿望清单，可以去那里选些东西买给他们。

- 给他们寄一件 T 恤或贴纸。如果你手边没有，有许多按需打印的服务，如 Spreadshirt，可以快速制作一件。更多信息请参见第 12 章。

- 像 Credly 等数字徽章服务越来越受欢迎，可以设置参数用徽章来表达对贡献者的认可，这有助于让他们的简历获得认可。

我们已经研究了项目设置中的几个关键部分和实践，以帮助新人参与项目。人们参与项目的一个很重要的原因是寻求帮助，所以让我们看看如何有效地支持最终用户。

6.2 有效支持最终用户

开源项目通常没有为商业产品提供支持的能力，这是有充分理由的。首先，从人员配置的角度来看，很少有项目具备提供相同级别支持的能力。其次，在开源中，我们看到了社群模式，这意味着我们的用户会帮助其他用户，有时 bug 和解决方案是在公开场合而不是闭门造车的环境下解决的。

虽然项目可以从商业产品中学习支持最终用户的策略，但在开源项目中有一些细微差别。下面让我们首先看看最终用户与项目的首次接触（提交一个新问题）开始，了解有效支持是什么样的。

6.2.1 管理问题

我们在前面提到了项目基础设施,还特别讨论了 README 文件对于指导新手进行项目治理的重要性。其中一点就是如何提出问题,这也是人们在项目中寻找答案的关键问题之一。

良好的问题管理包括以下 4 点关键属性。

- 让提交问题变得容易:许多使用 GitHub 或 GitLab 的项目会使用默认的问题跟踪器来处理问题,因为用户通常都知道该工具的使用方法,而且提交问题的门槛很低。如果项目使用外部问题跟踪工具,则该项目应该在 README 文件、CONTRIBUTING 文件或 SUPPORT 文件中明确指出。

- 指导用户提交有效的问题:最好的方法是在提交流程中提供帮助。如果项目使用 GitHub,你可以使用问题模板来帮助用户将问题正确分类(即功能请求、错误报告和安全问题等),并确保用户提供了项目调试的相关信息(即使用的版本、操作系统或浏览器,确切的错误消息和重现步骤)。

- 定期审查问题并与用户沟通:如果你使用 GitHub,可以使用各种 GitHub 操作来自动发送友好的消息,让用户知道他们的问题已被看到。其中的关键部分是节奏,即使你不能提供问题的解决方案,也需要说一些话,如"谢谢你提出的问题,但目前问题有点多,我们很快就会解决"。这为用户设定了预期,同时也让他们知道你在倾听。

- 避免长时间不回应问题:将问题长期搁置且没有新的评论或活动会给人一种项目忽略问题的印象,应确保主动定期审查陈旧问题,这不仅表明项目在积极关注问题,还有助于项目更好地确定优先级，甚至可以考虑使用自动化工具，如 Stale Issue GitHub Action。即使只是将问题标记为未来版本要解决的一部分，也能让用户知道该问题已被接收，同时被认为是有价值的，并且有解决问题的计划。

拥有良好的问题管理流程向最终用户表明了你对他们反馈的重视和感激，但提交问题并不是最终用户参与项目的唯一方式，下面让我们看看更广泛的社群和开发者管理策略。

6.2.2 社群和开发者管理

随着项目不断发展，许多用户会以各种方式使用项目，你将看到围绕项目自然形成了一个社群。发生这种情况是一件好事——这些社群也会有自己的生命力（本章下一节将详细介绍），但这也需要进行项目管理。

当我使用"管理"这个词时，并不仅指控制，而更多的是关于支持和指导。想想人们最初使用开源项目的原因，它解决了人们遇到的问题。当用户来到一个项目时，他们可能正在寻找解决这个问题的方法，社群和开发者管理的作用是成为一个向导。良好的社群和开发者管理应该做好以下 4 点。

- 理解用户的需求，这意味着要看到评论和反馈，并帮助将其整合到项目中或展示解决方案。

- 积极主动去帮忙，这意味着要尽早分享信息和见解，这样其他用户就不会有同样的困扰。

- 融入社区，要让其他社群成员参与进来，在活动中发言、聚会、发布视频和参与其他活动来融入社群。

- 要富有同理心且保持积极向上,因为良好的社群和开发者管理会考虑到用户经常是因为无法解决问题而来到社群,社群和开发者管理的作用是理解、帮助解决问题,并让用户带着积极的体验离开。更多信息请参见第 8 章。

举个例子,Apache Cloudstack 和 OpenStack 都是基础设施即服务(Infrastructure as a Service,IaaS)的开源项目,这两种技术从根本上来说都是健全的,并且各自都有一些对方没有的东西。然而,最终 OpenStack 成为市场领导者。为什么会这样?因为 OpenStack 在社群和开发者管理方面投入巨资,这帮助用户和开发者更快地取得成功,并帮助项目本身不断发展,能够解决用户遇到的问题。

虽然一个充满活力的社群可以为最终用户提供巨大的支持,但它永远不会达到商业支持所能达到的水平。下面让我们看看如何有效地为最终用户提供商业支持。

6.2.3　商业支持

我们在本节的开头提到了开源项目不会提供商业支持,但这并不意味着其他公司不能介入并提供商业支持。

一个很好的例子是在 Linux 发行版领域,在众多的 Linux 发行版中,有一些提供了商业支持(如 Canonical、Red Hat 和 SUSE)。这些发行版可以免费获得,或者有免费的版本,但同时,它们可以提供大公司所需的商业支持。毕竟,没有多少开源项目维护者希望在平安夜晚上 11 点修复 bug。

我们在其他项目中看到了更多这种正式的模式。Kubernetes 认证服务提供商(Kubernetes Certified Service Provider,KCSP)计划为供应商提供了一种机制来表明他们为 Kubernetes 提供商业支持。该计划的优点在于它不是由任何一家供应商运营的，而是由 Kubernetes 社群本身运营的，因此最终用户能够客观看待服务提供商，知道社群围绕培训、商业模式、经验和上游支持方面设定了客观标准。该计划特别要求供应商是 CNCF 的成员，这意味着他们从支持中获得的一些收入将直接回流到项目中，用于基础设施、活动和社群支持。

一个关键的收获是，商业组织参与开源项目是一件好事，正如我们在第 4 章中所讨论的那样。同时我们也在第 5 章中提到，良好的治理模式有助于确保供应商中立，以实现更具协作性的项目。

我们已经研究了一些支持项目社群中最终用户的策略。我们在充满活力的社群中经常能够看到，社群开始形成新的协作空间，这可能对项目有所帮助，但也确实需要项目进行一定程度的管理。现在让我们看看这一点。

6.3 参与到对话中去

生活中几乎所有发生在我身上的美好的事情都是意料之外的。

——Carl Sandburg

开源社群不是你可以完全设计的东西。事实上，你可以提供基础设施、支持和指导，正如我们在本章中谈到的，但它们的魔力在于它们拥有自己的生命。当我在 SugarCRM 担任社群经理时，我记得我总是对社群成员构建的有趣扩展及其背后的动机感到惊讶和高兴。Linus 前些年接受了一次采访，当被问及 Linux 开发中有什么令人惊讶的事情时，他说：

"我觉得有趣的是，我认为稳定的代码会不断得到改进。有些东西我们已经很多年没有碰过了，然后有人出现并改进了它们，或者有人在一些我认为没有人使用的东西上提交了 bug 报告。我们开发了新硬件、新功能，但 25 年后，仍然有人在关心并改进古老的、非常基础的东西。"

我们经常把虚拟协作看作社群兴起的第一个渠道，所以让我们看看如何最好地管理在线论坛和社交媒体。

6.3.1　在线论坛和社交媒体

当技术专家和开源爱好者在职业生涯中成长时，你往往会看到他们聚集在不同的在线社群中。在开源的早期，我们看到像 Slashdot 这样的平台是重心，随着时间的推移，像 Reddit、StackOverflow 和 Hacker News 等较新的平台逐渐成为讨论的中心。此外，社交媒体的发展可能意味着你的项目可以被到处谈论，但同时可能很难跟进所有的对话。

有些项目对于有关他们项目的对话会感到担忧，但我认为应该接受它。只通过特定论坛或邮件列表进行协作的社群可能会无意间创建一个"围墙花园"。但这并不容易——以下是一些提示和最佳实践。

- 首先是使用 Reddit、Stack Overflow 和其他平台的订阅功能，当你的项目被提及时，会收到提醒。有一些其他服务可以更广泛地跟踪网络，如 Google Alerts。这些都是自动提醒项目"发生了对话"的好方法。

- 当你发现这些对话时，请推广它们。分享 Hacker News 上某个人以有趣的方式使用了你的项目，这不仅表达对分享者的赞赏，还能展示项目的主流形象。

- 在这些对话中发表评论，将评论的作者和其他评论者链接到你的文档或其他博客文章。这有助于将可能偶然发现该对话的人与正确的资源联系起来。如果有些东西没有被记录，那就把它写下来，然后将其链接回对话。这有助于促使人们回到项目中，同时确保讨论不会出现悬而未决的情况。

- 在讨论发生的在线论坛和社交媒体上发布有关项目的信息。这又回到了我们所说的良好的社群和开发者管理——应该是积极主动的。

作为社群经理，我想强调的是，管理所有这些在线论坛和社交媒体可能会很费力。你可能很容易陷入讨论，不知不觉中，一整天就过去了。此时就应该考虑明智的参与和管理策略，我建议限制你在一天或一周内花在这上面的时间，并努力坚持下去。即使你错过了一些帖子也没关系。因为我发现，在在线论坛和社交媒体上，参与者会开始为你做工作。

社群成员通常从在线参与开始，然后转向与社群中的同行进行更直接的互动。下面让我们看看区域聚会和活动的作用。

6.3.2 区域聚会和活动

聚会和活动是开源文化的重要组成部分，它们对于激发协作至关重要。当我们走出新冠肺炎疫情并再次开始重新参与面对面活动后，我看到了一件事，那就是面对面的互动激发了创新和协作。在线协作会有一些效果，但面对面的协作更自然、更有机。

让项目成为此类活动的一部分能够有效提高知名度。以下是一些活动建议。

- 在会议上发言。作为新的演讲者，可能很难参与大型会议，但较小的区域聚会或活动总是会寻找新的主题和演讲者。其中一些活动还提供旅行资金或津贴来抵消成本，如果项目没有得到雇主的赞助或支持，这些资助可能会有所帮助。

- 当你参加会议时，不要坐在角落里忙于用计算机处理你的项目。走到人们面前，与他们见面。可以参加感兴趣的会议，然后与演讲者交谈，了解他们正在做的工作，看看是否有方法可以合作，或者寻求一些建议。这种有机的对话被称为"走廊交流"，许多有趣的想法都是从这里开始的。

- 如果你的会议被录制下来，请在你的社群或社交媒体中分享。如果没有，请分享幻灯片并撰写活动报告。这样可以展示你与活动、活动社群以及项目社群的联系。此外，这也可以帮助你将这些内容提供给更广泛的受众。

无论是线上活动还是线下活动，社群成员往往会围绕领导者和有影响力的人聚集，让一个项目认可这些领导者有助于激励他们并引导社群成员向他们看齐。

支持社群的自然发展是对开源项目价值的一种肯定。但这并不意味着它总是容易的，我们将在第 8 章中深入探讨这个话题。

6.4 小结

本章涵盖了使项目受欢迎的几个方面，包括拥有良好的项目基础设施、积极和包容的文化以吸引最终用户，以及使更大的社群能够在新领域展示项目并推动不同领域的协作。目前我们只触及了社群管理的表面，市面上有很多图书对这个主题进行了更深入的探讨，如果你对这个领域感兴趣，这些图书都是很好的读物。

让新人感到受欢迎的一个关键方面是，随着时间的推移，应该支持他们成为贡献者或维护者。让我们在第 7 章中更详细地探讨这一话题，并了解如何帮助贡献者实现这种转变。

第 7 章　将贡献者发展为维护者

在谈论开源项目时，我非常强调的一点是可持续性。这也是一个非常难以理解的概念。毕竟，当下我们都太忙碌了，很难抽出时间去思考未来。开源项目通常采用与创业公司相同的模式，对于创业公司来说，先考虑长期发展再考虑短期成果是很困难的，因为没有一定程度的收入和成功，就没必要考虑长期发展了。但开源项目往往不太依赖于短期成果，同时又不能忽视短期成果。一个好的项目，就像一家好的公司一样，会对两者都给予适当的关注，并在决策时兼顾两者。

可持续性的一个难题是要让更多的人以不同的角色参与到项目中来，这些人来源于已经投入项目中的人。在最终用户的社群中，自然会涌现一些帮助推动新想法和修复项目的贡献者。本章将讨论如何培养这些贡献者，将其发展成为未来的维护者。

本章涵盖以下主题：

- 将贡献者发展为维护者的重要性；
- 寻找贡献者并成为导师；
- 贡献者何时准备好成为维护者。

将贡献者发展为维护者是我们将在第 9 章中讨论的一个更大的主题，因为它往往是项目维护者所面临的主要挑战之一。其中一部分原因可能是我们在第 6 章中谈到的一些人与人之间的关系问题，但同时我们也要有意识地专注于在社群中识别人才，并帮助他们在项目中找到一席之地。

在确定潜在的维护者之前，让我们先谈谈为什么这一点如此重要。

7.1 将贡献者发展为维护者的重要性

当一个新维护者看到他们在项目中的个人参与增加时，他们常常对项目在成长过程中可能有的更大需求一无所知。他们很容易说，"这是一个简单的 bug 修复，我可以做到"或者"我可以花一个周末来编写文档"，当他们在项目上投入了深厚情感时，这些任务听起来很有吸引力。但是，当那个 bug 造成了 5 个错误，或者你本想花一个周末的时间写文档，却发现还得陪朋友和家人，自己也需要休息和恢复精力，会发生什么呢？拥有更多的维护者可以减轻这种负担，并帮助所有维护者将精力集中在他们最擅长的领域。

让我们从减轻当前维护者的压力开始，更具体地看看为什么将贡献者发展为维护者对项目如此重要。

7.1.1 减轻当前维护者的压力

新冠肺炎疫情结束后，较大的挑战之一是维护者的倦怠。在某种程度上，维护者的倦怠是开源社群一直存在的问题，但这个问题变得越来越严重了，因为人们的生活方式发生了变化。2021 年底，很多维护者受到了 Apache Log4j 漏洞的重击，就像许多年前的 OpenSSL Heartbleed 漏洞一样，这对那些没有良好安全实践的项目维护者来说是一个重大的打击。

随着开源软件的广泛使用，维护者所承受的压力达到了历史最高点。《商业内幕》中的一篇文章谈到了一些维护者已经到了破罐子破摔的地步，他们开始破坏自己的项目。这种破坏并不是因为不喜欢项目，而是因为最终用户和其他下游利益相关者对维护者施加了太多压力，把维护者当作一个完整的软件开发团队，而不是在不同活动之间维护项目各个方面的人员。

我曾经参与过一些有巨大潜力的项目，也遭受了这种困扰。每一个项目都有有趣的代码和有价值的用例，但他们很难吸引其他人参与到项目中来。这些项目的维护者都拥有那种刻板的"如果你构建项目，别人就会来帮助你"的理念，但却从未实现。以下是通常会发生的情况。

- 维护者会换工作，在这个过程中，维护者必须花费相当长的时间来适应新工作。对于维护者而言，这个工作转换可能涉及新技术专业领域，而之前的项目与"为自己挠痒"的动机非常一致，但在新的角色中，项目对他们来说可能就变得不那么一致和有用了。

- 健康问题，无论是自己的还是亲人的健康问题，都会占用他们的时间和注意力。一些维护者认为开源工作是他们逃避当前挑战的出口，但现实是他们没有足够的精力继续以以前的速度推动项目。

- 如果项目没有按照维护者或创建者的想法发展，运营项目的吸引力会变得越来越小。我曾经与一位维护者合作过，他们在启动两个项目时感到挣扎，最终还是将它们关闭了。在启动过程中，他们都进行了相当多的宣传，但始终无法吸引别人参与。

这些情况都增加了维护者的压力。将贡献者发展为维护者可以帮助维护者减轻压力，并保持维护者的参与度和兴奋感。

但这并不仅仅是为了保持项目的连续性，新的维护者也可以带来新的想法和观点。下面让我们进行更深入的探讨。

7.1.2　为项目带来新的想法和能量

我们在前面谈论过仁慈独裁者模式。这种模式的一个挑战就是决策中心集中在一个人身上，而根据领导风格的不同，这可能有助于推动共识，也可能会扼杀其他意见。无论哪种方式，维护者都很难胜任这样的角色。想象一下，作为仁慈独裁者，每一个项目的决策都必须经过你，这肯定是一种压力。

引入新的维护者，也就引入了新的想法和活力。在我目前所处的 Linux 基金会职位中，我与一组技术娴熟的项目经理和主管合作，每个人在利益相关者管理、开源项目指导和一般组织技能方面都有不同的经验。我最喜欢的一件事就是引入新的团队成员，因为每个人都有不同的技能和经验。团队的一些成员获得了项目管理专业人员（Project Management Professional，PMP）资质认证，有些成员来自非营利部门，有些成员则可能有活动或营销经验，甚至有些成员拥有丰富的开源项目背景。我们大多数人都拥有这些技能的组合，作为一个团队，我们获得了以下两个关键的东西。

- 我们互相学习新的做事方式。有更多活动经验的人可以分享帮助项目做准备活动的技巧，而有更深入开源经验的人可能对复杂项目的治理设置有见解。

- 从经验的角度来看，就像上一点中提到的那样，我们互相支持，并且从精神和情感支持的角度来看也是如此。与开源社群合作非常有益，但由于不同的个性和优先事项，也可能会带来压力。我们将在第 8 章和第 9 章中深入探讨这些主题。

当你作为一个项目的维护者能够适应新维护者加入项目时，你就不再需要成为项目中的支点了。下面让我们看看引入新的维护者后如何使当前维护者在项目中退居幕后。

7.1.3　使当前维护者退居幕后

回到本节前面提出的问题，仁慈独裁者模式将单个维护者置于决定项目成败的关键位置。然而，我也见过在有多个维护者的项目中出现这种情况，尤其是如果他们从项目开始时就一直担任维护者。

这在那些被认为进入门槛很高的项目中是一个大问题，更不用说成为维护者了。我曾经参与过的媒体和娱乐项目都面临着这个问题，因为通常需要贡献者具备视觉渲染和色彩科学方面的背景，此外还需要深入的 C/C++经验。由于这个障碍，他们立即面临着吸引新贡献者参与项目的挑战，这反过来又给维护者带来了过多的工作，给项目整体带来了很大的压力。

在我刚才举例说明的情况中，我开始看到一个趋势，那就是确实会出现一些符合要求的新贡献者，他们通常来自两个一般类别：

- 现有组织增加了额外的资源，尽管通常情况下是相当少的（可能会相当于增加一名额外的全职工程师）；
- 新组织或独立开发者的价值增长，他们通常很有经验并且在行业中已经比较知名。

要让维护者退居幕后，他们必须对此感到舒适。在媒体和娱乐行业，有一小群人倾向于在公司之间流动，而不是在多个行业之间流动。我要指出的是，从长远来看，"反复取水"的模式是不可持续的。然而，作为一个起点，它创造了引入新维护者和过渡领导的正确文化，这对于一个项目的初始领导者来说往往是困难的。

使维护者退居幕后的另一个方面是思考如何最好地优化维护者的时间。随着所参与的开源项目逐渐成熟，我发现帮助项目扩展增长的最佳方法是构建文档、培训和认证资源，以使项目本身能够进行大规模教育。

构建这些资源需要大量工作，在后续章节中我们会更详细地讨论，但同时也需要让对项目有深入了解的人来指导和领导，以确保成功。如果维护者花费大量时间进行单一的赋能活动，如回复论坛帖子和漏洞报告，他们将陷入一个永无止境的循环中。拥有能够有效地领导这些活动的新维护者，就可以让其他维护者承担别的活动，这有助于项目的增长和扩展。

作为维护者，退居幕后可能会导致角色和责任的转变，让维护者利用他们的可用时间专注于特定领域，但这也可能是一条继任之路，意味着维护者完全离开了一个项目。作为一个维护者，并没有必要终身参与一个项目，就像我们的职业生涯一样，我们并不局限于终身一个雇主或一份工作。我们甚至有可能希望某一天能够退休，Python 的创始人 Guido van Rossum 已经能够退出项目并且退休，而 Python 作为一门重要的编程语言还在持续发展和演进。作为项目负责人，有这种远见有助于你制定实现目标的方法，同时确保社群及其工作可以持续进行。

希望本节内容能让你充分理解为什么这是一个项目的重要焦点。现在让我们进入下一个主题，即如何找到有潜力的贡献者并指导他们取得成功。

7.2　寻找贡献者并成为导师

识别当前贡献者中谁能成为出色的未来维护者是获得新维护者过程中最困难的部分。在项目的早期阶段或对于经验较少的维护者来说，每个出现的人都可能是潜在的维护者。这种想法过于乐观，还可能阻止人们成为贡献者。请记住，贡献者和最终用户通常带着"为自己挠痒"的心态参与到项目中，为维护者做事可能并不是他们的迫切需求。

同时，正如我们将在第 11 章中了解到的那样，贡献者也可能有获得开发经验,甚至在适当时候成为项目领导者的动机,以开拓他们未来的就业机会。作为维护者,要知道你没有责任为想要成为维护者的贡献者提供职业发展机会,但如果兴趣一致,这对项目和作为维护者的你来说可能是一个很好的机会。

下面让我们开始寻找未来维护者的旅程,看看你应该寻找什么样的人。

7.2.1 未来维护者的品质

在开源的早期,当它被视为更"反主流文化"时,我们曾认为开源领导者抵制领导的概念。领导一个开源项目比领导一支员工团队要困难得多。首先,与员工相比,贡献者可能会在更低的门槛下退出,因为这不会对贡献者带来经济影响。其次,这些贡献者在加入项目前没有经过任何审核,他们只是看到你的项目、喜欢它、使用它,并根据自己的需求为其作出贡献。这就要求项目维护者同时关注个人的技术技能和软技能,看看如何将其发展为维护者。

我们将技能分为两类——技术技能和软技能。我看到的一些典型技能如表 7.1 所示。

表 7.1 技术技能与软技能

技术技能	软技能
熟悉代码仓库	组织能力
了解技术	良好的沟通和写作能力
能调试问题	擅长发现问题并找到解决方案
良好的软件开发技能	拥有好奇心,喜欢思考

作为一名维护者,一方面要做技术管理,另一方面要做人员管理(这需要软技能)。技术方面通常相对容易评估,查看代码贡献就能迅速判

断这个人是不是一个优秀的软件开发者。然而，对于软技能方面，却没有一个具体的方法可以查看和评估，你需要从以下多个不同的方面进行审查。

- 他们会在邮件列表/聊天频道/论坛中发帖吗？他们的语气如何？是尊重和谦虚，还是傲慢和对抗？

- 他们是否愿意回答别人的问题或帮助解决别人遇到的问题？这些互动是耐心和宽容的，还是令人沮丧和泄气的？

- 当卷入冲突时，他们会如何回应？他们会直接参与并指责他人，还是会转身离开？他们会试图理解别人的观点吗？（我们将在第8章中深入探讨这个话题。）

- 他们是经常参与项目，还是时有时无？如果需要他们做某事，你能指望他们按时完成吗？

- 他们的长期职业目标是什么？他们是那种经常换工作的人，还是坚持一份工作并工作较长时间的人？

了解一个优秀的未来维护者应该具备哪些品质，可以帮助你判断哪些贡献者可能发展为未来的维护者，但要知道上面提出的很多问题无法一开始完全回答。在与这个人建立关系的过程中，你会更多地了解他们的风格、个性、职业道德、技术技能等。此外，项目可能已经有一些优秀的文档和治理规定，但在项目中仍然存在相当多的"文化知识"，因此随着时间的推移，他们会了解当前维护者的风格、个性、职业道德、技术技能等，这将帮助他们判断自己是不是合适的人选。

导师制度是一个很好的工具，因为它为潜在的维护者和当前的维护者提供了一个空间，以此来判断潜在的维护者是否适合发展为维护者。下面让我们更多地了解一下导师制度。

7.2.2　利用导师制度引入新的贡献者

组织面临的较大挑战之一是招聘优秀的人才。正如我之前所提到的，组织和员工都需要考虑是否有相互契合之处，开源项目也不例外。每个项目都有不同的风格和文化，没有对错之分，但并非每个人都适合每一个项目。对于维护者和潜在的维护者来说，导师制度是发现这一点的好方法。

我工作的开放大型机项目举办了一个暑期导师计划。该计划的目标是吸引学生和职业转型者参与大型机领域的开源项目，预期的最终目标是既为项目作出良好贡献，又让学员参与到行业和项目发展中。该项目已经取得了很好的成果，吸引了新人进入大型机行业，许多参与者在指导结束后在大型机生态系统中找到了工作。在过去的项目中，我们有 3 个很好的案例，学员参与了项目并在社群中承担了领导角色，具体如下。

- Alpine Linux 于 2017 年被移植到 s390x（大型机架构），这要归功于一名学员在受指导期间完成了初始移植工作，然后坚持完成了该项目的移植工作。截至本书撰写时，此人是 Alpine Linux 以及 s390x 和 POWER 端口的维护者。

- 软件发现工具项目构建了一个工具，用于发现开源项目与大型机的兼容性，并与各种 Linux 发行版和其他团体合作，以维护兼容性数据库。在完成了帮助构建部分基础设施的指导项目后，一名学员继续参与该项目，并在与社群合作的过程中积累了丰富的经验，成了一名维护者。

- COBOL 编程课程提供了一个学习 COBOL 的开源课程。该项目也采用了导师制度，有一些学员参与了课程的部分设计。其中，一个学员非常喜欢项目社群和大型机生态系统本身，通过成为维护者继续参与项目，第二年还成了下一组学员的导师。

这些例子说明了正式的导师制度的价值，但非正式的导师制度同样有效。在我的开源生涯早期，我与 PHP 的 Windows 操作系统支持项目的现任维护者合作，一起构建了 PHP 的 Windows 操作系统安装程序。这个人对如何在 Windows 操作系统上安装和配置 PHP 提供了一些建议和指导，帮助我验证了我的方法，然后与我一起将代码提交到项目中。你可以使用同样的模式来让人们参与其他方面的工作。我见过一些没有强大持续集成/持续部署（Continuous Integration/Continuous Deployment，CI/CD）环境的项目，有人站出来提供帮助，并在其他维护者的支持下成为该工作的维护者。这里的主要观点是，对于个人来说有兴趣，对于开源项目本身来说有需求，并且有机会一起合作完成一些工作，这使得各方都能感受到良好的合作体验。

在当前维护者对潜在的未来维护者进行指导和跟踪的过程中，你会更好地了解这个贡献者是否能够胜任维护工作。下面让我们来看看这些条件。

7.3 贡献者何时准备好成为维护者

导师指导是一条缓慢的道路。你一定不希望让自己或贡献者过于疲惫，否则双方都会感到沮丧。另外，如果贡献者参与维护者团队的机会不多，他们将会失去兴趣并逐渐离开。良好的导师指导是一个有意识的过程，贡献者和维护者都要设定明确的目标和时间表，以确保预期明确，通过良好的沟通了解事务进展情况并尽早解决问题。

感知贡献者准备成为维护者的时机往往更像是一门"艺术"，而非一门"科学"。有一些信号可以帮助我们判断事情的进展情况——下面让我们来看看。

7.3.1 导师指导进展顺利的迹象

每个导师和项目都有些不同，但你通常可以寻找一些迹象来判断事情是否进展顺利。具体如下。

- 贡献者主动参与。这可能意味着他们定期在邮件列表或论坛上提问和回答问题，他们可能会及时审查错误和问题。你可能会看到他们在聚会、活动或博客文章中公开谈论该项目。关键是"积极主动"，这意味着你作为维护者并没有特别要求他们做某事，而是他们自愿主动去做。他们可能会先问是否可以做某件事，这没关系，但关键是他们正在变得更主动。

- 贡献者了解项目和社群。你可以通过参与度来判断这一点：它是否与项目领导中的其他人具有相同的步调？如果维护者对某件事提供了反馈，贡献者是否接受了这些反馈并将其纳入未来的工作中（希望不会重复他们的错误）？但这也并不意味着这个人不能有自己的个性和方法。事实上，如果他有点不同，也很好。你要找的是这样一个人：其他维护者不必担心他所做的事情，因为他有一个良好的做事方式。

- 贡献者在项目社群中被认可为领导者。成为领导者并不是一个人可以独自完成的事情，而是基于他们所做的工作和互动。如果项目社群不认可这个人作为领导者，那可能意味着他和其他人之间存在摩擦，或者这个人没有表现出自己是领导者。

- 贡献者和其他维护者之间有良好的个性契合度。这并不意味着每个人都是最好的朋友，也不是"个性竞赛"。贡献应该通过良好的、专业的互动和沟通来实现。

- 就前面几点而言，贡献者有能力从不足中成长。我们都是人，有时我们很难看到自己的缺点。最重要的是，一个人是否能从这些缺点中学习和成长。请注意，一个人可能在前面的每一点上都不完美，但这并不排除他成为维护者的可能性，而是需要给他成长的空间。

基于最后一点，另一个很好的例子是体育裁判员。最近，我成了一名认证的排球裁判员，其中令我印象深刻的是那些不断努力提高技能的优秀裁判员。也许他们在识别触网犯规方面做得很好，但在识别位置错误方面可能不擅长，或者他们可能知道如何正确评估处罚，但对后排违例的感知不如其他方面。裁判员的工作有许多方面，并且可能非常苛刻，但提高自己的方式是承认自己的长处和不足，并制定计划来提高每一项技能。成为一名优秀的裁判员需要谦卑，认识到自己需要改进的技能并有改进的愿望。

成为一个维护者也是如此。优秀的维护者是随着时间的推移逐步形成的。维护者的领域和范围涵盖了深厚的技术知识、公共演讲和社群管理能力。起初，你可能在这些方面都不够出色，但随着时间的推移，你会在每个领域都逐渐提升。所有维护者都会经历相同的挣扎和学习经历，但就像排球裁判员一样，优秀的维护者会通过这些经历学会如何改进和成长。

我们希望指导潜在的维护者的过程能够顺利进行，让他们成长为维护者并成为项目的一分子，但情况并不总是这样。如果他们可能永远无法成为维护者，你又当如何处理？下面让我们来看看如何得体地处理这种情况。

7.3.2　如果贡献者从未准备好成为维护者怎么办

有时候，即使有最好的导师，有些贡献者也不太适合成为维护者。

可能是这个人沟通能力差，也可能是组织能力不佳。也许这个人的个性不适合项目社群。但这并不意味着他们不适合这个项目，可能只是不适合这个角色而已。而且这不是永久的状态，随着时间的推移，人都会成长和变化（就像项目一样），在不同的阶段，他们可能适合不同的角色。

以下是一些结束导师指导的建议。

- 直接私下与对方谈谈你的担忧。

- 接受他们的反馈。当出现问题时，很少是单方面的，因此他们可能会对维护者本身有重要的反馈。这些反馈可能可以解决，也可能无法解决。在第 8 章中有更多关于这方面的探讨。

- 确保他们参与的一切都有一个新的负责人，这个人可以是你自己。

- 尝试寻找其他方式让贡献者参与。也许有一个功能需要开发，他们拥有的技能更适合那项工作。也许可以让他们帮忙准备文档或进行其他写作，也许他们可以帮助回答邮件列表或论坛中的问题。

- 尽量友好地结束导师指导。通常情况下，如果你认为合适的方式不起作用，对方可能也有同样的感受。友好地离开可以确保双方保持良好的意愿，并为维护者与他人互动设定友好的基调。

请记住，并不是每个人都适合做维护者。即使某人有成为维护者的能力，也不意味着他们有成为维护者的兴趣。还要记住的是，从最终用户转变为贡献者，然后成为维护者，并不是一条职业道路，而不成为维护者也并不代表失败。这个人可能在项目社群中担任其他角色，也许他们会回答问题或写博客文章。要感激别人对项目作出的贡献，因为没有这些贡献，这些工作就会落在你身上。

7.4 小结

如果你的目标是拥有一个成功的、可持续的开源项目,那么考虑如何随着时间的推移提高项目领导力至关重要。正如我们在前面讨论过,最终用户关注的不仅是项目本身的代码,还有项目的运营方式。一个项目可能拥有一个惊人的代码仓库,技术创新,并解决了最终用户希望解决的具体问题,但要将其作为基础设施的关键部分使用,他们会希望确保这个项目在未来几年中得到维护。作为今天的维护者,这可能看起来不像是一件大事,但是经过多年的代码维护、问题解答、修复和发布之后,维护者的工作可能会失去吸引力。唯一使项目能够长期可持续发展的方法是在项目中定期引入新的维护者。

维护者和一般的开源项目面临的主要压力之一便是冲突。冲突是一个项目健康的象征,它意味着你的项目汇集了不同的观点和视角,以帮助项目取得更好的结果,但冲突也可能成为一种压力,特别是当冲突变得消极时。下面让我们在第 8 章中看看处理冲突的策略。

第 8 章　处理冲突

开源项目中存在冲突是很自然的事，因为一个优秀的项目会把来自不同背景、具有不同文化和经历的人聚集在一起。这些冲突往往是好事，因为它们源自人们表达不同意见、方法和想法的方式。每个人都在他们专注的领域发挥作用和产生价值。

话虽如此，但将来自不同背景、组织或地区的人聚在一起也可能非常具有挑战性。我在加入新的开源项目时也看到了类似的情况。这些团队可能习惯了自己公司的工作方式，但参与了开源后需要适应一个更开放的环境。这些变化往往非常微妙，如"我们喜欢使用 Box 或 Google 文档，而不是 wiki"，或者"我们使用 WebEx 或 GoToMeeting，而不是 Zoom"。也可能与决策有关，如"我需要去询问公司是否允许添加这段代码"。这些关于工具和流程的冲突通常来自新的项目参与者，他们对流程不熟悉，也正在尝试了解工作流程。然而，仍然可能存在一些潜在的问题会带来挫折感，阻碍人们走出自己的舒适区。在早期阶段解决这些问题有助于防止情况进一步恶化。

本章将深入探讨如何识别冲突何时可能发生，如何在项目中以最佳方式处理和管理冲突，以及如何解决有害行为。

本章涵盖以下主题：

- 理解人及其动机；

- 包容性决策；
- 纠正有害行为。

当你看到公开的冲突（如火药味十足的电子邮件讨论串或人们在聊天频道中相互攻击）时，要意识到这些冲突的起因并非当时才开始，很可能已经酝酿了相当长的时间。为了获得识别冲突的意识，你需要更好地理解人。下面让我们快速了解一下。

8.1 理解人及其动机

在一次采访中，某人问我开源最棒的和最糟的部分是什么。我出自本能且半开玩笑地回答："就是人。"我的回答绝非贬义，更多地反映了人在开源项目成败中的核心作用。

要理解人，就需要了解人的思维方式。下面让我们先快速了解一下人脑的运作原理。

8.1.1 人类的大脑

人类的大脑是一个复杂的器官，控制着我们的生活、学习、反应和行为方式。最有趣的是，大脑的不同部分控制着不同的功能，人脑区域的划分如图 8.1 所示。

大脑的各个部分以多种方式

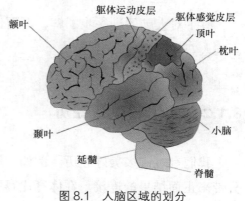

图 8.1 人脑区域的划分

相互连接，这些连接会随着时间的推移逐渐增强或减弱。其中一些与年龄有关，例如，儿童的大脑尚未完全发育，而老年人的大脑可能会因年龄增长而退化。有时，人们会因为车祸等原因导致大脑受损。这些连接主要是随生活经历而发展或产生影响的。

本章我们将聚焦于大脑的两个部分，具体如下。

- 边缘系统：负责冲动、反应和纯粹的情感，通常被认为是控制人们的战斗或逃跑反应的。本章中我将称之为"下脑"。

- 前额叶：负责诸如决策、规划和短期记忆等执行功能。本章中我将称之为"上脑"。

当我们阅读本章时，我们将从大脑哪个部分做出反应的角度来看待各种互动和反应。通常，上脑的反应会更加深思熟虑、理性和具有策略性，而下脑的反应则会更加本能、冲动，可能会被认为是粗鲁或不体贴的。

研究人脑的另一方面是了解神经多样性，即不同神经系统疾病和状况对反应的影响。最为人熟知的神经系统疾病被称为孤独症谱系障碍（Autism Spectrum Disorder，ASD），该疾病将带来一系列症状，会影响我们社交互动的方式以及在社交场合的表现。这个领域存在相当大的差异性，我建议你查阅美国疾病控制与预防中心提供的有关ASD的信息。

有了对人脑的进一步了解，下面让我们来看看文化和生活经历如何影响人们的行为和反应。

8.1.2 文化和生活经历

我们有过许多美好经历。例如，取得好成绩会在大脑中建立起考高分带来正面结果的连接。在体育比赛中获胜，可以建立努力训练和胜利的喜悦之间的连接。但有些经历可能是艰难的。例如，被父母训斥会在某种行为和负面结果之间建立连接，赌博输钱会建立冒险与损失之间的连接。所有这些经历都塑造了我们是谁，我们如何看待事物，以及我们如何反应和吸收信息。

负面的人生经历给人带来的影响被称为创伤。通常所说的创伤是对身体安全的严重威胁，如遭遇暴力行为、童年失去父母、被袭击或严重伤害——这通常被称为大创伤。但常见的是小创伤，即日常生活中发生的负面事情，如丢失物品、受到恶劣的对待或听到令人失望的消息。无论如何，这些经历都会影响你对各种情况的反应和与他人的互动。

生活经历的另一个要素是我们所处的文化。这可能与世界各地文化不同有关，例如，在美国长大与在中国长大是非常不同的，法国人的生活经历也与巴西人的不同。这也可能与生活条件有关，如果你在低收入家庭中长大，你的经历、创伤和生活前景肯定会与高收入家庭不同。文化构成了我们身份的一部分，理解一个人的文化能够使我们更容易理解他们。

我们每个人都有不同的生活经历，因此我们大脑中的连接也会分别建立。不同的连接，在互动时可能会产生不同的结果。下面，让我们在这个背景下进一步了解社群内的互动。

8.1.3　开源项目中的互动示例

现在，让我们结合前面学到的有关人脑的知识，来看看开源项目中的一些互动示例。我们将详细介绍每种互动，然后将其分解，从几个不同的角度进行分析。首先，让我们从一个粗鲁的维护者视角来看第一个互动。

1. 粗鲁的维护者

我们来看看这个互动。莎莉是一个维护者,比尔是一个新的贡献者。

莎莉:我刚看了你的拉取请求,有几个问题。

比尔:好的,是什么问题?

莎莉:首先,没有文档或测试。你读过 CONTRIBUTING 文件吗?

比尔:抱歉,没有。

莎莉:先回去读下那个文件,然后再提交一个新的拉取请求。我要关闭这个请求。

表面上,你可能会认为莎莉是一个有点粗鲁的维护者,而比尔是受害者。说得没错,正如我们在第 6 章中谈到的,这种互动并不是让贡献者感到受欢迎的好方法。

但故事还可以继续下去。毕竟,莎莉可能也不是一早醒来就说:"我今天要对一个新贡献者刻薄一下。"请考虑以下几点可能性。

- 在某些文化中,人们天生就很直接。莎莉可能就来自这样的文化,她的反应是正常的。

- 莎莉可能患有 ASD,她倾向于做出更加"实事求是"的反应,并高度遵守规则和政策。

- 莎莉可能已经连续处理了 50 个没有文档或测试的拉取请求,因此对贡献者感到沮丧,并选择向比尔发泄这种挫败感。

- 比尔可能并不是一个新的贡献者,他已经提出了一堆拉取请求,尽管已经多次提出要求,但他仍然没有添加文档或测试。

值得注意的是，比尔对莎莉的反应并不强烈，这是一个很好的上脑反应。比尔可能甚至不认为这次互动是粗鲁的或具有对抗性，可能是因为过去经历过创伤，或者因为之前的管理者、老师、父母或权威人士给予了类似的直接反馈。也有可能是因为比尔不喜欢对抗，也许比尔已经观察到莎莉和其他维护者之间都存在这种反应模式，并决定不做出反应。

现在让我们反过来，看一个过于直接的贡献者的反面案例。

2. 愤怒的贡献者

我们来看看这种互动。爱丽丝是维护者，葛雷格是贡献者。

爱丽丝：你好，葛雷格，我正在查看你的拉取请求，有几个问题。

葛雷格：好，是什么问题？

爱丽丝：我不确定你是否阅读了 CONTRIBUTING 文件，但其中一个重要的事项是添加测试和文档……

葛雷格：写测试对我来说太难了，我也没空写文档。

爱丽丝：是的，但那是必需的。

葛雷格：哦，那太糟糕了。

如果你在解决冲突或管理冲突方面有经验，你会发现爱丽丝处理得相当好（比前面的莎莉要好）。正如我们观察到的，葛雷格的行为呈现出下脑反应，而爱丽丝的行为则属于上脑反应，在大部分情况下都保持了冷静。

然而，正如我们在上一个互动示例中所讨论的那样，事情的真相可能还不止这些。请考虑以下情况。

- 葛雷格可能和莎莉一样，有各种影响互动的认知条件，导致他的言行比正常的社交礼仪更直接。

- 葛雷格可能在多个不同的项目或维护者那里得到了相同的反馈，这导致葛雷格表现出不良情绪，并把以前互动中的挫败感发泄在爱丽丝身上。

- 葛雷格可能已经在过去的互动过程中习惯了抱怨和反驳，而且他还忽视了这些管理要求。

- 爱丽丝可能有点过于遵守规则，而葛雷格的贡献可能只是几行代码，其他维护者和项目可能会认为这不是大问题。

爱丽丝虽然回应得很好，但可能会被认为对葛雷格有点冷淡。这可能是因为她预料到了葛雷格的反应，也可能是她作为一名新维护者，在这些互动中感到不自在。爱丽丝也可能预先意识到葛雷格很可能会有下脑反应，所以故意用上脑反应避免负面情绪。

3. 从这些示例中观察到的结果

以上两个互动都聚焦在同一个话题上，但由于互动的参与者不同，我们看到的对话也大相径庭。这些互动不是完全积极的，也可能导致进一步的负面冲突（例如，葛雷格在 Twitter 上发帖，抱怨为那个项目作贡献有多沮丧），贡献者会因此退出项目，或者尽管存在如此不愉快的互动，贡献者仍然决定提交他们的贡献，又或者这种类型的互动方式被视为可接受的适当行为。但这 3 种结果并不总是最佳选择。

以下是其他一些值得考虑的观察结果。

- 如果在同一个项目中，两个不同维护者的反应大相径庭，就会给人一种项目文化非常混杂的信号。是莎莉还是爱丽丝不合群呢？

如果是爱丽丝，她是项目中大家都能容忍的主导力量吗？如果是莎莉，是因为她是新手，还是这个项目通常就会让贡献者感到不舒服呢？

- 各种文化、社会和认知条件在每一次互动中都起着作用。有些人可能认为爱丽丝的互动是完全恰当的，而另一些人则可能认为莎莉的互动是回避的。要知道，由于每个人的背景不同，他们看待问题的方式也不同。

- 在缺乏背景的情况下，我们更容易说一个人是对的，而另一个人是错的。当我们审视其他可能发生的动态时，两个人的处理方式可能都是对的，也可能都是错的。了解事情的来龙去脉是关键，但在外人眼中，完整的故事并不总是显而易见的。

更好地理解他人才能够使决策过程更加顺畅。基于本节的内容，我们在 8.2 节继续深入探讨如何达成包容性决策。

8.2 包容性决策

一个好的开源项目要想运作良好，社群成员必须在很大程度上保持一致。我之所以说在很大程度上，是因为无论是在生活中还是在开源项目中，要让每个人都达成一致几乎是不可能的，但好的项目在目标和重点上都有一定程度的一致性。即使是小的分歧，在一个没有一致性的项目中也会造成裂痕，并引发许多负面情绪。当项目一致时，就具有足够的韧性来克服小的分歧，并推动项目向前发展。

在开源社群管理中，你可能经常会听到一个术语叫作"牧猫群"[1]。

---

[1] 牧猫群（herding cats）在英文中是用来形容试图控制或组织一群难以驾驭的人或事物，特别是那些不喜欢被指挥或指导的人。——译者注

如果你养过猫，你就会知道猫通常是独立且难以控制的动物，同样，试图将来自不同和多样化背景的人群聚集在一起也具有挑战性。那么，我们如何在"牧猫群"方面取得成功呢？让我们考虑一些关键因素，从良好的沟通开始。

8.2.1 开放的沟通和协作

在任何团队中，无论团队规模大小，沟通都至关重要。对于开源项目来说尤其如此，因为来自世界各地的人都能以异步的方式作出贡献。保持沟通的开放和包容应该是一种有意识的行动。最佳实践包括以下 4 点。

- 使用专用的开放沟通工具。大多数开源项目会使用电子邮件列表。电子邮件的优点在于它是异步的，而且邮件列表可以存档，因此可以轻松追踪过去的对话和讨论。我也看到有人使用 Discourse 等论坛工具或 Slack、Discord、Matrix 这样的聊天客户端。

- 确保协作工具也是开放的。大多数开源社群使用 GitHub 或 GitLab 作为统一的协作工具，但有些社群也使用 wiki，效果也不错。公司内部的协作工具（如 Box 或 Google Drive）往往是较差的选择，因为协作默认是受限的，如果没有适当的访问权限，就很难进行访问或发现协作内容。

- 我合作过的一些社群曾试图通过 Slack、Discord 或 Matrix 等聊天客户端来推动决策。聊天客户端是实时同步的，因此其不具有包容性（并不是每个人都能同时在线）。

- 说了这么多，有时你还是需要让大家聚在一起参与实时对话。如果需要这样做，请做好几件事情，例如，提前通知（如果是在线会议，至少提前一周通知；面对面会议则应提前数周），在会前分发议程，并确保所使用的网络会议工具可以在多个不同的平台上访问。

关键是要确保项目的沟通和协作媒介是开放的、易于访问的。此外，还要确保使用这些平台充分推动沟通与协作，如果项目在封闭的渠道中进行过多的对话，就会无意中造成隔阂。

既然我们已经了解了正确的沟通和协作工具，那么让我们来看看如何最好地做出决策。

8.2.2 决策的方法论

将"牧猫群"这种混乱状态转变为有序的、包容的决策过程需要一个良好的结构。这应该在项目治理中有明确的定义，正如我们在第 5 章中讨论的那样。良好的决策过程包括以下要素。

- 设定讨论期和投票期：这样可以将焦点分开，并在进行投票前确保意见一致。这也有助于解决投票过程中出现的问题（例如，有人在投票进行到一半时提出"我们应该更多地讨论这个方面"）。

- 提供"支持""反对"以及"弃权"3 种投票选项：这也被称为"懒惰共识"，它为那些可能存在利益冲突而不愿投票的人，或是那些觉得自己没有足够了解情况，又或对任何一方都没有强烈看法的人，提供了表达自己偏好的空间。

- 明确时间线以避免无休止地投票：在我参与的许多项目中，我们会将讨论期限定为一周，如果没有重大反对意见，项目将进行为期一周的投票。根据项目规模或决策类型的不同，你应该考虑调整这个时间。

- 明确谁可以投票/讨论，以及怎么做：这也应该在项目的治理中明确，正如我们在第 5 章中讨论的那样。关键点是，应该集中对正在考虑的问题进行投票和讨论，以便收集所有反馈。

重要说明

Apache 投票流程是 Apache 软件基金会托管的项目以及其他项目普遍采用的方法，因为它广为人知且清晰明了。

在以 GitHub/GitLab 为中心的项目中，可以选择在问题或拉取请求的上下文中进行操作，并且两者都内置了一些很好的功能，可以要求在合并代码之前获得一定数量的批准。

有时候，在项目中，即使有明确的投票和讨论的方法及工具，投票过程仍然需要一些帮助才能推进。下面让我们看看如何移除障碍。

8.2.3 做出决策

一些微不足道的决策，如合并简单的拉取请求，通常很容易做出，因为它们并不会引起太多争议，正如帕金森琐碎法则所述。基于个人偏好的决策可能才是最难通过的，这种偏好可能是关于项目标志设计（这方面特别出名）或更基础的事务（如拓展项目范围或引入重大功能）。

有时可能产生大量对话但很少有建设性成果，这种情况通常用"信噪比"来比喻，暗指与主题或富有成效的对话的"信号"相比，有高比例的噪声、无关的或无效的对话。通常，这表明项目中存在冲突，这种冲突对于激发讨论可能具有积极意义，但对于那些倾向于回避冲突的人来说，可能会引发抵触情绪，甚至如本章后面所述，可能演变为潜在危害。以下是一些需要考虑的策略。

- 请观察以下对话，寻找可能的行动和结果，并尝试提出建议。考虑以下大卫和艾米关于在项目中添加国际化功能的互动，大卫是决策者之一，艾米试图推动投票。

大卫：我看到很多项目在国际化上白忙一场，我觉得这不是我们应该涉足的领域。

艾米：感谢你的评论。大卫，你能具体概述为什么你认为他们"白忙一场"吗？

大卫：要考虑的语言太多，维护这些语言的人手不够，同时市面上有很多工具，也需要明确用哪种。

艾米：所以听起来你的担忧与（a）支持语言的范围，（b）支持特定语言的国际化能力，以及（c）选择哪种工具有关。这样总结对吗？

大卫：是的，我认为这就是问题所在。

艾米：太好了！那么我建议我们修改提案以解决这些问题，增加具体政策/计划，用于（a）确定支持哪些语言以及支持一种语言所需的条件，以及（b）审查工具并决定使用哪些。你同意吗，大卫？

大卫：你说得太对了，我很愿意帮忙！

在这里，你可以看到艾米是如何处理的。她从大卫的一个宽泛评论入手，逐步将其细化为具体的关注点，并概述了相应的行动计划。艾米在整个过程中与大卫协作，每一步都验证了他的评论。大卫看到了艾米愿意与他合作的态度，并主动提出参与——这正是她希望看到的结果。

- 注意那些能投票但却没有参与投票的人，尤其是那些通常都会参与投票的人。可能是因为他们正在度假，或者由于某种原因，他们无法使用之前的账户，或者没有收到消息。我经常看到人们因为决策已经做出而他们无法提供自己的意见或投票而感到沮丧，这通常是由于上述原因造成的沟通隔阂。采取额外的步骤主动联系他们可以避免这种情况。

- 对于那些没有投票的人，也可能是因为他们不愿意在团队中提出反馈。可以主动联系并与他们交谈，同时尝试帮助他们建立信心，有时候，他们需要与某人深入讨论。或者，他们可能担心负面或有害的反馈，需要帮助来应对这种情况。在这个过程中，你要小心，不要将整个讨论转移到线下，而是应该更倾向于帮助人们进行公开讨论。

- 知道何时该停下来。这可能是因为某个决策需要被完全重新考虑，也可能在决策中存在大量问题，或者存在相当大的分歧。停止投票过程并回到设计阶段可以避免无效的讨论。考虑以下艾米与鲍勃、萨拉和大卫的对话，他们都有些抵触在更新提案后的讨论，艾米再次出面避免了无效的讨论。

大卫：我一直在看这个国际化提案，但我还是不明白为什么我们要优先考虑它。

鲍勃：我同意，社群里有一堆影响性能的问题还没解决，我认为这更重要。

萨拉：大卫和鲍勃，我理解你们的观点，但不考虑国际化提案确实让其他地区的人很难使用我们的项目。

艾米：这个讨论很好，听起来似乎关注点是我们社群现在最重要的事情以及优先级问题。你们都同意吗？

大卫：我认为是这样的。

鲍勃：同意。

萨拉：+1。

艾米：好的，那我们暂时搁置这次讨论和投票，回头我们可以做一个社群调查，以确定这个问题和其他问题之间的优先级。

大卫：好主意！

鲍勃：没问题，很乐意帮忙！

萨拉：我也是！

- 同样，如果存在大量的无效讨论阻碍了看似已达成共识的投票，你也需要遏制这种行为。假设关于国际化优先级的问题已经解决，现在艾伦加入了讨论，使得大卫、鲍勃和萨拉之间的讨论偏离了原来的轨道。艾米注意到这一点，并成功地将对话拉回正题。

艾伦：我读过提案了，写得挺好。但我很想知道要支持哪些语言。

萨拉：同意。我也想知道我们会支持多少种语言？

鲍勃：我能想到 3 种语言——法语、德语和日语。

大卫：我不确定日语是否必要。我们有很多日本用户吗？

艾伦：这是个好问题。我的确在邮件列表没看到多少日本用户。

萨拉：可以考虑西班牙语吗？

大卫：那也不错！

艾米：大家好！关于可能支持的语言，这个讨论很好。在投票之前，我们是不是需要就此达成一致呢，还是可以之后再解决这个问题？

艾伦：哦，不好意思。不，我不认为这会阻碍投票。

鲍勃：我也不认为。

大卫：+1。

萨拉：同意。

艾米：太好了！如果没有其他阻碍问题，那么我们将在讨论期结束后开始投票。

正如你所见，包容性决策制定需要付出大量努力，但最终会得到回报，因为你不仅在早期就让决策者参与到讨论中，还能发现冲突的起始点，并寻找建设性的方法来解决这些冲突，从而避免更深层次的矛盾。

如果管理不当，冲突可能会给项目带来负面影响。下面让我们进一步探讨如何解决这个问题。

8.3 纠正有害行为

有害行为可以有多种形式。它可以是所谓的"网络口水战"，指的是个体之间用我们在前面提到的下脑反应相互攻击。它也可能表现为个体之间的断绝往来，不再参与交流，或是简短敷衍和陈词滥调的回应。这些情况都极具破坏性，阻碍了社群的发展，并导致压力和摩擦。

通常，这归结为沟通问题，需要进行协作和建设性的对话，就像艾米在本章前面的例子中所做的那样。让我们来看一个虚构的例子，其中雷是贡献者，山姆是维护者。

雷：我一直在看这个拉取请求，想要重构一些测试，但我不确定我的理解是否正确。

山姆：有什么难理解的？这只是一些简单的测试。

雷：嗯，看来我们不都像山姆那么聪明。

山姆：至少我在努力改善事情，不像你。

雷：你疯了！

山姆：雷，给我滚！

我将在这里停止交流，因为我们都知道接下来可能会怎样发展。但你可以看到，山姆感觉被冒犯了，以下脑反应来回复，然后雷也用他的下脑反应回复，对话就此崩溃。不是所有这些互动都像这样直接，有些可能使用更具暗示性的攻击语气，但结果是一样的。

我曾在一个项目中有过类似的经历，其中的维护者对我提出的建议和我们提供的支持感到非常沮丧。他认为我的互动方式像个独裁者。但我认为他们的评论没有建立开放社群的意图，所以我在回应中有点过于僵硬。我们俩之间有点冷战的状态，虽然我们也会在电话中互动，但总感觉我们在试图以某种方式证明对方是错的。这无疑是一种有害的情况。

有一天，在我们定期的一对一通话中，我和维护者进行了以下对话。

我：嗨！我觉得我们有点争执不休，我想给你一个机会来表达你的担忧。为此，我想给你 10 分钟时间来分享所有让你感到沮丧的事情。我会把自己设为静音状态，这样我就不能打断你，但我会做笔记。你觉得怎么样？

维护者：那太好了！

注意看，我故意使用了上脑反应而不是下脑反应。当然，我本来也可以因为他自身的问题来指责他，但如果我这样做了，就没有给他留出空间让他帮助我看到我身上的问题。选择上脑反应为我们双方提供了解决分歧的对话空间，而不是制造更多冲突。

之后维护者分享了一些令人担忧的事情，事实证明，他并不需要整整 10 分钟。我认为这对我们双方都有疗愈作用，我们在那次通话和后来的通话中讨论了其中一些担忧，但更重要的是，这个做法让我们开始更加关注自己的言行，以及这些言行是如何被对方感知的。

在回顾上述经历以及一定程度上的虚构互动时，以下是一些值得考虑的点。

- 人们希望被倾听。当他们感觉到没有被倾听时，他们要么会退缩，要么会激烈反击。应该给予某人被倾听的机会，这也是对他们的一种认可，即使你不同意他们的观点。

- 通过他人的视角审视自己的行为，可以帮助你更加注意自己的行为。有一个术语叫作"无意识偏见"，指的是我们自己看不见但对他人却很明显的偏见。这主要出现在创建包容性社群的背景下，因为我们有不同的背景、文化、性别或种族，我们可能没有意识到我们的言语和行动对他人有何种影响。

- 解决有害行为不是一朝一夕就能完成的。双方可能都有受伤的感觉，需要时间来治愈。在与维护者的例子中，将关系从有害转变为积极需要几个月的时间。这并不意味着情况会变得更糟，而是我们双方都需要通过互动来看看如何能做得更好。

- 解决有害行为需要有意识地努力。我经常想：如果我没有和维护者进行那次通话，事情会怎样发展？那个人是否会离开项目？然后情况就会改善？这不太可能，因为维护者并不是唯一看到那个问题的人。

有害行为当然是可以避免的，既可以通过本章前面讨论的建立良好的沟通习惯来解决，也可以通过识别问题发生的时间并及时解决。此外，项目应该采纳行为准则来设定正确的预期，《贡献者公约》是一个广泛采用的流行选择。

8.4 小结

本章仅仅触及了处理冲突的表面，但只要认识到冲突是建设性的，就是一件好事。在我参与的项目中，那些由作为竞争对手的供应商引发的冲突，实际上往往在代码和创新方面比那些没有冲突的项目表现得更好。这同样适用于在不同背景、国籍、种族、性别等维度上具有更高多样性的项目。乍看之下这似乎有些违反常理，但如果你仔细想想，让房间里所有人都有相同经历，会产生相对可预测的结果。但当存在差异时，我们就能看到各种观点和需求蓬勃发展，这种多样性带来了新的想法和创新的解决方案。但是，一旦冲突变得有害，它就会成为项目的干扰，并需要花费大量精力和时间来修复。

处理冲突的能力是项目成长和扩展的核心。在第 9 章中，我们将更深入地探讨如何应对项目的增长。

第 9 章 应对增长

最近,我回顾了自 2016 年年初以来 Kubernetes 社群会议的记录。这是一个有趣的练习,可以看到一个社群是如何随着时间的推移而成长和进步的。有些事情会改变,但有些不会。我们谈到开源是由"为自己挠痒"所驱动的,社群的运作方式正好反映了这一点。对于 Kubernetes,我认为社群会议是由以下 3 个关键目的驱动的。

- 更新发布、开发进度和特别兴趣小组(Special Interest Group,SIG)的最新动态。

- 展示与 Kubernetes 相关的项目和工作。

- 对在社群中产生显著影响的成员进行表扬。

这样一个简单的结构表明了社群以开发为导向,同时高度赞赏社群成员为推动项目前进所做的工作,这种简单的结构也使其具有很高的可扩展性。在社群中,总会有让更广泛的社群成员感兴趣的开发和更新在进行,同时随着时间的推移,社群对于优秀贡献者的认可也会吸引更多贡献者。

开源项目通常从小规模开始,最初可能只有一个或几个贡献者。如果一个项目成功了,你会很快看到用户和贡献者都对其感兴趣,这可能会令人不知所措。本章将深入探讨识别和管理项目增长的策略,包括发现何时项目停止增长以及补救的方法。

本章涵盖以下主题：

- 衡量增长；
- 评估和补救低增长的领域；
- 增强和扩展项目的领导力。

下面让我们开始处理增长的第一个任务，那就是衡量增长。

9.1 衡量增长

"不能衡量就无法管理"是一句经常被引用的名言，这句名言来自奥地利裔美国管理顾问、教育家和作家 Peter Drucker。Drucker 的观点是正确的，因为当你说"我想改进××"时，你需要一个基准来建立衡量标准，然后才能设定一个目标。例如，一个项目希望每年完成 1000 次提交，如果目前的速度是每月 10 次提交，那么还有大量的工作要做。但如果每月已经有 80 次提交了，那么这个增长目标就现实得多。

另一方面，长篇情景喜剧《辛普森一家》中的父亲 Homer Simpson 在一集中曾漫不经心地说："哦，Kent，你可以用统计数据证明任何事情，45%的人都知道这一点！"Simpson 指出了一个合理的观点，即你可以找到使任何论断看起来合理的数据。我在一些项目中也看到过这种情况，他们也希望寻找合适的数据来衡量。在开源领域，有很多数据可以衡量：

- 提交数量；
- 提交者数量；

- 添加/更改/删除的代码行数；

- 每周/每月的提交量；

- 按组织归属地的提交量；

- 项目下载量；

- 创建的问题/拉取请求的数量。

CHAOSS 是一个致力于分析开源项目健康度的社群。他们深入研究相关指标，关注诸如开源中的多样性、公平性和包容性、活动和会议对社群增长的影响、代码仓库随时间的演变、开源项目的社会价值等主题。毋庸置疑，衡量开源社群的健康和成功有很多种方法。

同样重要的是需要注意，并非所有指标都是一样的。例如，"添加/更改/删除的代码行数"通常并不是一个很有用的指标，如果你对代码仓库应用了代码样式规则或有大量代码捐赠，这两种情况都会产生有偏差的结果，可能会显示"高频率代码提交"，而事实上你只是针对大量代码进行了一次性的修改。"项目下载量"也是一个容易产生偏差的指标，我听说过云服务提供商和系统管理员在配置脚本时，会直接从项目中拉取代码以确保其完整性。一个项目可能自夸"我们每周有 1000 次下载"，但如果其中 800 次来自一个使用自动化工具的客户端，那么这与 1000 个不同的人下载 1000 次是不一样的。

此外，设定合适的指标也很重要。以 OpenCore Legacy Patcher 项目为例，这是一个工具，可以让你能够在不再接收操作系统更新的 Mac 上安装更新版本的 macOS。对于该项目来说，设定一个与组织多样性相关的指标可能是不合理的，因为很可能没有供应商愿意支持不受官方支持的 macOS 安装。

同时关注太多指标也很难，因为指标的差异太大，优化起来也很困难。对我来说,"三个原则"是一个很好的目标设置框架,因为它刻意将衡量和管理的事物保持在较少的数量,同时也帮助我在给定的时间内优先考虑并专注于当前重要的事情。采用相同框架的开源项目能够以相同的方式集中精力。但是要如何选择关注哪 3 个指标呢?以下是一些建议,取决于你的优先事项是什么。

9.1.1　增加项目的认知度

在提升认知度的阶段,我们的目标是让尽可能多的人关注项目,并且了解在某人第一次接触到该项目时所采取的行动。在该过程中,你可能希望结合两种指标:一种是显示某人与项目接触的指标,另一种是查看他们可能采取的下一步行动的指标。

这个指标的挑战在于"三个原则"的限制,因为你很快会找到一堆可以去追求的指标。虽然具有挑战性,但这可以帮助你专注于用户在项目中的初始旅程。让我们看一个基本的流程,该流程专注于发现项目及可能使用项目的步骤,如图 9.1 所示。

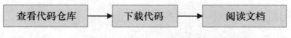

图 9.1　用户从查看代码仓库到阅读文档的流程

这是一个非常基本的流程,捕获了用户在下载和使用软件时会经历的步骤。它假设用户完成该步骤后会进入下一步;也就是说,如果用户查看代码仓库并喜欢他们所看到的内容,他们将下载代码,如果用户下载了代码并开始使用它,就可能会开始阅读文档,以了解如何最好地使用代码。

在这种情况下,项目可以设定如下指标:

1)一个月内 1000 个代码仓库独立访客;

2）一个月内 100 次代码下载；

3）一个月内 100 个文档独立访客。

我要指出的是，通常这个过程并不完全是线性的，因为如果软件较为复杂，用户可能会在实际下载代码之前更多地了解相关信息。在这种情况下，流程可能如图 9.2 所示。

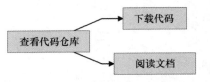

图 9.2　用户下载代码或阅读文档的流程

认知度是一个很好的起始指标，但最终目标是让项目被积极使用。让我们看一些项目采用指标的示例。

9.1.2　项目采用度

一旦有人开始使用一个项目，下一步就是以某种方式观察项目的采用度。在商业项目中，通常会使用某种遥测技术来报告活跃用户的数量，但对于开源项目来说，这种侵入性行为通常是不受欢迎的。因此，项目需要更多地关注用户在采用软件后可能采取的行动。可能包括以下内容：

- 报告问题；

- 在邮件列表/论坛上提问；

- 撰写关于项目使用的博客文章或进行会议演讲；

- 为项目贡献代码；

- 关于某人使用项目的推荐或案例研究；

- 在项目网站或代码仓库中的 ADOPTERS 文件中列出组织标志或名称。

> **重要说明**
>
> 请注意，以上每种行动都反映了用户在使用项目过程中的不同成熟度水平。例如，刚开始使用项目的人可能会频繁地报告问题和提出问题。一旦他们长时间使用项目，他们可能会更倾向于公开表达，如撰写博客文章和推荐，以及在公共论坛上表明自己是该项目的用户。

如果项目专注于早期采用者，以下目标可能是合适的：

1）每月新增 50 个邮件列表或论坛主题；

2）每月新增 20 个问题；

3）每月新增 5 个新贡献者贡献的代码。

如果项目更侧重于成熟的采用者，以下目标可能更合适：

1）每月 2 篇来自社群成员的关于项目使用的博客文章；

2）每年 5 个关于公开使用项目的推荐；

3）每年 2 个组织公开表示他们正在使用该项目。

最后两个目标看起来可能偏低，但根据我的经验，让某人认同自己是用户，并公开倡导其他人使用，这是一个很高的门槛。

下面让我们看一些重要的指标，这些指标与项目的多样性有关。

9.1.3　项目的多样性

一个多样化的项目是可持续的，因为来自不同领域的个体可以帮助支持项目，而不是依赖于某一人群、某一组织或某一地区的支持。多样性是在项目开始时就需要考虑的事情，因为多样性是由项目文化塑造的。

当你考虑多样性时，它有许多方面，可能涉及性别、种族、年龄、经济状况或认知度等。它也与从属关系相关，如雇主或国籍。回到"三个原则"，项目需要优先考虑对增长重要的因素。通常，对于项目，我倾向于推荐以下与项目多样性相关的事项。这里的"维护者"一词指的是有权限允许代码贡献给特定项目的人。

- 任何单一组织的提交不超过 40%。

- 任何单一组织的维护者不超过 40%。

- 来自代表性不足群体的维护者占 30%。

你会注意到，对于前两个组织多样性指标，我故意将其设定在 50% 以下。这意味着没有任何单一组织对项目有主导地位。我们在第 2 章中看到，多个组织（包括竞争对手的共同参与）对推动开源项目是很有价值的。但是，一个组织今天投资了一个开源项目，并不意味着他们将永远这样做。我见过一些组织改变方向、放弃产品、被收购或市场发生变化的情况，后来他们对该项目的投资力度就越来越小了。如果一个项目能确保某家公司离开不会导致其他大多数项目成员跟着离开，那么就可以避免灾难性的后果。虽然这并不意味着项目不会受到明显的影响，但确实意味着项目可以继续运作。

对于代表性不足群体的指标，多样性对确保项目受到所有人的欢迎非常重要，正如我们在第 6 章中所讨论的。来自代表性不足群体的人在参与开源项目时，如果他们在项目中看不到像他们自己这样的人，往往会感到害怕，因此需要有意识地让项目在种族、性别、认知度、年龄等方面具有多样性，使这些群体中的个体更舒适地参与项目。

这些突出的指标往往能捕捉到项目用于衡量增长的关键领域：认可度、采用度和多样性。这些关键领域是项目衡量自身的维度，尽管我们通常将其视为一个进程——意味着早期阶段的项目专注于认可度，然后有了认可度的项目开始考虑采用度，更成熟的项目在寻求建立多样化和可持续社群时会更关注多样性。那么当项目存在低增长领域时，应该怎么做呢？下面让我们更深入地探讨这个话题。

9.2 评估和补救低增长的领域

在我们深入探讨之前，我想告诉所有维护者，项目在某些增长领域未能达到既定目标是完全正常的。每个开源项目都有所不同，有着不同的人员、事务优先级、目标受众、行业和发展速度，如果你把自己的开源项目与像 Node.js 或 Ruby 这样的项目相提并论，往往会感到沮丧。设定目标和指标是一个迭代过程，随着时间的推移，重新评估以确保你拥有正确的目标或指标非常重要。

解决增长问题对于每个具体的增长指标来说都不一样。让我们看一下项目可能会遇到困难的一些指标，并提出一些解决策略。

9.2.1 提交记录/提交者

项目通常会围绕项目中的提交记录数量或提交者数量设定指标，可以采取各种形式，例如：

- 独立的提交者数量；

- 在一定时间内的新贡献者数量；

- 提交数量；

- 添加/更改的代码行数。

当这些指标难以实现时，第 6 章和第 7 章中概述的策略通常是需要关注的重点，因为这些挑战通常与贡献者的引入和管理有关。需要重点关注的特定领域包括：

- 审查贡献者指南，确保其对预期清晰明了，并且对贡献者的要求不会过于苛刻，因为它可能会阻碍简单的贡献；

- 确保定期审查和回应所有贡献，并与贡献者合作，帮助他们将贡献纳入项目；

- 在发布公告中认可新贡献者，让他们感到受欢迎和被赏识。

另一个挑战可能是贡献者的流失。如果项目查看其贡献者名单，发现贡献者"逐渐远离"，即以前活跃的贡献者停止了贡献，这可能是倦怠（我们会在 9.3.3 节中更深入地探讨这个话题）的迹象，或者贡献者在组织内换了角色，而项目和他们不再相关。项目维护者应该尝试联系那些逐渐远离的贡献者，了解情况。在开源项目中，随着项目与他们的相关性随时间的变化，人员自然的流失是正常的。

9.2.2　项目使用度

通常不鼓励使用遥测方式，因此在开源衡量中使用指标可能很棘手。尽管如此，仍有一些指标可以作为项目使用的先行或滞后指标，可以帮助我们了解项目的使用情况，例如：

- 下载量或仓库克隆/分支量；

- 关于使用项目的帖子或问题；

- 使用项目的博客文章或其他社交媒体。

第 6 章中有许多很好的建议，可以通过让用户快速启动并成功上手项目来改善项目使用指标。此外，项目可以考虑定期对其用户群进行调查，以了解使用模式和社群可能存在的问题。在调查中，非常重要的一点是确保数据是以匿名方式收集的，这将帮助项目获得用户更坦率的反馈。同时要知道，在调查中，最有可能回应的人是那些有所顾虑的人，而不是对项目完全满意的人。尽管如此，调查的确是一个绝佳的工具，可以识别项目中存在的问题，以及项目让用户满意的地方。

9.2.3 多样性

提升项目的多样性往往是非常具有挑战性的领域之一，原因有以下两个。

- 它往往促使项目维护者引入与他们不同的人。
- 与项目维护者不同的人通常会觉得参与项目令人生畏。

项目中的多样性日益增长通常不是偶然发生的，而是项目维护者有意为之的工作。以下是一些项目提升多样性的策略。

- 在项目社群中寻找来自代表性不足群体的成员，并支持和鼓励他们。这很简单，可以向他们发送便条以感谢他们的贡献，或者带他们参加活动或聚会，让他们谈论使用该项目的情况。将他们视为盟友会让他们感到自信，从而帮助他们吸引其他人加入。
- 确保项目有一个行为准则，正如我们在第 8 章中讨论的。这是一个很好的外在信号，表明项目拥有一个包容性的社群。

- 使用第 7 章中概述的策略，将多样化的贡献者发展为维护者。当人们看到项目领导层的多样性时，他们很快就会意识到项目的核心是多样化的，并且更有可能想要参与。

> **提示**
>
> 我建议你查看 All In 促进会以及软件开发者多样性促进会的网站，以获得更深入的见解和策略来提升项目的多样性。

为了实现增长，项目本身需要扩展，但项目领导层也需要制定增长和继任计划。增强和扩展项目的领导力是促使项目取得成功的重要因素。下面让我们深入探讨这个话题。

9.3 增强和扩展项目的领导力

作为维护者和项目领导者通常是非常有意义的，它给予了个人展示才能和技能的机会，同时能够在全球范围内对他人产生影响。但与此同时，这也可能会带来相当大的压力，正如我们在第 8 章中所看到的。我简单搜索了一下，找到了以下关于维护者承受压力的故事：

- 因为你的开源项目而被嘲笑；
- 维护者已经崩溃，退出甚至破坏了自己的项目；
- 强调如何拒绝功能请求的压力。

我曾在创业公司的早期阶段看到过类似的模式，创始人承担了从销售到市场营销再到产品开发的多种角色，包括诸如"增长黑客"这样的角色，这些角色在公司规模扩大以后是不可持续的。这种情况通常是无意识的，因为创始人的兴奋度和投入程度极高，以至于他们对投入公司的时间和对他们产生的影响视而不见。开源项目之所以落入同样的陷阱，是因为开源项目通常是维护者"为自己挠痒"的一种满足方式。

我们在第 7 章中已经充分讨论了识别潜在维护者并培养他们成为维护者的问题，所以我不会重复讨论该内容。相反，让我们看看如何扩大现有的维护者团队，使其覆盖整个项目。

9.3.1　从项目通才到项目专家

在项目的早期，可能会有"全员上阵"的情况，因为每个人都需要做各种事情。在早期阶段，这种工作方式往往还行得通，许多开源项目的维护者往往具备非常多的技能，而不仅仅是纯粹的软件开发者。许多开源项目的目标用户是软件开发者，与维护者是同一群体，因此他们很容易产生共鸣。维护者与用户之间的紧密联系有助于推动更紧密的反馈循环，同时了解用户使用项目的方法，并指导项目未来的发展方向。因此，让维护者来领导诸如外联、活动和支持等工作是有一定道理的。

话虽如此，但随着项目的发展，经常会出现以下情况：

1）项目的需求已经高到维护者缺乏时间来专门投入特定领域；

2）提升项目某些领域所需的技能并非维护者所擅长的，因此尽管这些工作已经完成，但完成得并不是很好。

对于维护者来说，认识到并承认上述情况的发生是一件困难的事情，尤其是第 2 种情况，维护者需要看到他们不太擅长的领域。但是，即使是认识到这些需求也是具有挑战性的，而且大多数情况下，维护者并没有意识到他们在某个任务或职责上花费了太多时间，而其他人可能会做得更好或更有效率。

这在我参与的一个项目中出现过（暂不透露项目名称）。维护者们非常扎实可靠，认真对待他们的角色，并在管理各种流程（包括发布节奏）方面做得很好。但他们一直面临的问题是，为项目作贡献的门槛太高，很难将贡献者发展为维护者。

这种挑战与我们在第 7 章中讨论的缺乏导师制度和贡献者发展策略有关。但更大的问题是，维护者如此不堪重负，以至于他们无法抽出时间把贡献者培养成维护者。他们发现成为贡献者的门槛很高，并意识到他们需要花费太多时间来培养贡献者，以至于会影响到项目的其他更重要的领域。

当我与项目团队坐下来分析他们所遇到的挑战和机遇时，发现了以下问题。

- 项目没有很好的方式让新用户和开发者"自我赋能"，这意味着缺乏良好的文档或培训材料。当需要这样的材料时，通常只能临时准备，无法重新利用。

- 维护者倾向于在相关项目中担任类似领导的角色，这导致他们精疲力尽。

- 维护者倾向于务实地管理任何行业活动，包括举办聚会、准备演讲、进行社交外联以及与活动经理协调。项目的活动数量不断增加，这又占用了维护者本可以在代码仓库中花费的时间。

- 维护者手动管理 CLA，需要向每个维护者发送文档，然后必须对每个新贡献手动核对 CLA 签署者名单。

你可以将以上问题总结为经典的"关注短期痛点而非长期机遇"的问题，意思是维护者只看到了当下的需求并致力于解决它们，却没有考虑提高效率并引入新资源来提供帮助。

我们在项目中迅速采取了一些措施,开始帮助解决问题:

1)我们实施了类似 CLA Assistant 的工具来自动化 CLA 管理。这一措施迅速见效,甚至帮助我们发现了一些 CLA 签署不当的情况;

2)我们列出了项目的各种活动,并确定了每个活动的参与形式(只是一个演讲、组织聚会,还是实际赞助活动);

3)我与每个维护者合作,了解他们在项目之外的职责,包括对其他项目和雇主的职责。

虽然这些措施取得了一些立竿见影的成效,但痛点远未完全消除。下一步我们计划引入新资源,在不需要运用维护者的专业知识的领域提供帮助。我们关注的领域如下。

- 我们利用 Write the Docs 社群努力找到一位技术文档写作者。其中一位维护者的雇主出面资助了这一资源。

- 一位维护者的朋友为了完成大学课程的要求,希望寻求一些社交媒体和博客推广的经验,我们将其纳入项目,帮助进行外联工作。他接手维护我们创建的活动列表,然后制定了一个简单的计划,说明如何在活动前后进行推广,并主导了大部分文案写作工作。

- 我们采用了一个关于项目的最新演示文稿,稍作修改使其更通用,然后录制某人介绍材料的过程,作为入门培训资料。

这么做也需要一些时间,因为维护者需要暂停一些项目开发工作,让这些新资源参与进来,但大约 6 个月后,维护者已经看到他们的压力减轻了很多,这些专家也为项目带来了价值。对于技术文档写作者和负责推广的实习生来说,这也是一个很好的机会,因为他们都在其中一个维护者的雇主那里找到了工作(而且该雇主确保他们仍有时间为项目作出贡献）。这也是参与开源项目的一大好处，它能让你的工作展现在潜在雇主面前。我们将在第 11 章中深入探讨这个主题。

在这个故事中，我们发现了一个帮助维护者在其他优先事项之间平衡时间的解决方案。下面让我们深入探讨这一点，重点是尽量优化时间管理和预期管理。

9.3.2　时间管理和预期管理

时间管理实际上也是预期管理，意味着需要明确工作内容、花费的时间以及所需资源的预期。这可能会出现"贪多嚼不烂"的情况，因为通常看似简单的事情，当你在深入研究时可能会变得更加复杂。这可能是一个简单的错误修复，但揭示了代码仓库中更大的架构问题，或者是对支持请求和问题的响应变得更加耗时。对于维护者来说，可能表现为过多的会议、在活动中过多展示或讨论项目的请求，或者过多的拉取请求与代码贡献需要审查。

扩展不仅仅是增加更多资源，还包括更有效地工作。许多软件开发领域的人会引用 Frederick Brooks 的《人月神话》一书，其中的核心原则是：将人力投入一个进度落后的软件项目中只会延迟工期。我曾经在一些项目中看到过这种情况，问题不是没有足够的人参与，而是工作流程不够流畅和目标设定不明确。

扩展和设定预期的策略如下。

- 设定你将为某项任务投入时间的上限。例如，说明你每天只会花 1 小时来处理拉取请求和问题。
- 当投入任务的时间看起来不够时，可以评估原因。可能包括以下

3个原因。

- 所要做的工作太烦琐。以拉取请求和问题分类为例,可能使用的系统没有设置好,还可以改进。

- 是否有更好的完成任务的方法?对于问题请求,如果你看到同一个问题反复出现,可能应该添加文档并引导用户查看。或者可能应该将常见问题链接在一起,如果任务是为聚会做准备,也许制作一个标准模板来完成所有需要做的事情会有助于简化流程。

- 你是需要更多的资源还是需要专门的资源?也许应该有一个专门的人员来分类问题,而不是由维护者来分类,等出现问题时再去引入维护者。

• 沟通完成任务的预期时间框架。对于问题分类,你可能明确表示所有问题将在5天内审查完毕。

沟通是开源项目的关键——尽可能透明和诚实往往能在维护者、贡献者和用户之间建立更牢固的纽带和信任。在前面提到的 OpenCore Legacy Patcher 项目中,主要维护者的家人在乌克兰。这位维护者知道,因为战争爆发,他需要照顾家人,暂时无法为用户提供支持,所以他发了一个问题(issue)说明来解释情况。

这位维护者在解释自己的情况并设定预期方面做得非常出色。而事实证明,暂停只是暂时的,几个月后,当他的家庭状况稳定后,项目的节奏就回归正常了。

不善于管理时间的风险就是逐渐倦怠。下面让我们进一步了解什么是倦怠,以及维护者避免倦怠的方法。

9.3.3 避免倦怠

在撰写本书时，倦怠是开源领域的热门主题之一。倦怠是我们经常看到的现象，但实际上，它是项目维护者未能妥善管理压力的最终表现，如图 9.3 所示。

疲劳 → 效率低下/缺乏成就感 → 无法集中精力 → 生病/身体状况不佳 → 焦虑 → 倦怠

图 9.3　从疲劳到倦怠的全流程

观察一下图 9.3 所示的流程图，你可能会对其中的某些阶段/症状产生共鸣。我们都曾在长时间工作后感到疲惫。有时，我们需要做的工作太多了，以至于总是做不完。当你既要兼顾其他工作角色，又要兼顾家庭和个人的优先事项时，强迫自己坐下来集中精力往往是一件困难的事情。

NBA 传奇教练、总经理 Pat Riley 曾讲过一个故事，他谈到了曾经参加的一次漂流之旅。在上船前进行的安全指导中，教练说："如果你掉进水里，不要只是坐在水里等着别人来救你，你需要让其他人知道你掉出去了，并试着游回去。你需要积极自救。"

最后一句话很有启发性，因为其他维护者往往很难看到另一个维护者所承受的压力，进而想方设法提供帮助。

那么，维护者该如何避免倦怠呢？以下是一些建议。

- 使用任务管理系统记录你需要做的所有事情。我建议不仅要有一个专门针对项目本身的任务管理系统，还要有一个针对其他工作领域和个人/家庭的任务管理系统。随着年龄的增长，我们很难把所有事情都记在脑子里，但把事情写下来就能帮助我们直观地了解需要做的任务。

- 使用任务管理系统来帮助优先排序或安排事项。我喜欢为任务设定截止日期，因为这样我就可以控制自己的工作节奏，并且也能够知道在特定时间需要专注完成哪项任务。

- 合理安排休息时间，并坚持执行。我会尽量把每天下午 5:00 到晚上 9:00 的时间安排给家庭活动，在这期间不处理任何工作邮件或参加会议。同样，午休也很重要。

- 尽可能在周末休息来恢复精力，而不是工作。我会尽量只在早晨工作几小时，等家里人睡醒开始新的一天时，就停止工作。

- 安排好节假日，将其真正用于休息和恢复精力，而不是用来修复你一直想要解决的项目功能问题。

- 确保饮食质量，同时安排充足的睡眠和锻炼。疲劳、疾病和焦虑都是不健康的症状。

- 找到项目之外能带来乐趣的活动。这可能是一项运动（对我来说是滑雪、划皮艇和骑自行车）、志愿服务或其他工作（对我来说是排球裁判工作）、与朋友和家人共度时光或培养其他业余爱好。重要的是，这项活动必须与你日常的工作不同，因此加入一个新的开源项目并不是一个很好的爱好。去做一些完全不同的事情，如木工或烹饪，那才是真正的爱好。

- 定期进行健康检查。对于那些生活在拥有良好的医疗保健系统的地区的人来说，他们往往是最不善于实际利用这些系统的人。请至少每年安排一次身体检查。

- 当你遇到心理障碍时，可以暂时离开一会儿，做一些不同的事情。也许可以读一本书、玩一个游戏或去散步，也可以与某人聊聊自己的心理障碍。改变心理视角有助于克服心理障碍。

你可能会注意到，这些建议大多不是针对开源的，而是针对日常生活的。我们生活中的任何一部分都很容易被消耗，而当它消耗殆尽时，就是图 9.3 中倦怠症状开始出现的时候。

9.4 小结

本章重点讨论了如何应对开源项目的增长，既要设定良好的指标来衡量增长，又要确保项目领导能在项目增长的同时一起成长。很多时候，一些很有潜力的项目会因自身负担过重而陷入困境，而提前预防这种情况可以确保项目长期可持续发展。

当一个项目能够持续发展时，组织就会考虑投资并将其用于内部，同时将其构建到自己的产品中。商业化可能被视为开源的反模式，但实际上，这也是对项目价值的一种验证。在第 10 章中，我们将探讨项目如何更好地处理商业化的问题。

第三部分　构建和扩展开源生态系统

在第三部分中,随着开源项目不断发展成为一个开源生态系统,你将学习到一些进阶的概念,还会学习如何最好地构建和扩展这个开源生态系统。你将学习的主题包括开源中的商业化策略、开源与人才生态、为开源营销以及领导者过渡的最佳实践。最后,我们将介绍如何妥善地终止一个开源项目。

本部分包含以下各章:

- 第 10 章,开源的商业化;

- 第 11 章,开源与人才生态;

- 第 12 章,为开源营销——宣传和外展;

- 第 13 章,领导者的过渡;

- 第 14 章,开源项目的落幕。

第 10 章　开源的商业化

我们之前谈到了开源在黑客和创客文化中很常见，被许多人认为是商业软件的对立面。造成这种现象的原因是一些知名商业软件供应商针对开源采取了一些行动。在 20 世纪 90 年代和 21 世纪初，微软被认为是开源的主要反对者，其内部立场是"拥抱并扩展"，这是一种用于在市场上取得主导地位的策略，也用于与其他竞争软件供应商竞争。但是，使用相同的策略来对待开源通常不会成功，因为开源项目采用了"为自己挠痒"的模式，其覆盖了商业产品可能无利可图的领域。很多时候，查看和修改源代码本身就是有价值的，而这通常是商业软件无法做到的。

时至今日，企业愿意参与开源就已经是一种进步了，这些组织在与开源项目和社群合作时采取了更加负责和尊重的方式。在我维护 PHP Windows 安装程序的日子里，微软联系了我，请求我修复一些问题，以使安装程序更好地与 Windows Server 2003 兼容（是的，我暴露了我的年龄）。微软为我提供了一份 Windows Server 2003 的副本用于测试和开发，同时为表达对我的感谢，不仅公开认可了我对项目的贡献，还送了我一台微软 Zune 作为礼物。这是他们无须做的事情，但他们想以此表达对我工作的善意。

虽然开源软件可以在遵守其许可证的情况下免费使用，但一个成功的项目也是可以商用的。在本章中，我们将探讨一个项目可以怎样被商用，以及为了更好地商用，如何对项目进行设置。

本章涵盖以下主题：

- 开源项目商用的重要性和价值；
- 开源的商业化模式；
- 为商用设置项目。

首先，让我们来谈谈开源社群中的许多人对他们的项目被商业软件采用或商业交付时的担忧。

10.1 开源项目商用的重要性和价值

大家可能还记得，软件许可证通常有两种：宽松许可证（意味着对代码重用的限制很少）和非宽松许可证（意味着代码许可证有特定的限制，以确保任何衍生作品也在相同的开源许可证下）。通常我们会担心非宽松许可证被商业化的项目所使用。

在某些使用场景中，这种担忧是有道理的，尤其是在更注重最终用户的开源软件领域，如桌面应用程序（如 LibreOffice、Inkscape、GIMP 或 Firefox）。然而，这并不意味着这些软件不能被商用，因为随着时间的推移，我们已经看到了一些创造性的解决方案。例如，围绕软件本身提供服务和支持、开放核心模式（其中的商业组件采用单独许可证），或是"Tivo 化"（即提供源代码，但需要重要的专有硬件和其他软件来对源代码进行修改）。我们将在后面的内容中深入探讨这些商业化机制。

10.1.1 可以商用吗

在本章的开头，我谈到了开源软件在早期被视为商业软件的"对立面"。开源软件通常与免费和自由软件一起被归类为 FLOSS，即 Free Libre and Open Source Software。如果你熟悉 libre 这个词，你会知道它在意大利语中是自由的意思。开源社群中有种说法，开源中的自由是"自由如同言论自由，而不是免费啤酒"，这与 libre 一词的词根有关，它更多地用于描述自由，而不是没有成本的东西。

如果你创建了一个开源项目，实际上是在免费提供软件（尽管在互联网普及之前的开源早期阶段，对软件附带的 CD 或磁盘收取象征性费用是可以接受的；事实上，GNU 通用公共许可证明确规定允许这样做）。尽管它是免费的，但代码的许可证为项目的用户提供了使用项目的条款和指导。虽然你不能歧视某一类用户（即为商业使用与个人使用提供不同的条款），但维护者可以通过许可证选择用户必须遵守的不同程度的合规责任。关于这些许可证模式的更多信息已在第 3 章中介绍。

项目的可持续性取决于其使用情况和市场接受度。商业使用就像任何其他使用一样，无论是公司内部使用还是将其作为产品的一部分，都验证了项目在市场上的价值。

如果公司将某个开源项目商用，但并没有以某种形式（无论是增加开发者、资金还是其他投资）对社群进行回馈，就会出现敏感问题。公司会被认为"利用开源"和"将项目作为商业利益的免费劳动力使用"，这在开源中时有发生。虽然有些公司可能会以这种方式进行掠夺，但根据我的经验，许多公司也有良好的意图，只是要么是对开源不熟悉，要么是不知道如何参与。我们将在 10.3 节中深入探讨这个话题。

在本节中，我们明确开源项目是可以商用的，就如同项目的其他用途一般。商用有助于开源项目的可持续模式。下面让我们更详细地看看开源项目的可持续性循环。

10.1.2 可持续性循环

我经常使用一张图来说明开源中的可持续性循环方式,如图 10.1 所示。

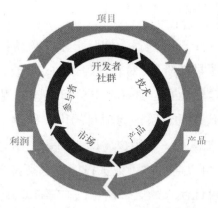

图 10.1 开源中的可持续性循环

该图说明了开源项目在市场可行性方面的持续循环。下面让我们来看看每个部分。

1. 项目

简而言之,项目是软件代码和社群本身的集合。正如我们在整本书中所看到的,只有在一个强大、协作和多样化的团体共同努力,一起构建他们认为非常重要的技术时,开源社群才能取得成功。这个社群可能包括为雇主工作的企业员工,也可能包括对这个领域感兴趣和有热情的个人。

2. 产品

当项目变得越来越有用,对市场越来越有价值时,项目可能将被产品化。产品化可能包括多种场景,如将项目作为商业产品出售,将项目的部分内容整合到更大的商业产品中,或提供服务和支持。软件供应商也可以在这些场景中看到一些好机会,他们认为可以拿开源项目作为卖点，吸引人们来购买他们的软件。

但产品化还有另一个视角，那就是使用，意味着有人接受该项目并以某种方式使用它。也许是开发者在他们正在构建的东西中利用开源库，或者可能是一家公司内部使用开源项目进行报告或集成。当项目被他人使用时，实际上就已经产品化了，因为项目就像任何其他产品一样被"消费"了。

3. 利润

商业软件供应商经常发布新软件，以满足市场需求，有时会非常成功，软件会受到欢迎，供应商就会继续提供支持并更新软件。有时则可能会失败，供应商会因为经济原因决定不再开发或支持软件。随着时间的推移，市场也会变化，由于经济、技术或其他条件的影响，曾经流行的软件也可能变得不再受欢迎。所有的决策都是由经济价值或利润驱动的。

在这个可持续性循环中，利润是验证开源项目产品化的关键部分。这种经济价值可以以多种不同的方式体现，例如以下 3 种方式。

- 降低研究和软件开发成本：无须编写和维护开源项目提供的代码。

- 扩展潜在市场：在项目中添加当前项目开发团队没时间或没能力开发的特性和功能。

- 加快上市时间：开发团队可以利用一个或多个开源项目作为他们商业产品的构建模块，而不必自己从头构建。

上述每个因素都能够为商业软件供应商带来经济价值。对于开源项目的用户来说也是如此，他们不必编写开源项目已经存在的代码，从而节省了时间和金钱。回顾我在第 1 章中提到的 PiSCSI 项目的例子，在我修复 Macintosh IIsi 时，该项目的存在意味着我不需要去寻找昂贵、运行缓慢且难以找到的 SCSI 硬盘驱动器，而是可以使用一个现成的树莓派、SD 卡和专门的适配器来模拟这种设备。对我来说，这既节省了时间和金钱，还使我的工作更加灵活，所有这些都创造了经济价值，也代表了利润。

完成循环的关键是要将利润重新投入项目中。这可能意味着简单的社群参与和提供反馈意见，也可以是公司为项目提供开发支持，例如指派开发者参与项目工作，赞助基础设施建设或提供营销支持，又或者是个人帮助维护项目。也可能是为项目提供直接的资金支持，我们将在 10.3 节中深入探讨这个主题。无论使用哪种方式，将利润再投资到创造经济价值的项目中，都意味着项目可以持续增长和运作。

项目商业化有多种方式，下面我们就来了解一下。

10.2 开源的商业化模式

开源项目有许多形式，从代码片段到功能齐全的应用程序，其商业化模式也各不相同。此外，项目选择的许可证也会影响商业化过程，因为使用更多非宽松许可证下的代码比使用宽松许可证下的代码要复杂得多。

开源的商业化模式多年来一直在发展变化，但通常存在 3 种模式。下面我们来看一下。

10.2.1 作为更大商业软件包的依赖项或组件

第一种模式是将开源软件作为更大商业软件包的依赖项或组件使用。这可能是最常见的开源软件商业化形式，也是大多数人非常容易忽视的。图 10.2 展示了典型应用程序的构成及开源的使用情况。

图 10.2　典型应用程序的构成及开源的使用情况

现在的应用程序都倾向于建立在某种框架上，如 Linux、Apache、PHP、MySQL（LAMP）堆栈、Bootstrap.js 或其他工具或开发平台。这些应用程序中的大部分都是基于开源构建的，即使是商业供应商开发的应用程序也不例外，因为这有助于处理更广泛的用例。在顶层，你会看到开源用于解决常见问题，无论是使用 SAML 库来支持身份验证，还是为 WordPress 或 Jekyll 网站提供基础主题。如果你查看总代码行数，通常会看到 80%～90% 的代码仓库是开源的，这是大多数人没有意识到的。当基础组件存在大型安全漏洞时，这一点就会显得尤为突出，因为公司需要评估它们是如何受到影响的，以及如何将这些组件升级到安全版本。

当依赖项或组件作为更大的商业软件包的一部分使用时，需要确保在开源代码中保留适当的归属声明。这包括源代码中的许可证文件头，以及更正式的软件物料清单，其中详细说明了产品中使用的组件和许可证。如果你的商业产品使用了通用工具来管理第三方依赖项，如 Python 的 PyPi，通常组件和许可证很容易追踪到。如果不是，则需要更多手动操作。此外，使用软件包数据交换的简化版许可证标识符可以使 FOSSology 等许可证扫描的工具产生更准确的结果。

下面让我们看看开源项目商业化的下一个模式——服务和支持。

10.2.2　服务和支持

服务和支持是开源商业化较早的模式之一，由红帽公司通过其 Red

Hat Linux Enterprise 支持计划推广。人们认识到开源软件本质上是免费使用的，但与所有软件一样，最终用户会遇到问题或有其他需求，需要有人提供帮助。对于公司来说，其业务所依赖的软件出现问题可能带来巨大的影响，如果有所谓的"可追责的对象"确实会使他们在使用软件时感到安心。

服务和支持可以包括以下 3 种不同的内容。

- 传统的呼叫中心或支持中心，人们可以与中心内的某人讨论他们遇到的问题，并获得有关解决问题的帮助或方法。

- 帮助安装或实施开源软件，如设置服务器或进行定制。

- 培训和教育，可能是讲师指导与线上培训，或者可能是像 Packt 这样的图书出版商出版关于使用特定开源项目的图书。

这种模式最大的挑战也是其最具吸引力的地方就是进入门槛低。在这一领域，许多公司都围绕开源软件开展业务。虽然这样做的初衷往往是好的，但也造成了一些混乱。这就好比我们需要一个水管工来修理家里的下水道或水槽，可以在网上找到附近的水管工，或者通过亲朋好友推荐，但我们往往很难区分他们的好坏。对于开源项目，我们能看到类似的情况，即有人成立一个企业，声称"为 X 项目提供商业支持"，但具体的情况则可能有所不同。这里的挑战在于，如果该供应商反响不佳，那么对项目品牌的使用会给项目本身带来负面影响，尽管该供应商很可能不是项目的一部分。我们将在 10.3 节中讨论供应商和一致性计划的使用问题，并探讨相关的策略。

10.2.3 开放核心

我们在第 2 章中讨论了开放核心模式，以及使用这个模式面临的挑战。尽管如此，开放核心仍然是一种常见且有效的商业化策略。我不会在这里花太多时间讨论这个模式，因为之前已经介绍过了。

与开放核心类似的模式是，开源可以作为一个基础框架，然后有多个商业扩展插件可与之连接或集成。我们在 Linux 中看到过这种情况，许多专用设备驱动程序在商业许可证下被设计为与 Linux 兼容。我们在 Hadoop 等生态系统中也看到过这一点，供应商会构建从数据可视化工具到 Hadoop 的集成，以利用存储在数据湖中的数据。

了解了各种可能的商业化模式后，下面让我们来看如何以最佳方式设置项目以用于商业用途。

10.3 为商用设置项目

为商业供应商提供一种使用项目的方法，可以吸引更多的使用者，也可以带来更多你之前可能未曾想过的使用方式。这也可以增加新贡献者和维护者，帮助支持和推动项目，并帮助改进项目的运营方式和代码仓库的质量。

为了确保商用能够为项目增值而不是造成混乱，我们应该考虑一些因素。下面让我们从品牌和知识产权管理开始来看看这些因素。

10.3.1 品牌和知识产权管理

正如我们在第 3 章中所阐述的，对项目的品牌和知识产权进行扎实的管理至关重要。如果你咨询专门从事知识产权的律师，他们很可能会强调确保项目品牌按预期使用对于帮助用户理解项目非常关键。

在第 3 章中，我们详细介绍了品牌和知识产权管理，鼓励你参考该章节以获取更详细的信息。就商用而言，有两个方面需要牢记。

- 如果你有一个受欢迎的项目，供应商会希望在其产品名称中引用项目的名称或品牌。这时你就要小心了，因为将任何商业产品与项目本身区分开非常重要。我强烈建议为项目制定品牌指南，以帮助描述在商业产品中引用项目或其品牌的正确和错误方式，一些示例包括：

  - 开放大型机项目品牌指南；
  - HyperLedger 品牌指南；
  - Eclipse 品牌指南。

- 依据项目所使用的许可证，供应商应该对其产品使用的项目进行恰当的归属声明，这是非常重要的。这可能很难监管，但在提供相关指导时，很多供应商还是会遵守规则的。

供应商通常非常赞赏项目社群，也希望与之合作。就像在第 6 章中所描述的，使用一些方法让项目对供应商更友好一些，也能表明你对他们的善意。下面让我们看看如何做到这一点。

10.3.2　认可和一致性计划

认可供应商是项目的用户，不仅能够表明善意，也是对开源项目本身的认可。如果你在商业软件产品营销方面有经验，就会知道，客户公司的 Logo 或用户的推荐是最大的销售助力之一。开源也不例外，许多项目会利用这一点来帮助自身成长。

话虽如此，但最重要的还是要建立机制，使商业用户既能被轻松地认可为项目的用户，又能按照维护者和更广泛社群期望的方式使用项目。

具体如何更好地做到这一点，取决于项目的预期使用方式。

如果开源项目主要是为了被消费和使用，一个简单的用户认可计划是召集项目用户的绝佳方式，可以采取以下不同的形式。

- 最简单的方式是项目在其代码仓库中新建一个 ADOPTERS 文件。维护者可以在这个文件中添加项目的用户（当然，要经过他们的允许），或者更好的做法是，最终用户可以将自己添加到 ADOPTERS 文件中。后一种方法更受欢迎，因为用户发起拉取请求将自己添加为用户的方式确保了该行为是被明确授权的。

- 如果用户不仅愿意表明自己是用户，而且愿意提供背书，那么可以考虑用户推荐或案例研究计划。如果你有产品营销背景，可能感觉这令人生畏或过于烦琐，但实际上，一个好的案例研究形式相当简单：用户遇到了什么问题，为什么选择该项目，项目如何解决他们的问题，以及他们未来有什么计划？如果只是一个推荐，那就是简单地提及特定用户。如果你使用 GitHub 或 GitLab 进行项目管理，可以设置拉取请求模板或问题模板来收集他们的名称，并再次利用 ADOPTERS 文件或类似的东西。如果项目有一个正式的网页，那么可以在网页上添加他们。

如果项目被设计为一个框架，用户就可以在该项目上构建，或者可以将其集成到更大的软件应用程序中，以提供互操作性，那么就可以使用一致性计划。我们在前面曾经谈到过一致性计划的使用，但是在这些章节的基础上，一致性计划对于项目来说就是创建中立的机制，从而用于认证和开源项目相关的供应商解决方案。

建立一致性计划通常采用项目与特定供应商之间签署法律合同的形式。以下是建立此类计划的一般步骤。

1）确定什么是一致性。通常，这是指不同实现之间的 API 兼容性，也可能是指应用程序以标准方式集成到项目的特定端或部分应用程序。提供支持和服务供应商也可以有一致性计划，项目可能希望确定供应商是否具备支持项目用户的能力。

2）当确定了什么是一致性后，就可以开始正式定义要求了。这些要求应该由项目社群本身公开透明地推动，因为一致性计划旨在保持供应商中立，要求通常包括以下两部分。

- 第一部分是技术部分，社群可以定义实施方式或应用程序需要做什么才能符合一致性，也可以定义在支持或服务一致性的情况下，供应商应该具备什么能力。最好是使这些要求既客观（意味着你可以轻松确定它是否满足要求，而不是取决于他人意见或个人偏好），又便于针对软件进行一系列测试。如果没有测试，那么列一个简单的清单就足够了。

- 第二部分是商业要求，通常意味着对项目的某种资金支持以及供应商在指定期间维护技术要求的义务。

3）项目需要建立处理一致性申请的运营流程。对于项目来说，需要格外小心，因为提交一致性申请的供应商的竞争对手可能是项目领导层。因此由独立第三方（如项目工作人员）处理申请是首选，可以对这些申请进行保密审查，以避免任何供应商影响一致性申请结果。项目还需要找一个地方列出一致性申请和实现情况，以及用来给供应商展示其一致性的标志和品牌标志。

一致性计划是为项目筹集资金的绝佳方式，因为我们都知道运营一个开源项目需要成本。正如我们在第 5 章中所讨论的，使用一致性计划是为开源项目带来财务支持的绝佳方式。因为这能够让公司看到他们的支持能换来品牌和市场的认可，对他们的产品或服务也是有好处的。这样公司就更愿意从市场营销预算中而不是从开发预算中拿出资金，因为市场营销的预算往往更灵活，而且与公司的利润挂钩，而开发预算则与成本相关联。

10.4 小结

在本章中，我们基于第 3 章和第 5 章所介绍的概念探讨了开源项目的商业化运作方式。我们看到了开源的可持续性是如何与产品化相关联的，无论是个人用户还是公司/供应商都在参与这个过程。然后我们学习了开源项目商业化的常见模式。最后，我们探讨了为商用设置项目的一些最佳方式。

开源的商业化仍然颇具争议，因为这有时会被认为是在利用开源项目和开源开发者为企业谋利。但我可以直接说，这其实是例外而不是常态。回想一下我在本章开头讲述的关于我与微软合作的 PHP Windows 安装程序的故事。我所做的工作最终给了我作为开源开发者发展职业生涯的机会。虽然我没有在微软找到工作，但确实为我开拓了其他机会。在第 11 章中，我将更多地讲述我的故事，并分享一些关于开源如何帮助你开启职业生涯的想法。

第 11 章　开源与人才生态

正如我在本书中多次提到的，开源是一种"为自己挠痒"的模式，意味着个人可以参与他们感兴趣的项目，解决他们遇到的问题，并以对自己有益的方式作出贡献。对个人来说，这种好处是实实在在的，通常涉及急需解决的问题，如构建软件应用程序的框架、使用设备的工具，或者用来替代商业软件的完整应用程序。但是，许多人也将开源视为他们职业生涯的助力，他们的贡献和同行认可可以成为向潜在雇主展示技能的方式。

近年来，我们看到公司在开源方面的投资证明了更好地实施开源对于公司的重要性，这一点我们在第 10 章中探讨过。本章将深入探讨实施开源的一个主要方面，即吸引和留住优秀人才。如今的开发者渴望把参与开源作为工作的一部分，对他们来说，这在某种程度上是一种"保险政策"，意味着他们正在构建一个作品集，从而使自己在就业市场上更具竞争力。雇主自然会对此感到担忧，如果雇主对员工的投资实际上使员工更容易离职，那不是错误的做法吗？其实不是。我们在许多研究报告和调查中看到，员工最看重的是公司文化和工作的趣味性，所以如果公司持续在这方面投资，反而能够更好地留住人才。参与开源符合开发者的价值主张，所以雇主能够认可这一点非常重要，而不是试图阻止它。

我对开源的热情不仅因为它推动了协作和创新，还因为它在我的职业生涯中起到了推动作用。截至撰写本书时，我已经有将近 25 年的时间在使用、贡献和领导开源项目。我甚至可以将参与开源追溯到更早的 20 世纪 90 年代初，当时计算机杂志上会刊登 BASIC 编写的程序，你可以将这些程序输入自己的计算机中。BASIC 解释器当时没有标准化，不同的计算机用的 BASIC 语言有所不同，而杂志上的程序通常是由适用于苹果 II 或 Commodore 计算机的 BASIC 编写的；我家有一台 TI/99-4A，所以当我输入 BASIC 代码时，我需要将其转换为我使用的计算机中的 BASIC 本地语言。如果那时有像 GitHub 或 GitLab 这样的平台，我可能会发布代码供其他人使用，因为有时要做到完全正确是相当棘手的。

在本章中，我们将讨论作为一个开源项目贡献者或维护者，如何利用工作来发展职业生涯。此外，我们还将探讨组织如何在开源项目的贡献者中发现新人才。最后，我们将在第 4 章的基础上展开讨论，探讨组织如何支持贡献者的职业发展，并认可为开源作出贡献的员工。

本章涵盖以下主题：

- 将开源作为你的作品集；
- 通过开源寻找人才；
- 留住和认可来自开源社群的人才。

首先，让我们探讨一下开源如何成为开发者或开源爱好者的作品集。

11.1 将开源作为你的作品集

"作品集"这个概念通常与艺术家和摄影师联系在一起，他们经常用作品集来展示自己的技能和专长，让别人通过他们过去的作品来对他们进行评估。在软件开发领域，历史上并没有这样的工具。雇主通常除了查看候选人简历或 CV 上的证书，还会使用"编程挑战"来确定软件开发者的技能和能力。这种策略有时有效，有时则不太行得通。

在 20 世纪 80 年代和 90 年代，一直到 21 世纪初，大多数软件开发者被认为是"全栈开发者"，这意味着他们在应用程序开发的所有领域都具备相应的技术能力，从前端设计到后端编码、数据库管理，以及服务器安装和配置。在 2010 年后，软件开发变得更加专业化，开发者通常在特定领域（如数据库管理、前端开发）或特定技术（如 Python、Java 或 Node.js）方面更为精通。这种多样化使得识别人才变得更具挑战性，无论是从寻找具有特定技能的开发者的角度，还是从潜在员工适当展示其能力的角度。

有了开源，开发者创建的所有代码都会在许可证下公开，允许所有人查看，因此潜在员工可以分享他们贡献的代码仓库链接。此外，寻找特定技能人才的雇主可以通过查看社群的讨论和代码协作，找到最了解该领域的开发者，然后就可以主动联系他们了。

这种转变对全球软件开发者的职业生涯产生了影响——甚至对我也是如此！下面让我来分享一下我的故事。

11.1.1 我的职业故事

我在肯特州立大学主修计算机科学，学习了包括 C、Perl、MATLAB、Lisp、Bash 脚本和 PHP 在内的多种语言。我对 PHP 特别感兴趣，我们在毕业设计中使用 PHP 为当地县政府建立了一个网站。当时我印象最深的是，PHP 只需非常少的代码量就可以实现有用的功能，我甚至用它为我的蜜月旅行创建了一个简单的博客网站。

我深厚的计算机科学教育背景和日益精进的 PHP 技能，成功地帮助我在 2001 年找到了一份软件开发工作，是在一家当地的金融服务公司。

如果你回到 2001 年，就会知道那是第一次互联网泡沫破裂的高峰时期。再加上"9·11"事件后美国经济整体下滑，找工作非常困难。

在那份工作中，我的主要职责是使用 FoxPro 和 Visual FoxPro 进行开发，因为他们使用的应用程序就是用这些语言开发的（对当时的小型企业来说，这是相当常见的情况）。但他们对改善与客户的互动方式很感兴趣，并希望提供通过网络访问账户的服务。我的 PHP 技能在这里立即派上了用场，在我工作的 7 年里，我为他们的内部系统构建了许多网页前端，这帮助了他们更好地服务客户，同时降低了内部成本。

1. 深入参与 PHP 社群

随着我越来越多地使用 PHP，我也开始越来越多地参与到 PHP 社群中。起初，我向 PHP 项目提交了一些程序错误，这些程序错误随着时间的推移得到了修复。然后我开始参加 PHP 会议，第一次是 2003 年在多伦多举行的 php|works 会议，之后还有在温哥华举办的一次 PHP 会议，第二年夏天我又参加了 O'Reilly 的开源大会。近距离接触开源社群，听 Rasmus Lerdorf 本人演讲，了解 PHP 开发的新趋势，以及认识一些在 PHP 中构建应用程序、库和工具的了不起的开发者，是相当不错的经历。除了学习到技术技能和技巧，我还感受到了社群的力量，以及每个人都有参与进来的方式。记得有一次我和一位演讲者谈论起了 AJAX（代表异步 JavaScript 和 XML），当时 AJAX 是一个新兴的技术话题。虽然我从演讲者的经验中学到了很多，但演讲者也很看重我在 AJAX 方面所做的工作。我们两个人在同一场对话中既是老师又是学生，这感觉非常棒。

之后我继续深入使用 PHP 做更多的事情，包括使用 PHP 5 的一些新特性，并重构我正在构建的 Web 应用程序，以使用当时新兴的 Zend 框架（现在是 Laminas 项目）。有一件事让我印象深刻，那就是在 Windows 操作系统上开发 PHP 的经历，这要花一些时间进行正确设置。当时市面上有一些为 PHP 做的安装程序，但大多数要么不太好用，要么太复杂，要么自带了 Apache Web Server 和 MySQL。虽然这很有帮助，但安装过程并不像我们平时在 Windows 操作系统中安装应用程序那样简单。

所以，我联系了当时的 PHP Windows 安装程序的主要开发者，告诉他我有兴趣使用微软推出的一个名为 Wix 的新开源项目重建安装程序。Wix 是微软早期的开源项目之一，旨在通过使用 XML 构建基于 MSI 的原生安装程序。我对 Wix 很感兴趣，所以这对我来说似乎是一个尝试新东西很好的机会！

这件事情花了我几个月的时间，在此期间妻子和我正期待着第一个孩子的到来。在孩子出生后不久，我就发布了安装程序的第一个测试版。我第一次勇敢地在 php.internals 邮件列表上发布安装程序的公告，如图 11.1 所示。

图 11.1　PHP 5.2 的 Windows 操作系统安装程序的公告

在接下来的几周里，我从 php.internals 邮件列表上得到了大量反馈，并在大约一个月后发布了更新版本。这是一次令人振奋的经历——不仅是因为我能够根据社群的反馈编写代码，还因为我得到了当时 PHP 核心开发者的反馈。像 Ilia Alshanetsky、Wez Furlong、Steph Fox 等人都参与进来给我提供反馈。这就像遇到了名人一样，感觉很不真实。不过虽然他们是经验丰富的出色工程师，但其实他们也只是像我一样的普通软件开发者，当时我没有想到这一点，但回想起来，他们与我在开源中遇到的许多人是一样的。

还有一个让我感觉不真实的瞬间，那就是在收到来自微软的软件工程师 Kanwaljeet Singla 的邮件时。微软想要改进 Windows 操作系统对 PHP 的支持，特别是 Windows Server 和 Web 服务器的互联网信息服务（Internet Information Services，IIS）。他对 IIS 的工作方式提出了一些反馈，并希望我能够改进安装程序，以便在 Windows 操作系统上获得更好的体验。我心想："微软要我写代码帮他们？我非常愿意！"这可能是又一个像遇到名人一样的时刻。我们一起工作了几周，他们提供了一份免费的 Windows Server 2003 供测试使用。最后我们解决了所有问题，并且这些改进后来作为 PHP 5.2 的升级被发布了。作为感谢，他们还送了我一个微软 Zune MP3 播放器。

2. PHP 社群的工作为我开启了新的大门

那时我实际上已经是 PHP 的维护者之一了，因此我在 PHP 社群中获得了更多关注。我发现我在 2007 年被 Zend 列入了 PHP 关键人物名单中，还收到了一些寻找 PHP 人才的雇主的工作邀请。将开源作为个人作品集的概念对我真正起作用了。

2007 年底，我接受了 SugarCRM（当时最大的开源 PHP 应用之一）的软件工程师职位。帮助我获得这个机会的不仅仅是我在 PHP 社群的工作，还有我遇到的人。特别是 Travis Swicegood，他当时在 SugarCRM 工作，把我介绍给了他们。这也是我第一次远程工作，对我来说是一个很大的转变，直到现在，我都很喜欢这种方式（已经 16 年了）。我也有幸与一些出色的工程师（如 Majed Itani、Roger Smith、Collin Lee、Andy Wu、Jacob Taylor 等）进行了合作。

在 SugarCRM 工作期间，我对参与社群的兴趣不断增长，并在 2008 年底决定上一个台阶，申请参加会议演讲。作为新的演讲者，我遭到了多次拒绝，但最后还是获得了一个机会：DC PHP 大会。因为不再在社群中匿名而是作为专业人士站在人们面前，所以我有点紧张。我承认，那次演讲并不怎么好。但随着时间的推移，我的表现越来越好，如今我已经有了很多主题演讲的经验，并在全世界进行了数百场演讲。

在 SugarCRM 工作了几年之后，我多次受邀在美国和欧洲的各种会议上发言，我也被提升为社群经理。这意味着我将负责领导和发展 SugarCRM 社群，同时也成为 SugarCRM 在技术和开源领域的宣传大使。

这为我开启了许多新的大门。我被邀请加入 OW2（ow2.org）董事会，并担任了 OpenSocial 基金会（现已解散）的秘书，最终成为主席。在全球范围，我被邀请参加更多会议，结识了许多在开源领域有影响力的人物并向他们学习——直到今天我仍与他们许多人保持着联系。

我对那段时期的一个记忆是，2010 年在柏林 LinuxTag（柏林的开源会议）上，当时的 SugarCRM 首席执行官 Larry Augustin 在主题演讲后邀请我参加晚宴。晚宴上有 Chris Dibona 和 Dirk Hohndel。Chris 当时领导着 Google 的开源项目（直到今天仍然如此），而 Dirk 当时负责 Intel 和 Meebo 项目的开源工作（后来，他还负责 VMware 和 Verizon 的开源工作，并担任 Linux 基金会的顾问）。还记得我第一次发布 PHP Windows 安装程序那一刻的激动心情吗？这次晚宴也是如此，甚至更为激动！Chris 对我新买的 HTC Incredible 2 手机产生了浓厚兴趣，因为当时安卓操作系统还是新生事物，他还没见过那款手机。他们都分享了在开源领域的经历，而我几乎完全呆住了——既受宠若惊，又沉浸当下。现在回想那个晚宴，我仍感觉有些尴尬。(Larry、Chris 和 Dirk，如果你们读到这里，而且还记得那次晚宴，请允许我再次道歉。)

3. 从管理社群到领导社群

在 SugarCRM 工作的后期，我帮助推动了软件合作伙伴计划，这让我在将商业价值与开源相连接方面积累了一些很好的经验。后来在 Bitnami 工作时，基于 Daniel Lopez Ridruejo 和 Erica Brescia 的信任，我启动了一个类似的计划，以应对不断增长的云服务业务。这两次经历并不完美，我在过程中遇到了一些困难，但也在帮助两家公司增加营收方面取得了不错的成绩。这对我来说很有价值，因为它让我意识到协作工作的驱动力是互惠互利。

2015 年，Jim Zemlin 联系到我，问我有没有兴趣加入他们。对我来说，这是一个梦想成真的机会——有机会在多家公司和行业中推动开源，并专注于使开源项目取得成功。2015 年底，我也获得了一个很棒的机会，那就是领导新成立的 ODPi 项目和开放大型机项目。在 Linux 基金会工作的这段时间里，我已经能够将我作为开发者、维护者和社群经理的经验与我在 SugarCRM 和 Bitnami 学到的商业领导力结合起来，帮助多个开源基金会和项目蓬勃发展，包括 Academy Software Foundation、LF Energy、LF AI & Data 等。

到目前为止，尽管我希望你觉得我的职业故事很有趣，但你可能会想"这跟我有什么关系呢？"好吧，下面让我们看看如何将我的经历应用到职业生涯中。

11.1.2 在开源中发展职业生涯

每个人的职业道路都是曲折的，而且很难预测。我的职业生涯当然也是如此——从计算机科学人员到开源专业人士和领导者，这绝对不是我高中职业指导顾问所能预测的职业道路。但这表明，职业道路是机遇和运气的结合。对我来说，能够接手 PHP Windows 安装程序就是一个机遇，而遇到那么多开源领袖则纯属运气。这两者都帮助我迅速迈向职业生涯的下一个阶段。

回顾我的职业道路，我认为有一些模式会对你在开源领域的职业发展有所帮助。下面让我们来看看它们。

1. 展示你的工作

我们生活在一个"数字足迹实际上就是我们的身份"的时代，广泛而准确地展示自己至关重要。我曾经听到有人说过："如果你不在市场上为自己定位，别人就会替你做这件事。"成功意味着要拥有自己的工作和成就。

关于开源，有一些关键平台值得关注。

- 目前 GitHub 或 GitLab 被视为开源工作的主要展示平台。在这里，你要确保你维护的开源项目看起来整洁有序：可工作的代码、可靠的 README 文件、清晰的结构——这些都是我们在前面章节中概述过的最佳实践。虽然雇主在招聘时很看重技术能力，但他们也非常重视代码的可读性和是否易于理解，以及文档的完整性，因为公司的代码仓库需要团队共同维护。GitHub 和 GitLab 还能够很好地展示你对其他项目的贡献。

- 领英（LinkedIn）也是技术界一个很有名的平台。在该平台上，你需要重点介绍你的工作经历，详细描述你的角色和职责信息。此外，应该突出你所做的开源工作，强调你是项目的贡献者或维护者，并具体描述你的贡献。可以提供你写的博客文章和会议演讲的链接，这不仅能展示你在技术方面的专业能力，还可以展示你向其他人清晰地解释技术的能力,这对雇主来说是非常重要的技能。

- Twitter、Mastodon 和 Meta,这些都是目前流行的社交平台,雇主会通过这些平台来了解你是一个什么样的人。对公司来说,追求文化契合度和技术技能同样重要。我个人不是这些平台或任何其他社交媒体的忠实用户,但如果你是,最好确保你没有上传过尴尬的照片或帖子,也没有发表过贬低或攻击他人的内容。

许多开发者不使用上述平台,而是建立了个人网站,如果你想这样做,有一些指导原则同样适用。你可以试着在搜索引擎中搜索你的名字,看看会出现什么。如果你使用了前面所介绍的平台,可能就已经足够了,但如果是个人网站,你可能需要关注搜索结果,并通过搜索引擎优化(Search Engine Optimization,SEO)技术努力使你的网站排名更靠前。

对我来说,我主要用领英维护个人资料,以展示我的职业生涯,同时,我也用我的 GitHub 个人资料展示我一直以来参与的所有项目。作为一个开源专业人士,这样可以展示我在专业领域的能力,以及我在开源项目上的经验,也展示我对项目作出贡献的情况。此外,我还维护了一些小型开源项目,如 DCO 签名和生态系统管理等,向其他人展示我在小型项目方面的良好实践。

有了这样的作品集,你就拥有了一个展示你工作的绝佳资源。但即使有了强大的作品集,要获得展示自己的机会也是困难的。因此,你必须找机会解决一些别人忽视的问题。下面让我们聊聊这方面的内容。

2. 寻找别人忽视的机会

对 PHP 社群来说,PHP Windows 安装程序是很容易被忽略的,因为大多数 PHP 的主要维护者都是 Linux 用户,他们认为 Linux 是部署 Web 应用程序的最佳平台。再加上当时很多开源开发者都对微软有些不屑,这使得开发 PHP Windows 安装程序成为一个绝佳的机会。

开源的魅力在于项目种类繁多，但同时也有许多问题需要解决。这些项目中的每一个都需要大家的帮助。我们可以通过解决那些主要开发者所忽视的"好的初级问题"来找到进入项目的途径，这是一个很好的开始，没有与他人竞争的压力，也不会迷失在混乱中。

PHP Windows 安装程序的开发给了我一个能够独自完成工作的机会。但随着我在职业生涯中的成长，我开始面临需要影响他人的机会。这就是我学到的下一个模式——先成为推动者，才能成为领导者。

3．先成为推动者，才能成为领导者

软件开发者的职业道路常常被批评的一点是，它最终会导向管理层——这是大多数软件工程师在其职业生涯中根本没有准备或培训过的角色。抛开批评不谈，职业发展意味着要学习新事物，而且你通常需要跳出舒适区。对我来说，从软件开发者转变为社群经理，实际上是从个人贡献者变成领导者，这个过程也是一个挑战。为了成功，我不得不学习很多东西，例如，如何支持他人帮助我实现目标，如何确定优先事项和调整关注点，甚至如何预见未来机会的发展方向。我曾经犯过很多错误，经历过很多失败，也学会了接受这一点。作为个人贡献者，你常常以自己能独立完成的工作来衡量自己的价值。但作为领导者，你的价值在于你能帮助团队达成的结果。

随着职业生涯的发展，你需要跟上趋势并学习新知识，甚至承担一些你不擅长的项目，以此来学习新技能并跨入新领域。同时也要重新思考你对成功的衡量标准。在职业生涯的早期，你专注于个人成功，因为你试图在人群中脱颖而出。但是后来你会意识到，更广泛的影响力才是开拓机会的关键。此外，在像 TODO Group 这样的社群中，聚集了很多处于同样转型过程中的人，他们可以为你提供帮助。

此外，正如我们在之前的章节中讨论的，用谦逊和善良的态度对待他人也很重要。下面我们来看看这个模式。

4. 用谦逊和善良的态度对待他人

我在职业生涯中学到的最重要的一件事，就是当我善待他人时，最终这种善意也会回报我。回想我在 PHP 社群的早期，当时我开始着手于 PHP Windows 安装程序的开发工作。如果当初微软找到我，希望我修复他们想要解决的一些问题时，我的回答是："哦，微软，你对开源太刻薄了。我不会帮你。"也许我会得到一些反微软人士的高度赞扬，但这个行为会不会影响我后来在 SugarCRM、Bitnami 和 Linux 基金会的工作机会呢？因为这些组织都与微软有良好的关系。

正如我在第 8 章中谈到的，开源的参与者跨越地域、性别、种族和信仰，因此在这个领域理解他人能让你长期受益。对我来说，能够成为开源领域的领导者意味着我必须在这些群体中学习，以便更好地为他们服务，因此过于强硬和仓促地做出判断无助于任何事情的发展。

5. 享受你所做的事情

在第 8 章中，我提到当被问及开源最棒和最糟的部分是什么时，我调侃地回答："人。"在我从个人贡献者转变为社群经理的过程中，我发现最难学的技能之一是人员管理。当时有一位社群经理告诉我："编写代码很容易，人际关系才是难事。"

让我在社群中一直前进的因素是人和技术，当我从中获得激励时，日常活动中的小冲突真的微不足道。偶尔，当我所参与的社群太具有压力感时，暂时退出是一个很好的选择，但大多数时候，保持谦逊和善良的态度让我在开源社群中工作感到快乐。

你也要找到那种快乐：与你喜欢合作的人一起在社群中工作，使用你喜欢使用的技术和工具。小心不要沉迷于一个项目，因为这会使你倦怠，如同我们在第 9 章中所讨论的那样。并不是每一天都是美好的，但至少回顾过去的时候，你会为自己的工作感到自豪，为你与他人的互动感到开心。

下面让我们从雇主的角度来看看开源职业。首先，让我们看看组织如何通过开源来寻找人才。

11.2 通过开源寻找人才

我们在本章前面已经讨论过，软件开发和技术职位在许多情况下已经变得越来越专业，因为技术的广度在不断增加。再加上现在的很多工作都可以远程完成（即员工可以在家工作而不是在传统办公室工作），这使得寻找和留住人才变得非常困难。我们将在 11.3 节中深入探讨留住人才的部分，但首先，让我们看一下雇主如何利用他们合作的开源社群来寻找填补空缺职位的人才。

11.2.1 参与社群

在开源社群中找到人才的最简单方法是参与社群。这不是显而易见的吗？嗯，并非总是如此。正如我们在第 6 章中所讨论的，如果项目没有刻意为新的社群参与者创建简单易懂的入门指南，参与开源社群未必是一件容易的事。

如果社群没有发布明确的参与方式，那就直接去询问吧。许多开源项目并不会经常看到公司想要参与，因此当你愿意这样做时，他们可能会感到惊喜。你也偶尔会遇到一些项目对公司参与不太感兴趣，这也无可厚非。你必须尊重项目及其文化。在这些情况下，积极寻找人才会很困难，因此采取以下方法可能会有比较好的效果。

1）让你的软件开发者像其他开发者一样参与项目，为项目作出贡献。

2）与其他维护者建立良好关系并赢得他人的尊重。确保你的开发者遵循项目的贡献指南并让他们积极参与项目的沟通渠道。

3）当你的开发者在项目中工作时，让他们多了解其他贡献者和维护者。如果这些贡献者和维护者正在寻找工作机会，那么可以让你公司的开发者提及公司有哪些空缺职位。不要过于张扬，只在有人询问时分享即可。

第 3 点很重要，不要让别人觉得你一来就试图挖走开发者，而是要把自己定位为一个帮手。你可能会遇到有些社群不喜欢这种做法，如果是这种情况，最好避免直接在招聘公告中提及需要招聘来自该社群的开发者，而是将针对该项目的知识作为"加分项"添加到其中。

如果一个项目提供了比较明确的参与方式，那么他们可能会设有论坛或招聘板块专门用来发布招聘信息。例如，Zephyr 项目在其网站上提供了这样的招聘板块，并制定了招聘公告的发布指南，他们还在 Discord 中额外设立了一个#job-postings 频道。有时这些频道是由项目外的公司维护的，例如 Golangprojects 网站是由参与社群的一家公司独立维护的。

当社群成员审视那些想要从社群中招聘开发者的公司时，需要考虑的一个关键因素是公司对社群的"回馈"程度。虽然投入开发者资源是其中的一部分，但许多项目还有其他基础设施方面的需求。下面让我们看看作为一家公司如何更好地做到这一点。

11.2.2 赞助与项目相关的基础设施

开源项目现在能获得的高质量工具要比十年或二三十年前多得多。像 GitHub、GitLab、SonarCloud、1Password、Confluence、JIRA、Netlify

等工具都免费提供给了开源社群，因为这些公司往往是开源的大用户，他们认为将这些基础设施广泛地提供给开源社群是回馈社群的一种方式。

如果你所在的公司是一家小公司，或者没有开发工具可以提供给开源社群，你可能会认为自己帮不上忙。但其实项目中常常存在一些缺口，坦白说，只需要有人来买单就能填上这些缺口。可能包括以下 3 部分。

- 专业硬件，如 GPU 测试运行器、针对小众架构的硬件（常见的有 arm64、ppc64 和 s390x），特定的数据中心或实验室配置。提供这些缺失的、可以作为 CI/CD 流程的一部分的基础设施，对他们来说是巨大的帮助。

- 网络会议工具。虽然许多平台，如 Zoom 和 Google Meet，都是免费提供的，但它们在会议时长或参与者数量方面可能存在限制。我们在克利夫兰地区有一个本地大数据会议小组，我为他们提供了我的 Zoom 账户，支持他们在新冠肺炎疫情期间举行最多可容纳 500 名用户的会议，他们现在仍在使用，这对他们是非常有帮助的，因为他们现在有一个混合聚会，希望吸引更多克利夫兰地区以外的人士参与。

- Swag（Stuff We All Get 的缩写，就是带有项目标志的 T 恤和贴纸之类的东西）和资助发送 Swag。你可能不会将 Swag 视为项目基础设施，但正如我们在第 6 章和第 12 章中看到的，它有助于建立项目的品牌和知名度，也可以作为帮助认可关键开发者的工具。我要指出的一点是，除非项目明确表示同意，否则不要在 Swag 上放置你公司的标志，这通常是不合适的，因为它看起来像是公司的免费广告。

开源社群成员很少有机会现场见面。有些项目我参与了多年，可能只见过维护者一两次，但这是例外。当人们聚在一起时，会产生很多优秀的想法，形成更紧密的社群。但这需要花钱，支付会场费、旅行费、伙食费等。这是公司可以提供帮助的一个绝佳机会。下面让我们来看看这点。

11.2.3　赞助或主办导师培训、黑客马拉松或其他活动

活动对于开源社群非常重要。除了激发优秀的想法和助力社群建设，还能让项目被外界看到，提升知名度。无论是像 Kubernetes 和 Linux 这样的庞大社群，还是像 OpenVDB 这样的小众社群，对于社群健康来说，活动就像是一剂强心针。

我们将在第 12 章中深入探讨项目活动的策略，在这里，我特别想讨论一家公司如何最好地支持社群的活动。我看到的一些效果比较好的想法包括以下 4 点。

- 为项目举办由公司运营的线下活动。这对于特定垂直行业或特定应用生态系统的项目尤其有用。当我在 SugarCRM 担任社群经理时，我在活动中启动了一个"非正式会议[①]"。非正式会议实际上是为非正式讨论和临时演讲提供空间，具体内容由非正式会议参与者来选择。这很棒，因为我们有一些 SugarCRM 的开源扩展，这些开发者可以在现场聚在一起跨项目协作，甚至吸引了很多 SugarCRM 的开发者。对公司来说，这样做的成本很低，同时也向项目社群展示了很多善意。
- 在开源或相关技术的大型会议上为演讲环节场地或开发者会议室买单。有许多开源和技术会议的规模比较大，如 Linux 基金会的开源峰会、FOSDEM、Linux.conf.au 以及更多面向特定地区的

---

① 非正式会议是一种议程由参与者创建并推动的会议。——译者注

会议。有些活动免费为开源项目提供场地，但可能需要支付食品和饮料、音频/视频设备或互联网接入的费用。所有这些项目都会提升与会者的体验。

- 将开源项目纳入公司发表的演讲中。在这一点上，你可能需要谨慎小心，否则别人会认为你在推销公司的产品，但如果你更多地考虑讲述公司如何将几个开源项目（如 React、GraphQL 和 Node.js）结合使用，则能够提高项目的知名度，表明项目已准备好投入生产使用，还能启发别人想出其他使用项目的方法。

- 把你的办公室提供给项目进行本地聚会。甚至可以为小组的餐饮费用买单。对于本地聚会来说，最大的挑战是找场地，而你的公司提供场地通常不需要任何成本，而且还能让你公司的名字成为回馈和支持项目社群的代名词，树立起一个良好的形象。

跳出传统活动的思维框架，公司还可以赞助和支持其他类型聚会，以引起项目的兴趣并建立社群。以下是两个比较好的想法。

- 主办黑客马拉松，即召集开发者为项目构建有趣的附加组件或工具的活动，也可能是专注于开发新功能或修复错误的活动。这是我们将在第 12 章中更深入讨论的内容，我们将讨论实现这一目标所需的所有要素，其中许多都需要资金，为公司提供了赞助的机会。

- 赞助或主办导师培训，让实习生或受指导者为项目作出贡献。可以为受指导者提供赞助或礼物，或为项目提供导师，这都有助于项目吸引新贡献者，而且对之后公司可能会录用的那些人，公司还能获得不错的"先试后买"体验。

有一个重点我必须反复强调，作为一家公司，你们做出的贡献应该都是为了项目的管理，而不能是为了商业利益。如果你们在这些活动中派出一大批人力资源招聘人员，社群会对公司的意图产生怀疑。

你们所吸引的人才很可能对你们公司感兴趣，因为他们知道加入你们意味着能够继续参与那个开源社群，并且很可能还能为其他开源项目贡献力量。如果公司不能提供这种参与开源的机会，新员工可能会有跳槽的风险，转而投向那些鼓励并支持参与开源社群的其他公司。接下来，我们一起探讨如何留住并认可那些对开源社群有积极贡献的员工。

11.3 留住和认可来自开源社群的人才

我们在第 4 章中谈到了认可公司员工对开源的贡献很重要，这对于那些在开源社群中已经小有名气的员工来说尤为关键。如果不这样做，不仅会给公司留下糟糕的名声，项目本身也会受到影响。

此外，从开源社群引进人才通常能改进公司内部的开发流程。开源社群的领导者和维护者习惯于一种文化，即认为开放和协作是更快、更高效地构建更好软件的途径。现在有一种被称为"内部开源"的趋势在组织中出现，这种趋势将开源开发的流程应用于公司内部的软件项目中，促进了公司不同部门之间的合作和沟通。我在这里不会深入讨论内部开源，但我推荐你在 Innersource Commons 上了解更多相关信息。

对于留住和认可来自开源社群的人才这个话题，要从如何衡量开始讲起。通常，追踪员工对公司内部开发产品或构建的应用程序的贡献和影响相对容易。但要衡量他们对外部项目的贡献可能更具挑战性，因为这更像是对公司的一种间接好处而不是直接利益。此外，想象一下，一个公司拥有多个部门，而且分布在世界各地，各自也都有独立的开发团队——要掌握整个公司的开源参与情况本身就需要做大量的工作（实际上，许多公司都惊讶地发现他们正在为开源作贡献，甚至在使用开源）。下面让我们从公司对开源参与的衡量和管理的角度入手来进行探讨。

11.3.1 开源参与的衡量和管理

让我们看看刚才描述的情景——一个公司拥有多个部门，而且分布在世界各地，各自也都有独立的开发团队——首先得考虑风险管理。公司该如何知道是否有人向项目贡献了公司可能不希望共享的知识产权？或者一个部门使用的项目是否基于非宽松许可证（我们在第 3 章中讨论过），并且将内部代码与该开源项目的代码混合是否会导致需要将产品的一部分开源？这通常是成立 OSPO 的主要驱动力，即理清公司内部的开源使用情况，确保遵守开源许可证，并监督对开源项目的贡献。

随着 OSPO 的成熟（可以查看 TODO Group 提供的开源项目成熟度模型资源），重点应该更多地转向能力建设上。成熟的 OSPO 会在整个组织内提倡使用开源。他们要做的工作之一是跟踪使用情况，并寻找提高参与度的机会。例如，可能有一个软件开发团队在一个开源项目上做得很好，提出代码修复，回答问题，并且通常在上游工作（需要记住，这意味着直接在开源项目上进行开发，而不是创建自己的分支进行更改）。而另一个软件开发团队则处于另一个极端——使用该项目，不参与社群，也不与项目分享任何代码修复。这就是 OSPO 可以提供帮助的地方，可以为后者示例中的开发者提供支持和培训，甚至在他们提高参与度以更符合 OSPO 制定的指导方针时给予认可。而对于前者的开发团队，他们可以成为其他部门的榜样。

我们经常看到来自开源社群的人才在 OSPO 内部成为领导者。毕竟，这些人非常了解开源社群的运作方式，这使他们成为指导公司软件开发团队参与开源社群的理想人选。

公司面临的一个主要挑战是如何衡量员工在开源中所做的工作与直接在公司所做的工作之间的关系。这通常归结为员工目标设定问题，下面让我们来讨论一下。

11.3.2 设定年度目标

大多数公司都有一个年度绩效考核周期，在周期内，员工会设定一系列双方都同意的年度目标。成功实现这些目标往往与薪酬增长、晋升或奖金挂钩。好的目标被认为是 SMART 目标，即有明确性（Specific）、可衡量性（Measurable）、可达成性（Attainable）、相关性（Realistic）和时限性（Time-Based）的目标。这些目标通常是管理层目标的子集，而管理层目标的重点通常是收入增长。正如我们在第 4 章中所谈到的，开源对收入的影响是间接的，而且开源项目的工作时间表并不受公司控制。

让我们回到第 10 章中所展示的图片，如图 11.2 所示。

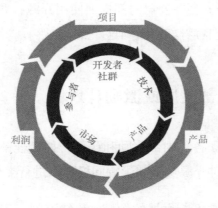

图 11.2　开源中的可持续性循环

你可以看到，这与公司的盈利能力有关——投资的开源项目是否能帮助公司降低研发成本、更快进入市场、吸引更多客户和增加新功能呢？如果答案是肯定的，那么公司就会继续投资该项目。

这对个人开发者意味着什么呢？这意味着，如果一家公司依赖于该项目，那么开发者在该项目上所做的工作如果能持续推动成本降低、加快上市时间、吸引更多客户或增加更多功能，这样的工作就是有价值的。例如，可以设定以下目标：

- 成为项目前 10 大贡献者；

- 向项目上游贡献 X 个新功能或修复；

- 提高性能 $x\%$；

- 对项目进行安全审计并修复所有已知漏洞。

另一个角度可能是扩大开源的使用，如引入一个新的开源项目来替代自研的工具，或者从商业开发框架转向开源框架。通过使用更广泛的代码，理论上可以提高代码的质量、安全性与性能，并通过利用开源组件而非专有组件来降低风险，从而避免被供应商锁定的风险。

一个好的 OSPO 会在公司内部提倡使用开源，并创建内部奖励或激励计划。下面让我们看看如何做到这一点。

11.3.3 创建内部奖励或激励计划

公司通常会设立各种内部奖励和认可，如最佳销售员、最佳营销活动或最高评级等。对开源贡献和影响同样可以进行类似的奖励。

这是一个多年来不断发展的领域。我知道的一家大型跨国技术公司曾经向那些代码被接受进入 Linux 的开发者发放即时激励奖金。事实证明，很大一部分原因是贡献者必须经过严格的法律审查和审核才能向 Linux 内核项目提出代码修复，然后还要接受项目本身的审查。许多人认为，奖金与实际获得认可所需的工作量不成比例。随着时间的推移，这一流程被简化，贡献变得容易了很多，但后来公司取消了那笔丰厚的奖金。

我们在前面曾经讨论过欢迎新人加入项目的一些好方法。以下列举了一些有效方法。

- 当开发者的代码贡献首次被接受时给予特别认可。可以简单到一张感谢卡、一张礼品卡，或者在公司或部门全体会议上的点名表扬。在大公司中，后者可能非常有价值，因为那位开发者的能力将被全公司看到。

- 对每年对项目贡献最多的人进行奖励。可以发放奖金或者资助他们参加开发者大会。这两者都有助于驱动开发者更积极地参与开源。

- 对新启动的开源项目给予激励或奖金。特别是我们在第 4 章中介绍的，这需要投入大量的工作。

- 将开源贡献和工作作为开发者职业道路中晋升的要求之一。更高级别的开发者应该更实际，他们应该能够看到开源如何帮助他们更好、更快地构建应用程序，因此他们在这一领域的经验也是非常关键的技能。

OSPO 通常为整个公司服务，因此你构建的任何项目都应该能涵盖整个公司。在制定计划时请记住这一点。

11.4　小结

我们在本章中看到，参与开源社群是维护者和贡献者职业发展的助力。通过我的故事可以看到参与开源为我打开了一扇大门，我认为你也可以将这种模式应用于职业道路上。然后，我们探讨了公司如何通过开源寻找人才，展示了参与开源如何获得好感，以及投资社群如何帮助公司树立关心开源参与的好形象。最后，我们探讨了公司如何认可员工在开源中的贡献，从确保有一个集中的方式管理开源参与，到把开源参与纳入技术人员年度目标的一部分，以及使用奖励和激励来表扬那些对开源作出贡献的人。

在第 12 章中，我们将转向一个可能被认为是开源的对立面，但实际上是项目成功的关键部分——市场营销。我们将对第 6 章的主题进行扩展，更多关注对外宣传，让你的项目更贴近市场。接下来，让我们深入探讨这个主题。

第 12 章　为开源营销——宣传和外展

在自由软件的早期,"为开源营销"的概念可能会被认为是亵渎。开源软件与商业软件截然相反,它不是由销售和营销策略驱动的,而更多是由开发者的兴趣和观点驱动的。如果用户的需求与开发者所开发的软件一致,一切都会很顺利。

通常,用户无论如何都不会对销售和营销感兴趣,从某种意义上说,这是好事,因为他们关注的是软件本身。在早期时代,产生了一些流行的自由软件工具,如 emacs 和 vi,它们非常受欢迎,拥有活跃且充满活力的社群。如果这些工具当初采取了更传统的营销方式,则可能不会像现在那么流行。对于开发者定位的目标受众来说,这种以基层为重的方法是正确的。

当我们谈论为开源营销时,往往采取的是宣传和外展的形式,而不仅仅是传统的营销。从根本上说,早期的自由软件社群专注于社群建设和用户连接。但随着时间的推移,开源项目逐渐成熟,开始出现了更广泛地支持和赋能社群的需求,其中的重要部分就是营销。在 21 世纪初,有两个主要的、相互竞争的 IaaS 开源项目:Apache CloudStack 和 OpenStack。当时熟悉这两个项目的人通常会认为 Apache CloudStack 技术更好。然而,OpenStack 则有更强大的营销和开发者布道支持,因为它有一个专门关注该平台增长的基金会。那么最终发生了什么呢?OpenStack 成为主导性技术,尽管它并不被认为是这两个技术中最好的。这里的营销就是一个驱动因素。

营销和开源传统上被认为是对立的，但实际上，拥有极佳的推广和社群管理的开源项目往往会更成功。在本章中，我们将针对项目的营销，深入探讨项目资产，思考用户参与项目的过程以及如何推广项目。

本章涵盖以下主题：

- 什么是开源营销，为什么它对用户很重要；
- 开源项目的"营销跑道"；
- 高级外展和促进参与度。

本章不会探讨将开源用作市场营销策略的内容。这种方法通常与我们在第 2 章中讨论的开放核心模式一致，有时这种方法被新进入开源世界的公司用来在市场上制造影响。这是一个敏感的话题，因为它整体上不利于你的组织在整个开源社群中树立良好的形象。

下面让我们开始更深入地探讨所谓的"开源营销"吧。

12.1　什么是开源营销，为什么它对用户很重要

我有位同事曾说过："营销就是让你的产品在特定的时间点与市场相关。"我一直很喜欢这个定义，因为它简洁、可量化，并且强调的是结果而非纯粹的行动。它还包括多种营销策略，从在开源许可证下发布开源代码并观察市场兴趣，到运用媒体、分析师、活动、数字推广等手段更全面的各种活动。无论哪种方式，我们的目标都是确保产品在那个时间点与市场相关。

开源，作为一种我在本书中多次提到的"为自己挠痒"的模式，完

美地契合了我前同事所说的相关性这点。在第 10 章中，可持续性循环图说明了项目需要有产品契合度，即产品因其与市场的相关性而为产品供应商带来经济利益，利润随后被再投资回项目中。如果市场缺乏对项目的认知和理解，可持续性循环就会像 Apache CloudStack 示例一样崩溃。

虽然开源营销在许多方面与产品营销相似，但即使是最有经验的营销人员，也经常会在一些关键的微妙之处出错。如果没有实例是很难看出差别的，因此让我们来看一个实际的项目，学习如何将新项目转变为成熟社群。

12.1.1 开源营销的案例研究——Mautic

Mautic 是一款开源的营销自动化工具，在我为写这本书进行研究期间，我回顾了 Mautic 的营销信息随时间发生的变化。我之所以选择 Mautic，是因为它所有竞争对手的解决方案都不是开源的，这点让我觉得挺有趣。毕竟，还有什么项目是比为营销人员制作软件的项目更值得用来研究营销呢？

让我们看看他们在 2014 年 9 月发布该项目的第一篇博客文章，如图 12.1 所示。

这篇博客文章的定位是实现他们最初的目标——让人们使用这个项目。对于不以开发者为受众的开源软件来说，要推动人们理解在开源中构建解决方案的概念可能具有挑战性，因为它的用户与商业软件用户的习惯不同。具体来说，以下是他们试图传达的关键信息：

- 软件是免费的（免费始终是一个好的动力）；
- 开发是协作和开放的，这与市场上的其他产品不同；

> **And So It Begins**
>
> BY DB HURLEY · PUBLISHED SEPTEMBER 08, 2014 · UPDATED SEPTEMBER 08, 2014
>
> This is the first post for a brand new and exciting community. We're starting small but we're growing fast. Our community is what drives us and the people which make up our community are the backbone which makes us great. Mautic is the world's first and best open source marketing automation platform. There has never been anything like this before and this community is expanding at a truly exponential rate. Clearly there is a need for what we're doing and that's exciting for everyone involved.
>
> Mautic is in a fantastic position to provide the tools that every small business needs to succeed and to compete with the bigger companies. Finally marketing automation is available at a price that everyone can afford: Free!
>
> We're all in this together working to make a better solution and empower businesses to be able to compete on services and products instead of simply the tools available to them. Marketing automation is growing at an incredible rate and more and more businesses are beginning to realize the power involved. Before today the only option was a high-priced monthly fee in a SaaS solution which kept most businesses from being able to use it. With the release of Mautic the world can finally free their marketing and take advantage of all that open source has to offer.
>
> Mautic disrupts a previously completely closed market and brings an exciting new opportunity to businesses everywhere. Download your copy of Mautic today and experience the true power of free and open source marketing automation.

图 12.1 Mautic 的第一篇博客文章 "And So It Begins"

- Mautic 针对的是小型企业，这些企业会立刻认识到其价格的优势，并且也更愿意使用这样处于早期阶段的工具；

- 行动号召（Call To Action，CTA）很简单，就是下载并使用软件。

如果你参与过初创企业的营销，你可能会看到一些相似之处。此阶段的重点是构建用户群，而不是收入。关键的区别在于，尽管对于初创企业来说收入并不是关注的重点，但它不应该被忽视。不过，对于开源项目来说，直接收入从来就不是主要的关注点。在收入方面，开源项目会更多地考虑经济机会，即项目的使用如何对下游用户和供应商产生影响，从而让他们投入努力和资金回馈项目。

说到经济机会，项目在初期面临的一个关键挑战是降低进入门槛，这是我们在第 6 章中讨论过的话题。对于像 Mautic 这样热衷于美国和英国市场的应用来说，竞争无疑是激烈的。如果你熟悉红海、蓝海战略，就会知道，在竞争激烈的环境（红海）中生存是很困难的，即使是对于大公司来说也是如此。因此找到竞争对手较弱或没有被关注的空白区域

（蓝海）是巨大的机会。对于 Mautic 来说，他们将国际市场视为这样的机会，并且也开始使用构建贡献者社群的方式。Mautic 宣布其翻译计划的博客文章如图 12.2 所示。

> **Mautic Translation Initiative**
> BY DB HURLEY · PUBLISHED JANUARY 09, 2015 · UPDATED JANUARY 09, 2015
>
> ## Help Translate Mautic
>
> Mautic is the world's only open source marketing automation software. It was founded with a vision for **global equality**, to provide growth potential to individuals, organizations, and businesses of any size! We could use your help in making this vision a reality.
>
> Marketing Automation is the fastest growing sector of sales and marketing software and it is a multi-billion dollar industry, but only accessible to those with a large budget. We set out to change that, so we have created a program with all the power of the exclusive closed automation providers. Mautic is a beautiful, simple and powerful open source software, but we wanted to take the concept even father. So we asked you to help us build a community, of developers, marketers, designers and translators, to support, create, collaborate, and share. We don't just think our product should always be better, we think you can be too.
>
> ## Get rewarded for your contributions to openness
>
> When we say our dream is for global access, we don't just mean English speakers. Help us spread openness. Help us spread growth across the globe. Help us translate Mautic. You can *lead the way* and share the world's only open source marketing automation with all who speak your native language.
>
> In the spirit of giving, we would like to offer prizes to the top translators in our community. *How many languages can we complete in 30 days?*
>
> ## Prizes
>
> In addition to Mautic prizes for contribution...
> The first person to complete a language will be featured on the website as a **Mautic VIP**.
> Second to finish will be featured in the **community spotlight** of the Mautic newsletter
> Just a small way to show our gratitude for your participation in Mautic.
>
> ## Start Translating
>
> *Get involved* in the project by contributing through Transifex.
>
> ———————————————— Click the green "Translate"
> -Select your language and start translating, simple.
> -If you do not see your language on the project list click on "Translated by Mautic"
> -On the next page, you will see "Add new" button on top of the language list.
> -Click to add your language to the project and get started!
> You're doing something great! *Just thought you should know.*

图 12.2　Mautic 宣布翻译计划的博客文章"Mautic Translation Initiative"

如果你和维护者交谈，他们会告诉你，文档和语言翻译可能是最难获得的贡献类型。这主要是因为这些贡献往往是非代码的，这对开发者的吸引力远不如编程工作，并且这类贡献非常乏味（撰写好的文档是一项技能，可能需要大量的研究、编写、编辑等工作，而翻译则需要对用字遣词有所了解，以进行正确的翻译）。但在一个社群中，非技术贡献者可能多过技术贡献者，再加上项目需要面向不同地区，这些地区的母语可能不是英语，所以这些工作很重要。

随着社群的建立以及发展，社群的下一个拐点就是活动。我们在第 6 章中提到过活动，以较高层次的视角对其进行了讨论。项目面临的一个挑战是进行适当规模的活动。我们都设想举办像 KubeCon 那样宏大的活动，但那需要大量的努力和成本。相反，由于 Mautic 还处于早期阶段，他们从战略和务实的角度出发，在密歇根州的底特律启动了会议计划。Mautic 博客文章"Mautic Meetup: Detroit Michigan"如图 12.3 所示。

图 12.3　Mautic 博客文章"Mautic Meetup: Detroit Michigan"

对于 Mautic 来说，这是一个借力社群现有能量的例子，并使他们能够在核心维护者无法直接触及的地方传达项目信息（你可能还记得这是第 6 章的主题）。Mautic 的聪明之处在于妥善运用了社群的力量，并在社群内为这些社群成员提供论坛，让这些活动获得更多关注，同时也展示了社群的成长。

随着社群的发展壮大，就需要一套规模化的社群结构。通常，在这些社群中，随着时间的推移，这些结构已经非正式地结合在了一起，如同我们在前面提到的，社群更需要做的是把它的结构理清、编纂并文档化。Mautic 在社群发展了几年后开始意识到这点，然后开始将非正式的社群结构正式化，Mautic 博客文章"Call for volunteers, final version of the Community Structure released!"如图 12.4 所示。

图 12.4　Mautic 博客文章"Call for volunteers, final version of the Community Structure released!"

请注意，并不是每个项目都需要建立像这样的正式化社群结构，但那些做了这件事的项目将会看到其巨大的价值，因为它明确了角色分工以及最佳参与方式。我们在第 7 章中谈到了这方面的需求，以说明贡献者如何发展为维护者，我们将在第 13 章中讨论领导者的过渡时再讨论这个话题。

在较大规模的社群中，能够报告和交流进展与活动也很重要。Mautic

在这方面做得很好，他们每季度都会发布季度社群报告。2022 年第四季度的报告"Q4 2022 Mautic Community Roundup"如图 12.5 所示。

图 12.5　Mautic 2022 年第四季度报告"Q4 2022 Mautic Community Roundup"

更新的重点聚焦于财务更新（新赞助商和可用于资助社群倡议的总预算），以及产品团队、市场营销团队和社群团队的报告。在此需要呈现很多数据，但他们也没有一股脑地把所有信息都倾倒出来。Mautic 通过考虑其受众，将更新的重点聚焦于对他们来说重要的内容，保持每次更新只有几个关键点及其简要说明。这是每个社群在考虑其最佳做法时都需要思考的，也是我们将在本章后面再次讨论的内容。

12.1.2　Mautic 的故事——开源营销的影响力和目的

大多数软件产品营销人员的绩效和薪酬都是根据他们对销售的影响来决定的，因此他们的收入与工作的结果息息相关。从公司如何衡量成本和利润结构就可以看出这一点，因为产品公司用来衡量成功的有两个关键指标：获客成本（Customer Acquisition Cost，CAC）和客户终身价值（Customer Lifetime Value，CLV）。通常，公司会综合考虑这两个数字，因此 CAC 的一个简单计算方法是用营销、销售、产品开发和其他间接成本的总和除以客户数量，而 CLV 则是用产品的总收益除以客户数量。如果 CAC 小于 CLV，说明公司经营状况良好；如果不是，则说明公司的成本结构和产品存在问题，需要确定问题所在。

因为开源产品是免费的，CLV 将永远为零，所以如果使用我刚才定义的衡量标准，开源项目永远不会成功。开源项目的成功要素有所不同，他们更关注关注度和兴趣。Mautic 的故事阐释了开源项目营销人员应当意识到的一些关键点。下面让我们来看看。

1．在项目的正确阶段传递正确的信息

在第 4 章和第 9 章中，我们谈到了开源项目的衡量标准，根据项目所处的阶段、技术领域和维护者的兴趣，这些标准可能会有所不同。在市场营销中同样正确的是，需要传递的信息也会随时间而变化。让我们把 Mautic 传递的信息映射到一个典型的产品生命周期表上，如图 12.6 所示。

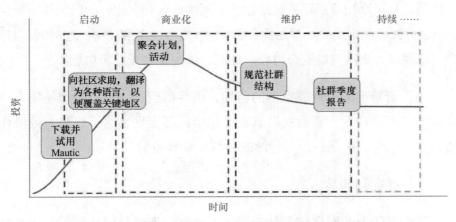

图 12.6　将 Mautic 传递的信息映射到产品生命周期表

对于市场营销人员来说，这指出了在项目成熟过程中，需要将重点放在信息的传递和所追求的事情上。请记住，我在本章前面提到过我同事的一句话——营销就是让你的产品在特定的时间点与市场相关。对于营销人员来说，理解这一点非常重要，务必清晰、简明扼要地传递信息。

这也强调了营销不应该是单向的，而是应该与社群协作。下面我们来看看这点。

2. 与社群协作的市场营销

我们看到了一个社交媒体增长的趋势，那就是精明的营销人员会利用他们最活跃的用户作为"品牌大使"或"影响者"来宣传他们的品牌，并借助与用户同类的人群直接将用户与产品联系起来。与此有关的还有亚马逊的产品评论，或是宜家 Hackers 这样的网站，甚至是 Reddit 或 Meta 上的社群。它们都有庞大的社群，人们可以公开分享想法和反馈。这些社群都有一个共同点，那就是与用户一同进行营销，而不仅仅是面向用户营销。

对于 Mautic 来说，他们从一开始就知道，要获得用户意味着他们不仅要教育用户了解开源，还要帮助他们了解开源如何运作，以及它能够带来的价值。从早期招募翻译人员来触达不同的地区和文化，到组织线下聚会活动，再到建立正式的社群结构，整个过程都专注于和社群一起开展项目。最后他们将筹集的赞助资金再投入社群，以构建和开发新功能。

协作营销有助于形成社群的精神，但要做到这一点，必须是用心且真诚的。下面让我们看看社群真实和包容的必要性，这不仅是有效协作营销的一部分，也是一个可持续的社群应该具备的。

3. 真实和包容

社交媒体上的网络红人教会了我一件事，那就是网络红人与用户之间的关系是建立在信任基础上的。人们希望追随那些他们钦佩和尊重的人。但是当这种信任被破坏时，修复起来极其困难，并会对网络红人之前所建立的良好的形象造成损害。

Mautic 面临的一个独特挑战是如何与营销人员（非传统的开源用户）

建立联系。虽然熟悉开源的人可能对社群运作方式和协作有所了解，但是市场营销人员往往不太擅长协作，也比技术人员更为保守。为了帮助他们适应，除了向他们普及开源知识，还要向他们展示如何在开源项目中进行协作。

Mautic 非常希望使用像"我们共同努力"这样的措辞来展示与用户的团结，但也可以通过支持社群成员的聚会（比如底特律的第一次聚会）来做好这一点，并帮助建立社群的结构，从而支持社群不断发展壮大。定期发布社群报告非常重要，可以展示透明度，也有助于教育用户了解开源的工作方式，从而建立信任。

透明度能带来包容性。每个开源项目的维护者都知道，人手是永远不够的，但真正好的维护者知道，让社群能够看到项目幕后的运作可以建立信任，同时也可为其他人提供参与的机会。此外，这些维护者还知道，仅仅因为一个项目公开和透明地运作，并不意味着贡献者和用户会蜂拥而至，项目还必须营造包容和欢迎他人参与的氛围，这一点在第 6 章中已有论述。作为市场营销人员，你要销售的不仅仅是代码本身，还有围绕代码的社群，这能够给予用户使用代码的信心。

在本章中，我们已经花了不少篇幅描述一个项目的营销策略案例，下面让我们转向实际操作，看看一个项目应该具备哪些条件才能在营销方面获得成功。

12.2　开源项目的"营销跑道"

有一个营销术语叫作"建立你的营销跑道"，指的是创建一套你需要的材料，以便能够执行任何营销策略。让我们花些时间来重点说明一下，作为"营销跑道"的一部分，开源项目应该具备哪些必要的营销基础设施。

12.2.1 网站和博客

一个项目最基本的需求就是有一个网站。对于大型项目来说,一个视觉上有吸引力的网站有助于阐明项目是什么、主要用例是什么,以及谁在使用它,这些是项目网站应该提供的基本内容。让我们以 Laminas 项目为例,如图 12.7 所示。

图 12.7　Laminas 项目网站

Laminas 拥有一个简单、易于浏览的项目网站,它满足了开源项目营销的关键点:清楚地说明了项目是什么(企业级 PHP 框架),介绍了使用案例（MVC 组件、中间件工具和 API 工具），并展示了提供支持的供应商。此外，它还很好地与那些还记得该项目是 Zend 框架的用户建立了联系，这也向那些资深 PHP 开发者表明了其代码仓库的悠久历史（这通常是件好事，但对于过去有麻烦的项目来说，你可能并不想提及）。

现在创建网站已经变得相当简单，这得益于直接与代码仓库绑定的静态网站生成工具。GitHub 和 GitLab 等平台可以接受 Markdown 格式（这是一种人类可读的、轻量级的文本标记语言，用于创建格式化文档）的内容，并在这些平台内部生成一个易于阅读的网页。下面让我们以 Open Shading Language 的 GitHub 仓库为例，其 README 文件如图 12.8 所示。

图 12.8　Open Shading Language 的 README 文件

GitHub 的视图往往是以开发者为中心的，因为通过 GitHub 查看项目的人很可能是技术导向的，他们希望深入了解代码本身。能够展示 CI 构建的状态、代码许可证和标志（如 OpenSSF 最佳实践徽章状态）将会是首要问题，而如何构建和使用项目、用例、谁在使用它和如何贡献也是需要快速了解的方面。我们在第 6 章中已经讨论过很多这方面的内容。

任何网络上的项目都需要一个与社群交流项目进展的工具。最好的工具就是博客，它可以作为项目网站的一部分托管，或是使用第三方平台（如 Medium）。回顾我们在本章前面所分析的 Mautic 项目，他们使用博客给项目提供一个平台来发布新计划、分享用例、提供项目社群更新以及展示活动和聚会。博客的重要性体现在以下两个方面。

- 它们让我们了解项目当前的活动，包括正在进行的重点工作和投资，以及项目可以寻求帮助的领域。

- 它们向那些查看项目的人展示了有活动正在发生。正如我们在第 6 章中讨论的，任何形式的活跃社群都会引起那些希望使用项目的人的共鸣。

继网站之后，开源项目的第二大自有基础设施是讨论渠道。下面让我们从市场营销的角度来看看这个问题。

12.2.2　讨论渠道

在第 6 章中，我们谈到了项目的沟通对于一个不断增长的社群至关重要。正如一个社群需要有效和透明的沟通与协作工具一样，这些工具也是营销跑道的关键部分。市场营销人员应该考虑的因素如下。

- 明确在哪里参与项目以及参与的目的。市场营销人员可以在这方面提供帮助。Egeria 项目有一个很棒的社群指南，可以帮助我们浏览各种渠道，如图 12.9 所示。市场营销人员可以帮助人们发现项目活动，并了解如何参与，同时应考虑如何使其与用户的整体体验相匹配。

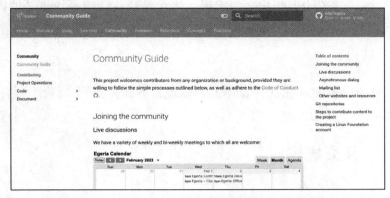

图 12.9　Egeria 社群指南

- 欢迎新的社群成员，并帮助他们在加入各种渠道时找到自己的方向。就像社群指南一样，这些都是市场营销人员应该考虑的细节，以避免社群成员在浏览项目时感到沮丧。图 12.10 展示了 TODO Group 项目如何设置其 Slack #general 频道指南来引导人们。

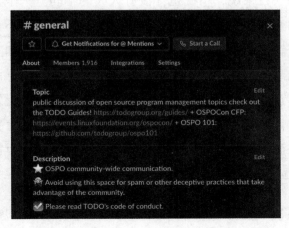

图 12.10　TODO Group 的 Slack #general 频道指南

- 审核不仅仅是为了监督管理发帖者和组织讨论串，也是为了寻找新内容以提升项目。这是我多年前作为 SugarCRM 的社群经理时使用的一种策略。我会搜寻论坛中的关键话题，然后撰写博客文章来解决这个问题。然后，我会将博客文章作为可接受的解决方案，并关闭那些论坛讨论串。无论是技术性内容还是其他内容，都可以这样做，这样可以确保你创建的博客内容是用户正在寻找的内容。

项目还应考虑其在社交媒体上的呈现，下面让我们来详细了解一下。

12.2.3　社交媒体

对于一个开源项目来说，保持相关性的一个重点就是参与对话。与网络红人合作过的产品营销人员应该对此非常熟悉。如果某个知名人士正在使用你的产品，并且广泛地向其他人宣传，你的产品就会因为这种关联而获得关注。当你在社交媒体上发布关于你产品的新闻和更新时，如果这些帖子被其他人点赞和分享，将会让你的项目得到更多的关注。

对于开源项目来说，情况也并没有太大的不同。一个关键的考虑因素是，你在社交媒体上发布的内容是代表项目本身，而不是你自己。这意味着你的声音必须是社群的声音，要反映社群的风气和文化。在采取有争议的立场或政治立场时，必须考虑到项目是中立的，而且社群是包容的。这并不意味着开源项目不能在大家都认同的问题上发声，如种族主义、暴力、性别歧视以及其他形式的歧视，而且意味着分享的信息应是包容的、开放的、热情的、支持性和建设性的，并且要避免攻击、贬低他人的声音或其他有害行为。

网站、博客和社交媒体等要素构成了一个开源项目的营销跑道。但这并不意味着事情到此为止。下面让我们来看看更高层级的外展策略，以及如何利用它们来驱动更多的项目参与。

12.3 高级外展和促进参与度

在 12.2 节中,我描述了营销跑道,你可以将这些工具看作"社群管理"或"引流营销"的工具,这些工具能够帮助管理好那些对你的项目感兴趣的人。我看到很多项目在这个阶段停滞不前,因为社交媒体的影响力以及口碑给予了项目所需的关注。

但有时候,要取得成功,这样是不够的。对于一个在不同行业和地区广泛适用的项目来说,只通过社交媒体和口碑传播可能没法满足要求。此外,一个更复杂的项目,如框架或开发工具,可能需要让用户更多地了解项目,或者详细说明使用该工具的最佳场景和方法。在这种情况下,项目需要将外展工作提升到新的水平。下面让我们来看看项目如何成功地做到这一点。

12.3.1 活动和聚会

在第 6 章中,我们看到活动和聚会通常是推广项目信息和提升知名度的有效方式,它们将社群成员聚集在一起,以各种方式帮助项目成长。让我们深挖一层,把活动看作一种营销策略,而不仅仅是纯粹的社群建设活动。

首先要考虑的是重点关注哪些类型的活动。这在很大程度上取决于项目和你所追求的受众,因为活动往往分为以下几类。

- 针对特定技能或跨行业的活动,这些活动包括开发者和开源会议,但也可能包括专注于营销技术的会议或面向大学生的活动。

- 行业活动，例如针对特定垂直行业（如金融服务、医疗保健或能源行业）的活动。

- 广泛的、聚焦于技术的活动，不局限于水平或垂直行业（拉斯维加斯的消费电子展就是这样一个绝佳的例子）。

每年全球举办成千上万场活动，很难确定哪些活动是重要的。同时，某个活动可能在某一年对项目来说是合适的，但下一年可就不合适了。如何确定哪些活动重要呢？以下这 4 个问题值得一问。

- 项目与受众是否相关？

- 项目是否达到受众容易使用的状态？

- 在你看来，活动的受众是否有可能在了解项目后尝试使用项目？

- 对于项目来说，参与这个活动在时间和投入成本方面是否较少？

如果你是产品营销的背景，前 3 个问题都是典型的营销问题。最后一个问题很重要，因为开源项目（即使是那些由大型基金会支持的项目）参与活动的资源有限。且不说参加活动的成本很高，还要考虑到参加活动的人员需要出差、准备演讲，以及因参加活动而损失的生产力，理想情况下，活动应该提供更多价值。然而，很多时候却并非如此。

根据我的经验，通常很难提前知道一个活动能带来多少价值，但有如下一些方法可以最大化活动的价值。

- 在活动期间发表演讲。如果你无法获得演讲机会，可在临时活动中寻找，如专题讨论小组（BoF[①]）、非正式会议或聚会。利用这种演讲进行清晰的演示，让人们了解项目是什么、主要用例是什

---

① BoF，即 Birds of a Feather，直译是"同羽之鸟"，指的是对某项目/技术有共同兴趣的"专题讨论小组"，通常在技术大会中是以非正式形式举办的团聚活动。——译者注

么、谁在使用、如何使用，以及如何开始使用。

- 参加其他演讲，根据他们演讲的主题寻找可能对你的项目感兴趣的人。

- 午餐时与他人同桌并参加与会者招待会，结识其他与会者并从他们那里了解更多信息。

- 带上项目相关的贴纸和其他赠品，向他人宣传你的项目。

参加活动是件好事，因为活动可以把很多人聚集在一起，这些人很可能对你的项目感兴趣。但活动也是有限制性的，即使活动是虚拟的，也只能影响到参加活动的人。下面让我们看看如何通过与媒体和分析师合作来扩大参与范围。

12.3.2 媒体和分析师

如果将网络红人视为自下而上提升知名度，那么媒体和分析师则是自上而下提升知名度。媒体和分析师专门研究特定的主题和领域，旨在成为人们获取行业各种最新消息的资源。许多人熟悉像 BBC 或 CNN 这样的主流媒体，也许还有更专注于垂直领域的媒体，如《华尔街日报》和 ZDNet，还包括许多专注于特定话题或更深入探讨特定主题（例如大数据、安全、Web 开发和 FinTech）的小众和专业出版物。分析师则通过大同小异的方式成为某些技术或行业领域的专家，进行深入研究和分析，旨在帮助用户获得更多知识，以便在将来做出更好的产品和策略决策。

要想有效地接触媒体和分析师，需要具备媒体和分析师关系（Press and Analyst Relations，PR/AR）的技能，通常最好与公司合作来实现这一目标。PR/AR 公司不仅拥有技能，还有一些社交关系，他们认识记者和分析师，能够安排会议并通过其在各种媒体出版物和分析公司的信誉帮助项目建立关系。但这并不意味着项目不能自己尝试，只是这可能会很有挑战性。如果你确实想自己做，或者想在与 PR/AR 公司合作时更好地利用他们的服务，以下有一些提示。

- 为项目准备一份推广介绍文档，概述项目是什么、主要用例是什么么、谁在使用、如何使用，以及如何了解更多信息并开始使用它。文档应该简洁明了，使用尽可能少的幻灯片来传达这些要点。

- 知道哪些受众最有可能与你的项目产生共鸣，以及哪些媒体出版物和分析公司涉足这些领域。虽然像 WIRED 或 ZDNet 这样的大型出版物可能很难报道你的项目，但对于更专注于特定受众的小众媒体，如果他们的报道量较少，那么他们可能更愿意与你进行交流。

- 谨慎地对待与付费媒体和付费分析师的合作。有一些可信的公司和出版物，当项目目标和目标受众与公司/媒体渠道一致时，这可能是一个明智的投资。特别是如果你的项目针对的是媒体/分析师覆盖面有限的小众垂直行业，情况尤其如此。然而，在很多时候，公司/媒体对于成功的定义与项目不同，或者他们可能会弄虚作假。请仔细审查，并对这些公司/媒体的过往记录做好功课。

能够在活动、聚会、媒体和分析师面前推介你的项目，最重要的是讲清楚你的项目是什么，以及它的价值所在。通过讲述真实的故事而不是假设的故事，能够更好地进行表达。下面让我们通过案例研究和用户故事，来讲述项目的故事。

12.3.3 案例研究和用户故事

如果你问产品营销专家他们最重要的营销资产是什么，他们很可能会说是客户的认可、案例研究或用户故事。这是为什么呢？就像网络红人推荐产品一样能够激发用户的购买欲望，媒体和分析师会利用他们的专业知识和视角来帮助用户梳理出值得关注的关键事项，案例研究和用户故事则展示了产品被成功应用的具体实例。如果你能从被研究的用户或案例中看到自己面临的问题，你就很有可能尝试甚至购买该产品。

案例研究和用户故事不必太复杂，越简单明了越好。很多案例研究和用户故事都是书面的，但现在我看到越来越多的人使用视频录像，这更容易让人接受。无论使用哪种媒介，案例研究或用户故事都应包含以下要素。

- 用户是谁（有些人可能不想透露，因此可能需要使用"大型金融服务公司"之类的描述）。

- 用户遇到了什么挑战或问题。

- 用户如何将该项目视为解决其面临挑战或问题的一种方法。

- 实施或安装产品的过程如何。

- 直接收益是什么。

- 用户预期的收益或机会是什么。

产品负责人经常问我："我的项目应该尝试获得多少案例研究？"我的回答是："越多越好。"案例研究和用户故事是项目最难获得的营销资产，因为这需要有人愿意以自己的名义为项目本身背书。当有人愿意用自己的名字为项目背书时，要表示感谢，并将其视为对项目极高的赞誉。

12.4 小结

在本章中，我们学习了开源项目的营销，强调了研究成功项目案例与失败项目案例的重要性。我们深入研究了 Mautic 的故事，展示了随着项目的成长和成熟，以及项目需求和社群角色的演变，营销信息是如何随时间推移而变化的。最后，我们探讨了建立项目营销跑道的关键要素，以及通过活动、聚会、媒体和分析师及构建案例研究和用户故事库等方式将项目推广到更高层次的方法。

在本书接近尾声时，最后两章将重点讨论开源项目的可持续发展关键议题。第 13 章讨论如何以最佳方式过渡项目的领导权，以确保新人能够加入并继续推动项目向前发展。第 14 章讨论如何让开源项目落幕。这两个主题都是项目的关键议题，也是项目整个生命周期的健康组成部分。下面我们将从领导者的过渡开始介绍。

第 13 章　领导者的过渡

> 伟大的领袖未必是做大事的人,而是能够让别人做大事的人。
>
> —— Ronald Reagan

我曾经听人说,作为父母,他们的目标是把孩子培养成更好的父母。这句话是一对非常优秀的父母说的,他们经常给其他父母提供培训和支持。这句话表达的是,你要始终知道,你永远可以改进、可以做得更好,谦逊会帮助你取得成功。一个人的成就不是靠你自己的双手创造的,而是靠你对他人的影响和作用来建立的。

当我和别人讨论开源项目中的领导力时,我会强调服务型领导力在开源社群中的重要性。贡献者和用户不是员工,他们和项目社群没有财务上的约束,他们参与只是因为他们想要参与。开源项目的成功很大一部分都是源自这些贡献者和用户,如果没有他们,开发资源很快就会匮乏,项目也就没有了受众。要成为一名优秀的领导者,就必须确保这些贡献者和用户能够在项目中或利用项目产生的代码出色地完成工作。更确切地说,成为一名优秀的领导者意味着你要把项目的需求放在自己的意愿之前。

开源项目的领导也是一份吃力不讨好的工作。在第 7 章中,我们谈到了开源项目维护者面临的压力,因为项目会在全球范围内被使用,但只有很小一部分用户会对项目作出贡献,而且通常只是提供支持或修复错误的请求。这份工作当然是出于热情，而且很难招聘到人。当我与早期阶段的项目成员一起工作时，如果提到"谁应该成为项目领导者"这个问题，通常大家都会立刻沉默。这也不全是因为工作量大，而是大多数开发者都不觉得自己有能力领导一个项目，但其实他们往往有能力，只是没有意识到而已。

所有开源项目的代码都是在开源许可证下发布的，因此开源项目理论上是无限期的，但那些贡献者和维护者并不会永远存在。必须考虑领导者的过渡以确保项目的成功和可持续性。在本章中，我们将探讨如何有效地进行这种过渡。

本章涵盖以下主题：

- 为何要考虑领导者的过渡；
- 制定继任计划；
- 从容地退居幕后。

在本章中，我们首先要回答一个重要问题：为何要进行领导者过渡？

13.1 为何要考虑领导者的过渡

不是所有的项目都是永恒的，但代码一旦在开源许可证下发布，就会永远存在。如果一个项目已然日薄西山（我们将在第 14 章中深入探讨这个话题），也完全可接受。然而，如果这个项目正有着很活跃的用户和社群，引入新的领导者对项目的可持续发展就非常重要。

有很多原因导致项目需要考虑领导者的过渡，其中 3 种主要原因是项目领导者的职业发生变动、项目领导者即将退休和项目停滞不前。让我们从最常见的原因开始分析：项目领导者的职业发生变动。

13.1.1 职业变动

在我大学毕业后至今的职业生涯中，我为 4 家公司工作过（在技术领域，这个数字算是比较少了，毕竟是 20 年的时间）。正如我在第 11 章中描述自己的职业生涯时所说的那样，我的职业重心也在这段时间里发生了变化。在我们之前的几代人中，终生从事同一职业的人往往比较常见，但在如今的世界，这是不现实的。

回到第 11 章，开源项目通常会作为职业生涯的跳板。有人可能会启动一个项目，以便进入一家大公司的视野，一旦他们得到了那份梦寐以求的工作，开源项目就会被搁置一旁。不过，这种情况并不经常发生，许多开发者喜欢他们领导的开源项目，并与潜在雇主继续合作，确保他们有时间继续维护项目。雇主一般都会非常积极地允许他们维护自己的项目，因为他们之所以被雇用，通常是由于该项目对雇主来说相当重要。

许多熟悉软件开发的人最终都会留在这个行业，但也可能会改变专注的方向或领域。例如，如果一个人开始是全栈开发者（指的是他们不专注于应用程序堆栈的某一领域，而是可以成为应用程序堆栈多层的软件开发者），那么他可能会寻求专门从事前端开发工作（如 JavaScript 编码或用户界面设计）。如果他们的项目更侧重于后端开发（如应用逻辑或其他后端库），他们可能就没有时间专注于这些项目了，因为这与他们的日常工作关系不大。此外，随着时间的推移和新技术的不断涌现，趋势会发生变化，开发者很可能跟不上时代的步伐。有时，这是好事。因为还会有很多遗留的代码需要人维护，有一个项目支持这些代码也并不是坏事。但开发者还是可能会对项目失去兴趣，项目也会逐渐停滞不前。

职业变动是需要进行领导者过渡的一个方面，而退休更是我们所有人最大的职业变动。下面让我们来看看这个问题。

13.1.2　即将退休的项目领导者

随着职业生涯的发展，有一件事对我来说越来越重要，那就是这一切都会结束。在 20 多岁时，你不太会考虑退休的问题，但到了四五十岁，退休这件事对你来说就更近了。我们所有人都以这样或那样的形式把退休计划作为工作的一部分。在美国，我们有 401k 或 IRA 计划，我们为这些计划缴费，以确保退休后有钱可用。我们的开源项目也需要同样的计划，因为即使我们不在了，代码还是会继续存在。

就像职业变动模式一样，你通常看到的模式是，现任领导者采用仁慈独裁者模式，然后要么过渡到新的领导者，要么采用技术委员会或供应商中立的基金会治理等模式（参见第 5 章以了解每种模式的更多细节）。通常很难找到与现任的领导者一样充满热情并具备广泛技能的人。或者是项目已经被广泛使用了，一个领导者无法处理所有事务。

像 Ruby、Python 和 PHP 这样的项目都是从仁慈独裁者模式过渡到了供应商中立的基金会治理模式。PHP 花了最长的时间来实现这一过渡，它经历了 20 多年的技术委员会和当选委员会两个周期，才在 2021 年启动了 PHP 基金会。Ruby 和 Python 转向供应商中立基金会的速度要快得多。Ruby 在 2001 年（Ruby 1.0 发布后 5 年）成立了 Ruby Central，Python 也在 2001 年（Python 0.9.0 发布后 10 年）成立了 Python 软件基金会。有趣的是，Python 软件基金会的成立早于 Guido van Rossum 从终身仁慈独裁者模式过渡到技术委员会，这并不罕见，因为改变项目的治理模式可能会造成非常大的影响，所以专注于继任和长期资产管理是首要问题。Linux 就是一个很好的例子，Linus 在 2023 年仍担任仁慈独裁者，而我们在第 1 章中谈到的 CBT Tape 项目，则由开放大型机项目和 Linux 基金会托管，Sam Golob 是当前唯一的领导者。

至此，我们已经看到了领导者过渡的两种情形，都是领导者虽然活跃，项目也需要继续前进，但要进行领导者更替。但如果领导者并不是那么积极呢？下面让我们来看看项目陷入停滞不前的情况。

13.1.3　项目停滞不前

当你启动一个开源项目时，总会有很多令人兴奋的事情。代码开始源源不断地涌入，代码仓库被组织起来，人们开始下载代码并尝试使用。但随着时间的推移，维护者们开始忙于生活的其他领域，对项目失去兴趣，不再有与代码相关的需求，或者可能认为工作已经"完成"而停止开发。我在 GitHub 上进行了快速搜索，发现有超过 2600 万个 GitHub 仓库自 2021 年就没有更新过，而自 2021 年之后更新的仅有 1200 多万个。因此，项目停滞的现象确实很普遍。

在领导者的过渡中，我会将项目的停滞分成两类：一类是"已完成/不再相关"的项目；另一类是已经"被废弃"的项目，即维护者出于某种原因不再维护该项目。很难确定项目属于哪一类，但有一些线索和迹象可以帮助你进行判断，具体如下。

- 该项目涉及的技术是否已经过时？例如，项目 GoogleReaderAPI 是一个用于 Google Reader API 的 Ruby 封装。Google Reader 已于 2013 年 7 月 1 日关闭，因此该项目很可能属于"已完成/不再相关"的类别。

- 该项目在主版本库最后一次提交后是否仍有大量的拉取请求和问题？如果回答是肯定的，这意味着项目可能还有一些用户，但是没人维护项目了，因此该项目就可能属于"被废弃"的类别。

- 如果项目有自动 CI/CD 构建系统，那么上次的构建是成功还是失败呢？上次成功构建是什么时候？如果距离上一次成功构建已经过去了一年多，那也可能意味着该项目属于"被废弃"的类别。

最后提交时间并不是一个很好的评价指标，再说，一个项目也可能被认为是功能完备或完成，所以不会有太多变动。此外，有些项目的代码更新速度也确实较为缓慢。例如，OpenEXR 在 2022 年 12 月只有一次对主分支的提交，2023 年 1 月也只有一次对主分支的提交。我知道这些维护者肯定没有放弃这个项目，但许多项目在 12 月会放慢更新速度，而且维护者在假期后往往有其他重点工作，这就表明只是项目的更新速度放缓了。

我想强调的一点是，在宣布一个项目"被废弃"之前，请先联系维护者，看看你是否能提供帮助。有些维护者可能会认为这是一个邀请你接手项目的机会，有些维护者可能会给你有限的访问权限，让你重启这个项目，因为他们可能仍然对项目感兴趣，只是目前没有时间继续维护了。有时，你可能得不到任何回应，在这种情况下，可以创建一个分支，这样你就可以继续项目的开发；如果维护者出现了，他们很可能会感谢你所做的一切工作，并让你成为维护者。尊重维护者是至关重要的，他们将自己的知识产权以开源许可证发布，并帮助你解决了问题，因此请与他们合作使代码变得更好，而不是在不向他们回传代码的情况下进行分支。

既然我们已经了解了项目需要考虑领导者过渡的原因，那么下面让我们来看看项目如何积极主动地制定继任计划。

13.2 制定继任计划

继任计划是许多组织（特别是大型和长期运营的组织）会花费大量时间制定的事务。这些组织制定继任计划是因为有人依赖这个组织，他们可能是员工、客户或投资者，他们都对组织的成功持续运营有着切实的关注。

开源项目同样依赖于庞大的用户社群，因此也必须考虑继任计划。继任计划不是一个单一的过程，它涉及不同的环节，并可能需要花一些时间才能完全完成。但是，在开始引入新的领导者之前，你需要确保项目的运营有良好的文件记录。下面让我们来看看如何做到这一点。

13.2.1　记录项目的运营

在第 5 章中，我们谈到了撰写治理记录的重要性，这不仅是为了让每个人都清楚事情是如何运作的，更重要的是，因为人们都很容易忘记项目的所有政策和流程，特别是当他们不经常使用的时候。在我们考虑继任计划时，文档需进一步详细记录项目具体的运营方式。

以下是一些需要记录的关键事项。

- 项目使用的所有服务（社交媒体、构建资源、代码仓库、扫描工具和任何其他协作工具）的凭证。这些凭证应保存在项目拥有的安全保险库中。有一些服务可以供使用，如 Bitwarden 或 1Password，它们为开源项目提供免费账户。

- 构建和测试基础设施的工作方式，包括所使用的服务和工具，以及它们如何互动和协同工作。

- 如何安装或部署项目代码。

- 发布计划和路线图。

- 代码架构和设计。

其中很多内容看似琐碎，但试想一下如果维护者离开了，而所有内容都只存在于他的脑海中该怎么办呢？当然项目可以恢复，但可能需要花费数天甚至数周的时间来重建这些内容。而且，其中有些事务，如各种工具和服务的凭证，有时几乎无法访问，必须建立新的资源。我见过太多这样的情况，一个开源项目的维护者似乎消失了，而用户争先恐后地寻找获取访问权限的方法。

curl 项目拥有优秀的项目运营文档。以下是他们提供的一些很好的阅读资料。

- RELEASE-PROCEDURE.md 中记录了发布项目的每一步，包括发布周期等内容，甚至规定每周三进行发布。

- VERSIONS.md 概述了项目的版本语法。

- INTERNALS.md 记录了构建工具链和注意事项，以确保项目能最大限度地移植到多种架构上。

- TODO 列出了项目希望在未来解决的问题。

curl 项目还深入探讨了更多细节，更关注治理本身，包括礼仪和行为标准、如何管理安全问题，甚至还介绍了项目的历史。项目的历史尤其有用，它能够帮助大家理解项目的来龙去脉，让未来的维护者深入了解项目过去的沉淀。

文档记录是一个持续的过程，项目应尽早开始并持续维护。在为本书进行研究的过程中，我看到了一篇关于开源项目文档的好文章，其中建议项目维护者投入 10%～20% 的时间进行记录，我认为这是一个很好的衡量标准。根据我继承旧代码仓库和将项目移交给他人的经验来看，你永远不会后悔花时间编写文档。

完成文档编写的工作后，下一阶段就是开始实施领导者过渡的流程。现在让我们来看看。

13.2.2　新领导者的时间安排和培养

如果一个开源项目是一家上市公司,那么董事会从第一天起就会开始考虑关键领导者(如 CEO)的继任计划。乍一看,这似乎有些奇怪,才刚刚任命一个新领导者,为什么要为继任者制定计划呢?首先,你永远不知道 CEO 何时会离开组织、去世或表现不佳,因此让潜在的继任者做好准备有助于加快领导者的过渡。但更重要的是,这让组织有机会利用现任领导者的智慧和经验来指导和培养未来的领导者。正如我们在第 7 章中所讨论的,在现任维护者的指导下逐步有计划地培养新维护者是最好的方法。

现今的开源项目通常没有能力像商业公司一样有潜在的领导者能随时准备好被任命为新的项目领导者。坦率地说,找到愿意领导项目的人已经很难,更不用说是合格的人了。开源项目并没有分布全球的数千名员工,大多数都是单一维护者项目,只有少数项目拥有超过几十名维护者。而上市公司的高层领导通常有丰厚的薪酬待遇,考虑到这个职位的责任和职责,这是很合适的。相较之下,开源项目维护者很少获得报酬,而且即使有,也远远低于市场水平。

但是,开源项目可以从上市公司的继任计划中学到一些东西,提前规划总好过为时已晚的仓促应对。设定时间表是一个很好的方法,可以倒推出什么时候必须完成过渡,这样项目就能设定相应的时间点,并现实地确定可以实现何种程度的过渡。

借鉴上市公司的计划,以下是开源项目制定继任计划的好方法。

1)评估现任维护者/领导者预计在其岗位上工作多久。他们只想领导一两年,还是想无限期地领导下去?

2)认为某个人可以取代现任维护者/领导者的想法可能不太现实,可能应该由多人分担这个角色。Ruby 和 Python 就是很好的例子,在这两个项目中,"仁慈独裁者"都是独一无二的个体,一个人是无法取代的。此外，随着项目的增长，会有随时间增加的额外需求，即使是完美的替代"仁慈独裁者"也无法满足这些需求。作为领导者过渡的一部分，可能会导致治理模式的变动。

3）确定潜在的领导者，让他们承担部分职责，并跟随现任领导者。正如我们在第 7 章中提到的，这也有助于确定个人、角色和项目之间是否互相适应。

4）就领导结构的任何变化征求社群关键成员的意见。看看他们对变化会如何反应，以及他们认为在项目过渡期间应该考虑哪些事项。最关键的是，你要为新的领导者和领导结构的顺利运作做好准备。

5）公开宣布新的领导者和领导结构。确保给社群提问的机会，并让新老领导者都参与进来。在公开宣布时，透明度很关键，你必须为社群提供尽可能多的信息，以便使他们理解为什么会发生这种转变。

并不是所有的项目都有幸拥有足够多的维护者以提前计划领导者继任，规模较小的项目可能只有 2~3 名维护者。但是，相同的一般过程和结构仍然适用。每个维护者都应该实事求是地考虑自己想在维护者岗位上投入多久，确定接替他们的最佳方式，然后找到并培养这些继任者。关键在于，要有意识地思考并为未来制定计划。如果人们依赖你的项目，确保有一个计划来维持项目的长期发展就很重要。

一旦项目有了过渡计划，就该付诸实施了。根据我的经验，该计划最难的部分就是让现任领导者退居幕后。下面让我们看看如何让新任领导、现任领导者和整个社群都能够舒适地完成这个过程。

13.3　从容地退居幕后

即使制定了最佳的过渡计划，要"一刀切"地让现任领导者从项目中退居幕后仍然是一项挑战。这个过程应该是循序渐进的，新的维护者和领导者逐步接管项目活动，同时减少对原计划中被替换的维护者的依赖。许多维护者在逐步退出时都会采取谨慎的态度，因为他们对项目倾注了大量的精力和热情，渴望确保项目以后能够被妥善管理（当然，也不尽然，有些维护者可能已对项目感到精疲力尽，他们只是很高兴能找到人接手）。

假设维护者希望确保一个平稳的过渡，需要采取多项措施。这些措施将在下面详细讨论。

13.3.1　适当地做出后援

最重要的是确保前任领导者保持一定的存在感，而不是完全退出。这一过程需谨慎处理，要避免对新领导者的干涉或过度管理，同时也要确保在他们面对挑战或需要建议时提供必要的支持。担任开源项目领导者往往是孤独的，因此来自曾经处于该位置的人的支持和鼓励对新领导者来说至关重要。

我曾与几个经历领导者变动的社群合作过，发现让前任领导者作为后援非常有益。在其中一个项目中，领导者在第一年因职业变动和家庭成员的健康问题离开了。尽管前任领导者在卸任后只是偶尔参与会议和回复电子邮件，但领导团队仍会主动寻求其意见，以解决疑问或理解之前的决策。这种过渡管理方式相当顺利，新领导者在促进项目的发展和成熟方面表现得非常出色。

在另一个项目中，由于项目领导者频繁缺席而辞职，其他维护者不得不介入审核拉取请求和处理问题。然而，辞职并非项目领导者的初衷，因为他们将自己的身份与项目深深绑定，难以真正放手。这种状况可能会引发与其他维护者的摩擦。有时前任领导者会在社群中就项目方向启动讨论，而这些讨论常常并不反映其他维护者的观点（事实上，很多时候，其他维护者对这些讨论的内容并不知情）。这种紧张关系最终达到了临界点，迫使前任项目领导者与现任维护者坐下来讨论问题。对于这位前任领导者来说，项目是一种逃避现实的出口，尤其在面临家庭和个人问题时。尽管参与项目给他们带来归属感，但重新找到适合的参与方式却颇具挑战。最终，维护者们安排前任领导者回归担任有限的角色，专注于获取用户反馈和帮助分流解决问题，这可能是他们真正喜欢做的事情。

虽然前任领导者的参与很重要，但他们并不总是掌握所有答案。接下来，让我们探讨如何帮助新领导者建立更广泛的支持网络。

13.3.2　为新领导者背书

当一些组织考虑将开源项目转移到供应商中立的基金会治理模式时，他们可能会担心，如果社群接管了整个项目，把他们赶出去怎么办？这种担忧源自失去控制的恐惧，因为决策将不再由个人主导。然而，在实践中，当项目转入供应商中立的基金会后，新加入的成员通常会在关键决策上听从原贡献组织的意见。对于这些新成员来说，原贡献组织对项目的愿景和投入，以及他们将知识产权以开源许可证形式贡献给项目的行为，都为他们赢得了深厚的尊敬和感激，使得原贡献组织在项目社群中被视为受尊敬的"长者"。

这意味着新领导者虽然可能拥有名义上的"立法权"，但在实际操作中可能缺乏影响力。开源采取的是"为自己挠痒"的模式，任何项目都可能在任何时刻被分支，因此，如果社群成员对新的领导者不满，他们可以选择离开，或带走项目并改变其发展方向。项目分支通常会导致注意力分散，最终结果要么是分支项目获胜，要么是主项目获胜。在新领导者到来且社群中出现此类摩擦时，前任领导者的介入显得非常关键，他们可以帮助支持新的领导者，确保过渡的顺畅。

前任领导者需要谨慎行事，因为新领导者可能会做出他们不支持的决策或行动。通常，前任领导者在社群中通过他们的贡献积累了相当多的社会资本，但这种资本也可以被迅速消耗。同时，他们也不想削弱新领导者的地位，这需要一个微妙的平衡。理想情况下，优秀的前任领导者会尝试指出项目的未来方向，并继续支持现任领导者，帮助他们渡过难关。

13.3.3　为新领导者建立广泛的支持网络

我清楚地记得，当我刚成为 SugarCRM 的社群经理时，我立刻意识到"像我们这样的社群经理并不多见"。后来当我开始领导 OpenSocial 和 ODPi 时，我面临了同样的挑战。对于有开源经验的人来说，这是一个很小的圈子，因此最好的方法是汲取这个圈子的集体智慧。

正如新领导者需要尊重他们的前辈一样，接纳并向同辈人学习也同样重要。在开源项目中，存在许多成功的模式，分享这些模式对项目本身的成功至关重要，同时也对开源领导力这一领域的整体发展具有深远影响（这正是我编写本书的动机）。

以下是一些入门建议。

- 参加开源会议：开源项目的领导者通常都会出席这些会议。通过向他们介绍自己，为他们买杯咖啡或其他饮料，你可以更多地了解他们。也可以在会议的走廊中与这些领导者讨论丰富的专业知识，通常他们都很乐意帮助其他开源项目取得成功。
- 持续对话：当你遇到一些你钦佩且易于交谈的项目领导者时，尽量保持沟通。可以与他们定期会面，倾听他们的意见，就像你希望他们倾听你的意见一样。

- 撰写博客：考虑开设一个博客，分享你作为项目维护者的经验。例如，Mike McQuaid 是 Homebrew 的项目负责人之一，他有一个很棒的博客，在那里他分享了他作为维护者的见解。我相信记录并分享这些经验不仅能促进与其他项目维护者之间的精彩对话，也可能具有治愈效果。

拥有合适的支持，新领导者就可以成功起步。但有时，社群需要额外的推动才能全面接受新领导者作为项目的真正引领者。在第 14 章中，我们将探讨前任领导者在帮新领导者背书时所扮演的关键角色。

13.4　小结

在本章中，我们探讨了开源项目领导者的过渡，首先我们解释了为什么项目应考虑制定继任计划，因为领导者可能因职业变动、准备退休或其他原因而离开项目。接下来，我们讨论了如何制定一个有效的项目过渡计划，包括确保项目文档的完整性和建立完整的过渡计划。最后，我们探讨了前任领导者如何能够平稳退居幕后，并为新的领导者提供支持。

制定继任计划对于项目来说是困难的，这不仅仅是因为需要做的工作很多，还因为我们必须面对终有一日会把这个工作和岗位交棒给下一个人继续推进的现实。我们也可能认为继任者无法像自己一样表现出色，但实际上，这种感觉更多地源于一旦把工作交给别人，我们将不知所措。然而，在我们前方，总会有新的冒险等待着。

虽然对于领导者及其开源项目来说，过渡给新的领导者是一种解决方法，但有时候，项目已经完成其使命和生命周期，是时候关闭它了。这就是所谓的"落幕"，我们将在第 14 章中深入探讨这个话题。

第 14 章　开源项目的落幕

开源项目都始于良好的意愿：有一个需要解决的问题，有一位热情积极的维护者，以及众多涌入该项目并提供反馈的用户和贡献者。如果进展顺利，一个充满活力的社群和出色的解决方案将会出现。

用开源许可证发布代码是永久不可逆的操作，但拥有开源项目则并非如此，开源项目的生命周期表如图 14.1 所示。

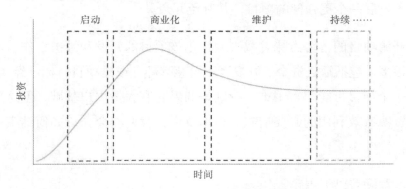

图 14.1　开源项目的生命周期表

开源项目生命周期的末端是持续。有时候，这代表项目接下来进入了长期维护状态。这种情况下，虽然项目仍有用户，但它在整体上已经是个功能完整的成熟项目了，后续任何的变更和增加都只是聚焦于修复漏洞和解决安全问题。举例来说，Apache Struts 网络框架就是一个处于维护状态的开源项目。Struts 被广泛用于构建 Java Web 应用程序，但自 2016

年 11 月发布 2.5 版本以来就一直处于维护状态。虽然该项目不再向框架添加新功能或增强功能，但仍会发布补丁和修复漏洞以保持其稳定性和安全性，同时保持文档的更新，并支持仍在应用程序中使用 Struts 的存量用户群体。

不过，我们有时也会看到"持续"阶段项目的社群开始衰退，并转向其他正在积极开发或更适合他们需求的解决方案。这会产生连锁反应，随着用户离开，贡献者也会离开，最后维护者也离开了项目，久而久之就没有人主动维护了。这时开源社群需要开始考虑其项目生命周期的下一步——落幕。

这里请务必注意，项目落幕也不见得是一件坏事。在本章中，我们将看到某些项目落幕的同时，其他类似的或继任的项目仍能让代码和技术得以继续发展。开源社群往往资源有限，因此让项目社群聚集到一起有助于发展一个更强健的项目，并避免冗余。

开源项目的落幕意味着减少或终止该项目的开发和维护工作。原因可能很多，包括缺乏资金、开发者不再感兴趣，或是项目目标已经实现。结束一个项目可能非常困难，特别是如果它有大量用户基础，但这也是确保资源有效利用的必要措施。在本章中，我们将会介绍如何结束一个项目。

本章涵盖以下主题：

- 如何判断一个项目正在放缓；
- 结束项目的流程；
- 项目结束后的步骤。

下面我们从探索一个开源项目即将结束的迹象开始。

14.1 如何判断一个项目正在放缓

一个开源项目是进入维护状态，还是真的要走向落幕，这当中的区别往往很微妙，并且通常与项目投入的支持直接相关。开源项目具有多重维度，不仅需要强大的社群支持，还需要明确的使用案例和对项目的持续投资。我们来回顾一下第 10 章中的可持续性循环，以便更清晰地说明这一点，如图 14.2 所示。

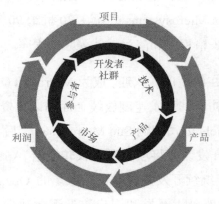

图 14.2 开源中的可持续性循环

在这个可持续性循环中，每个环节都必须正常运作，以维持整个循环的运转。若某个环节出现了问题，整个循环就会陷入停滞。

我将提供一个很好的标准来识别项目何时开始放缓并且逐渐走向落幕。我们将逐一审视项目、产品和利润环节，探讨一些示例和应关注的事项。

14.1.1 项目——当代码速度和社群参与度下降

项目衰落的显著迹象之一是代码速度（代码贡献的数量和频率）和社群参与度的显著下降。如果项目的用户和贡献者社群衰落到活跃参与者所剩无几的地步，那么维持项目的开发和维护可能会变得困难。如果项目创始开发者失去兴趣或转向其他项目，寻找愿意且有能力接手的新维护者会变得更加困难。一旦项目已经实现了既定目标或完成了预定的任务，继续开发的需求可能就不存在了。对于处于维护状态的项目来说，如 Apache Struts，如果维护要求不高，它们就可能维持下去，但这种情况并不常见。

OpenOffice 是一个因社群衰落而走向落幕的经典案例。这个开源办公生产力套件由 Sun Microsystems 公司在 20 世纪 90 年代末开发，包含了文字处理器、电子表格程序和演示软件等应用程序。

OpenOffice 曾在早期广受欢迎，成为 Microsoft Office 的主要竞争对手。但在 21 世纪初，其开发速度放缓，面临诸如资金短缺和开发者兴趣下降的挑战。Oracle 公司收购 Sun Microsystems 后，在 2011 年决定停止 OpenOffice 的开发，并将项目所有权转交给 Apache 软件基金会。Apache 在随后几年继续开发并发布了新版本的 OpenOffice，但到 2016 年，由于不再活跃地投入开发和用户数量逐渐减少，该项目正式宣告结束。

OpenOffice 的衰落还有其他因素在起作用。2010 年，Oracle 收购 Sun Microsystems 时就引发了人们针对 Oracle 对开源社群承诺的担忧。同年，一群开发者创建了名为 LibreOffice 的 OpenOffice 分支，将大量活跃的社群开发和精力转移到了这个新分支。如第 2 章所讨论的，当项目发生分支而未能合并回原项目时，通常会有一个分支因为资源不足而无法继续。随着社群的精力有效转移至 LibreOffice 上，OpenOffice 就变成了落幕的首选项目。

接下来的部分是关于开源可持续性循环中的产品——我们将探讨项目落幕的迹象。

14.1.2 产品——处于正在衰落的技术领域

如果你像我一样在科技行业摸爬滚打多年,你会见证许多科技领域的兴衰更迭。还记得 Palm Pilot 这个个人数字助理(Personal Digital Assistant,PDA)吗?它们被融合了 PDA 和智能手机功能的设备所取代。其中早期受欢迎的智能手机之一是黑莓(Blackberry)手机,但随着苹果 iPhone 和安卓设备生态系统的崛起,黑莓已经完全退出历史舞台。有成千上万的开源项目曾与 Palm Pilot 和黑莓生态系统息息相关,当这些生态系统因技术落后过时而分崩离析时,即便是最活跃的开源社群也难以维持。

当一个项目依赖于过时技术或与新的平台或系统不再兼容时,结束该项目并启动一个新项目可能是更合理的选择。Camino Web 浏览器就是这样的一个例子,尽管它采用了与 Mozilla Firefox 相同的 Gecko 渲染引擎,但它在用户界面上使用了 Mac 原生的 Cocoa API,实现了与 Mac OS X 早期版本的 Aqua 桌面环境的无缝融合。随着 Camino 依赖的 Cocoa API 逐步被淘汰,同时考虑到 Mozilla Firefox 在 Mac OS X 上的体验和性能自 2001 年项目启动以来有了显著改进,Camino 项目最终决定停止运作。然而,项目团队没有从头开始一个新项目,而是选择更积极地参与 Mozilla Firefox 的开发,以改进 Mac OS X 对 Firefox 的支持。

以下是另外两个开源项目因技术领域衰落而退场的例子。

1)MeeGo:一个由诺基亚和英特尔共同开发的开源操作系统,面向移动设备和平板电脑,但随着 iOS 和安卓操作系统在移动市场主导地位的确立,MeeGo 的关注度逐渐下降,最终在 2011 年落幕。

2)Google Wave:一个旨在将电子邮件、即时消息和文档协作合并为一体的开源协作平台,尽管起初备受欢迎,但随着时间的推移,人们对 Google Wave 的兴趣逐渐下降,项目于 2012 年落幕。

开源可持续性循环的最后一部分是利润——让我们来看看当资金和投资枯竭时，项目如何变得越来越难以为继。

14.1.3 利润——资金和投资枯竭

开源项目通常依赖于捐款或资助来支持其开发和维护。这种资金可能是直接的现金支持，也可能包括提供开发者和工程资源、市场支持，以及硬件和合作基础设施等。这些不同形式的资金对于开源项目的成功至关重要。总而言之，一旦资金来源枯竭，维持项目的难度将大大增加，有时甚至寸步难行。

OpenSolaris 曾经是一个广受欢迎的项目，吸引了众多开发者和用户的积极参与。然而，在 2010 年 Oracle 公司收购 Sun Microsystems 后，该公司停止了 OpenSolaris 的开发，并宣布不再发布该操作系统的更新或新版本。

停止开发 OpenSolaris 的决定引发了争议，并因此形成了几个由社群驱动的项目，以继续开发代码仓库，如 Illumos 和 OpenIndiana 项目。尽管做出了这些努力，但 OpenSolaris 项目还是走到了终点。

OpenSolaris 的落幕凸显了开源项目可能面临的一些挑战，尤其是当它们与特定公司或组织紧密关联时，更可能会受到收购或其他方向变化的影响。然而，尽管存在这些挑战，许多开源项目仍然继续蓬勃发展，并对软件和技术开发作出重要贡献。

项目资金和投资的枯竭通常是市场环境变化的结果，但有时也与法律问题相关，这可能导致项目难以或无法继续开发和分发。CyanogenMod 是一个例子，这款流行的开源操作系统为安卓智能手机和平板电脑提供了标准安卓操作系统所不具备的额外特性和定制化选项。它广受安卓爱好者和开发者的欢迎，被用来为各种设备创建自定义的 ROM。

然而，在 2016 年，CyanogenMod 背后的公司 Cyanogen Inc.宣布终止该项目，并停止提供软件更新或支持。据报道，做出这一决定的原因是该公司与其硬件合作伙伴之间存在争议，以及存在对使用专有软件和 API 可能引发的法律问题的担忧。

随着 CyanogenMod 的关闭，曾支持该项目的开发者和用户社群转而开发名为 LineageOS 的新的开源安卓操作系统。LineageOS 继承了 CyanogenMod 的核心理念，旨在提供类似的功能和定制选项，同时坚持完全开源和社群驱动的原则。今天，LineageOS 已广泛受到安卓爱好者和开发者的欢迎，并持续从其贡献者社群获得更新和改进。

现在我们已经探讨了项目放缓和走向落幕的迹象，接下来让我们看看如何结束一个项目。

14.2 结束项目的流程

对于社群来说，结束一个开源项目是一个艰难的决定，需要社群中所有活跃的参与者共同参与，从维护者到最终用户。在本节中，我们将先探讨导致项目结束的步骤，然后讨论项目正式结束后的步骤。

让我们从结束项目的第一步开始：确保每个人都同意这是一个正确的决定。

14.2.1 在社群中就项目落幕达成一致

当项目有一个开发者社群时，将这些开发者纳入决策过程，并鼓励他们承担维护现有项目或创建新的分支项目的责任变得至关重要。这样做有助于确保投入项目中的知识和专业技术不会流失。

有时候，社群规模缩小到一定程度，反而能让项目落幕共识的达成变得简单。召集剩余的社群成员，探讨项目当前状况和他们的兴趣，就能轻松地做出决策。我在 2014 年担任 OpenSocial 基金会主席期间经历了这种情况。当时的成员只有 SugarCRM、IBM 和 Jive Software，他们发现自己的产品方向与相关项目的工作不再一致，因此能够迅速决定何时对基金会和工作进行收尾，即将剩余的工作转移到 W3C 进行标准化，这是一个平稳的落幕过程。

落幕的过程并非总是顺畅的，特别是当存在利益冲突或开发者对其工作或项目本身有强烈个人情感时。Ubuntu Unity 桌面环境就是一个这样的案例，这是 Canonical（Ubuntu Linux 发行版背后的公司）开发的图形用户界面（Graphical User Interface，GUI），它旨在为 Ubuntu 用户提供一个先进且用户友好的桌面环境，包含启动器和仪表盘等功能，以便快速访问应用程序和文件。

2017 年，Canonical 宣布将停用 Unity 桌面环境，转而专注于云计算和物联网等领域。尽管 Canonical 承诺在接下来的几年内继续提供 Unity 的安全更新，但 Ubuntu 社群的一部分成员仍对此决定表示反对。因此，一群 Unity 的用户和开发者启动了名为 Unity8 的社群项目，致力于继续开发和完善 Unity 桌面环境。但是，尽管 Unity8 社群作出了努力，这个项目还是难以获得足够的支持和吸引新的贡献者。项目后来更名为 Lomiri，并且在我撰写本书时仍在努力恢复社群的活力。这个案例清晰地展示了，在结束一个开源项目时，如果不全面考虑商业利益、社群利益及其对周围社群的广泛影响，就会面临各种挑战。

一旦社群就项目落幕达成一致，下一步就是宣布项目结束的消息。下面让我们来看下这个步骤。

14.2.2　宣布项目落幕的意向

当项目即将结束时，项目维护者必须向社群传达这个决定。可以通过在项目的网站、邮件列表或社交媒体渠道上宣布决定。虽然通知的方式有很多，但任何结束的公告都应考虑以下两个主要因素。

1）尽早通知：一旦决定结束项目，就应立即向最终用户发送通知。这将给他们充足的时间来计划过渡和寻找替代方案。

2）清晰地沟通：在与最终用户沟通时，重要的是要清楚透明地说明项目结束的原因以及他们对未来几个月的预期。定期提供最新信息并回答最终用户提出的任何问题或疑虑也是很好的做法。通常情况下，项目可能无法考虑到项目结束对社群产生的所有影响，而能够解决这些问题将有助于使整个过程顺利进行。

Firebug 在宣布结束项目的意向时就做得很好。它是一个开源 Web 开发工具，允许开发者实时检查和编辑 HTML、CSS 和 JavaScript 代码。Web 开发者和设计师广泛使用它来调试和优化网页。

2017 年，Firebug 的开发者宣布将结束该项目，并建议用户改用现代 Web 浏览器提供的内置网络开发工具。图 14.3 展示了他们更新网站宣布结束项目的情况。

Firebug 的公告写得很好，清楚地表达了对社群支持的感激之情，并帮助用户转移到他们应该考虑迁移的项目和工具。这引出了落幕过程的下一个步骤：帮助最终用户过渡。

图 14.3　Firebug 首页宣布项目即将落幕

14.2.3　帮助最终用户过渡

以 Firebug 项目为例,通知社群落幕意向的一部分工作是提供指导,告诉他们如何继续使用该项目或迁移到替代解决方案。尽管项目即将结束,但并不妨碍用户继续使用它并自行维护。正如我们在本章开头所说的,一旦代码以开源许可证发布,那就是一个永久不可逆的行为。但通常最终用户会希望转移到另一种解决方案。

在落幕过程中,可以采取以下一些步骤来协助最终用户。

1)提供替代方案:随着落幕过程的推进,应该与最终用户一起确定他们有哪些可用的其他替代方案。这可能涉及推荐其他开源项目或商业产品。

2)提供迁移支持:根据项目的复杂程度,最终用户将其数据和工作流程迁移到新解决方案的过程中可能需要一定支持。可以与他们合作，提供文档、工具和资源来帮助他们顺利完成这个过程。

Firebug 主要是引导用户使用 Firefox 开发者工具，该工具大量借鉴了 Firebug 中使用的概念。Firefox 创建了一个维基页面来帮助用户进行迁移，主要是帮助最终用户在 Firefox 开发者工具中找到他们在 Firebug 中使用的功能，如图 14.4 所示。

图 14.4　Firefox 迁移指南

Firebug 为用户迁移到其他工具提供了一条清晰的路径，同时确保了更广泛的社群仍可访问项目的代码和文档。

一旦项目决定落幕，就需要在停运项目时做一些工作。我们将在 14.3 节中深入探讨这个话题。

14.3 项目结束后的步骤

项目结束后，必须明确地表明该项目不再进行维护，并确保项目资产有一个长期的归宿。有时，我们可以看到有些项目重新启动，或者其部分代码被用于未来的项目，又或者在未来需要将旧版应用程序迁移到新平台使用。本节将探讨项目在此情况下应做些什么。

14.3.1 将代码仓库和问题跟踪器标记为归档状态

项目一旦结束，明确项目的状态至关重要。这涉及将项目的代码和文档存放在公共仓库中，以便用户和开发者未来仍能访问。如果该项目对开源社群有重大影响，这点尤其重要。

以下是一些在开源项目结束时标记代码仓库的最佳实践。

1）在仓库的 README 文件中添加通知：README 文件通常是用户和贡献者访问项目代码仓库时首先看到的内容。可以在 README 文件中添加一则通知，说明该项目不再处于积极开发或维护状态，有助于防止混淆。

2）使用"已弃用"或"已归档"标签：许多代码托管平台（如 GitHub）允许项目使用标签标记仓库，使用"已弃用"或"已归档"等标签可以清晰地表明项目不再处于积极维护状态。

3）在仓库描述中添加说明：在仓库的描述中添加说明，表示该项目已不再处于积极开发或维护状态，有助于帮助防止混淆。

4）考虑将用户重定向到替代方案：如果用户可以使用其他开源项目来代替你的项目，可以考虑在仓库的 README 文件或其他文档中添加指向那些项目的链接。这可以帮助用户找到满足其需求的替代解决方案。

请注意，正如我们在本章前面所述，这些操作并不需要很复杂，但应该是清晰明确的。让我们来看看 SceneJS 项目是如何明确说明该项目已经落幕的，如图 14.5 所示。

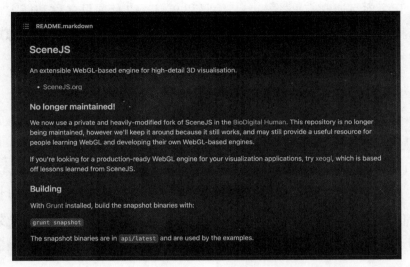

图 14.5　SceneJS 的 README 文件，宣布该项目不再维护

此处，关键信息皆已完整传达：项目不再维护，项目为何结束，以及用户可以从何处获取类似的解决方案。

此外，项目应确保任何相关的工具或服务都要关闭。以下是一些需要考虑的事项。

1）如果项目有关联的服务，如网站、社交媒体账号或论坛，确保将它们停用或重定向到替代方案。

2）如果项目获得了资金支持，请关闭与资助相关的账户和渠道。如果还有剩余资金，可考虑将其捐赠给推荐最终用户迁移的某个项目。

项目结束后，请确保它有一个长期的归宿，这无论是从用户支持还是历史角度来看都很重要。现在我们就来探讨这个问题。

14.3.2 为资产所有权找到归宿

开源项目通常有两类资产：代码和文档，以及项目名称和标志（统称为标记）。对于代码和文档，许多开源代码托管平台都有针对开源项目的归档程序和政策，GitHub 的归档程序就是一个很好的例子。

要想获得更全面的解决方案，有一些组织可以作为中立的第三方来保护开源项目的商标，包括软件自由保护协会（Software Freedom Conservancy）、自由软件基金会（Free Software Foundation）、Linux 基金会（Linux Foundation）和开放源代码促进会（Open Source Initiative）。当一个开源项目结束时，关键是要确保该项目相关的商标能按照项目目标和价值进行管理，上述组织都是行业公认的开源项目管理机构。此外，它们还可以管理网站的托管和代码仓库的凭证，防止无法联系到最后的维护者。

将商标转让给中立的第三方，可以确保商标的使用不会违背项目的开源原则，也不会损害项目的声誉或遗产。例如，如果将一个开源项目相关的商标转让给一家不认同项目价值观的营利性公司，该公司可能会以不符合项目或其社群最佳利益的方式来使用商标。

开源项目结束后，处理资产的目标应该是确保该作品得以长期保留，以供未来使用，并确保用户和贡献者了解项目的状况以及可能存在的任何替代解决方案。

尽管落幕是开源项目生命周期的最后阶段，但这并不必然代表它已走到尽头。项目也可以从结束状态中恢复过来，让我们来看看这是如何做到的。

14.3.3　项目能从落幕中回归吗

没错，开源项目在结束之后仍可恢复，不过这取决于项目最初被终止的原因。如果该项目是由于缺乏资金或开发者失去兴趣而结束，那么可能会有新的资金或开发者出现并恢复该项目。在某些情况下，项目可能会被其他开发者或组织分支，希望使用新的名称或添加新功能以继续开发。这可能会促成一个新的社群，并吸引新的贡献者和用户加入。

一般来说，项目从结束中恢复有两条路径：

1）将项目移交给新的维护者，由其继续开发和维护；

2）对项目进行分支，创建一个可以继续发展并满足用户需求的新项目。

不过，需要注意的是，恢复一个已结束的项目可能很有挑战，特别是在原项目拥有庞大而活跃的用户群并已转向其他解决方案的情况下。新项目必须向社群展示其价值和相关性，而且可能需要时间来重建势头和吸引新的贡献者。本章前面讨论的 Unity8/Lomiri 项目故事就是一个很好的例子，它说明了让一个落幕项目起死回生所面临的挑战。虽然开源项目在结束后也可以恢复，但重要的是要仔细考虑项目当初结束的原因，并制定明确的计划，以便在项目恢复时应对这些挑战。

14.4　小结

一般来说，结束一个开源项目可能是一个艰难的决定，项目维护者必须清楚地传达这一决定，并指导用户迁移到其他解决方案。然而，在某些情况下，为了确保资源的有效利用和项目的传承，结束项目也可能是必要的。

值得注意的是，结束一个开源项目并不等同于开源项目的失败。当我们研究本章中的许多项目示例时，我们发现这些项目在其全盛阶段都产生了一些重大影响，因为某些主客观条件的变化，导致项目走向了结束。即使项目被结束，也不意味着它对未来没有影响。例如，尽管 OpenOffice 最终落幕，但它仍是一个重要的开源项目，有助于在办公生产力市场中让自由/开源软件更加普及。该项目也让更多开发者愿意将代码贡献到其他几个开源办公套件的开发，如 LibreOffice 和 Calligra。

如何结束一个开源项目，作为本书的最后一章也非常合适。但正如我们先前提及的，将代码以开源许可证发布是一个永久不可逆的操作，但拥有一个开源项目则不是。我希望本章能告诉各位，尽管项目可以结束，但它的成果——代码、设计思想、文档等——仍然可以被其他人或项目继续使用、参考或改进。项目本身有生命周期，但开源可以生生不息。